电力电子变压器关键技术及应用

DIANLI DIANZI BIANYAQI
GUANJIAN JISHU JI YINGYONG

张宸宇　主　编
袁宇波　刘瑞煌　周　琦　葛雪峰　喻建瑜　副主编

中国电力出版社
CHINA ELECTRIC POWER PRESS

内 容 提 要

本书主要介绍在交直流配电网中用到的关键装备电力电子变压器的基本原理、关键技术及工程应用。全书共分6章，包括概述、电力电子变压器设计原理、电力电子变压器运行、电力电子变压器控制与保护、含电力电子变压器的交直流混联可再生能源系统、苏州同里电力电子变压器工程示范应用。

本书可供从事交直流配电网、微电网、可再生能源领域研究的专家学者，从事交直流配电网、微电网系统设计及电力电子拓扑研发的技术人员，以及高等院校电气工程、电力电子专业的研究生使用。

图书在版编目（CIP）数据

电力电子变压器关键技术及应用 / 张宸宇主编. 北京：中国电力出版社，2024. 12. -- ISBN 978-7-5198-9466-5

Ⅰ. TM41

中国国家版本馆CIP数据核字第2024YC3723号

出版发行：中国电力出版社
地　　址：北京市东城区北京站西街19号（邮政编码100005）
网　　址：http://www.cepp.sgcc.com.cn
责任编辑：刘丽平　张冉昕（010-63412364）　马玲科
责任校对：黄　蓓　马　宁
装帧设计：张俊霞
责任印制：石　雷

印　　刷：三河市航远印刷有限公司
版　　次：2024年12月第一版
印　　次：2024年12月北京第一次印刷
开　　本：787毫米×1092毫米　16开本
印　　张：11.25
字　　数：186千字
印　　数：0001—1000册
定　　价：70.00元

编　委　会

主　　编　张宸宇

副 主 编　袁宇波　刘瑞煌　周　琦　葛雪峰
喻建瑜

参编人员　高范强　年　珩　孙英云　王鑫达
杨晓岚

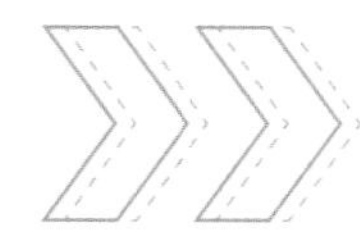

前 言

在全球能源转型与智能电网快速发展的时代背景下，电力电子变压器作为连接传统电力系统与未来新型电力系统的关键装备，其重要性日益凸显。本书的编写，正是基于对这一技术前沿领域的深刻洞察与广泛需求，旨在为读者提供一本系统、全面且具前瞻性的参考书籍。

随着可再生能源的大规模接入和直流配电网的兴起，配用电系统的复杂性和运行要求不断提升。电力电子变压器以其独特的优势——高效的电能转换、灵活的电压电流调节、良好的谐波抑制能力及对分布式能源的友好接入等，成为构建安全、可靠、经济、高效的配用电系统不可或缺的一环。本书通过深入剖析电力电子变压器的关键技术、运行特性、控制策略与保护机制，以及其在交直流混联可再生能源系统中的应用实践，为推动电力电子变压器技术的广泛应用和现代智慧配电网的深入发展提供了重要的理论支撑和实践指导。

近年来，随着电力电子技术的飞速进步和新型半导体材料的不断涌现，电力电子变压器的性能得到了显著提升，成本也逐步降低，这为其在配用电系统中的广泛应用奠定了坚实基础。同时，全球范围内对清洁能源和可持续发展的追求，以及智能电网建设的不断推进，为电力电子变压器的发展提供了广阔的市场空间和无限可能。在此背景下，本书以国网江苏省电力有限公司电力科学研究院直流配用电团队基于电力电子领域深耕多年的研究为基础，同时汇聚了国内外电力电子、电力系统及可再生能源领域的众多专家学者和工程技术人员的智慧与经验，共同撰写而成。

本书共分 6 章。第 1 章为概述，综述电力电子变压器的概念和发展背景，并分析电力电子变压器设备、运行控制以及中低压交直流系统国内外研究现状，明确电力电子变压器在新型电力系统中的重要地位。第 2 章为电力电子变压器设计原理，阐述了电力电子变压器的应用场景、关键原理、分类、结构，介绍了在不同场景下选择合适电力电子变压器的考量因素，分析了电力电子变压器的内部组成和关键结构，有助于读者深刻理解电力电子变压器的工作原理，为其设计、调试和维护提供了重要的指导。第 3 章为电力电子变压器运行，探讨了电力电子变压器在其运行主题、功能特性、组合方式及优化设计方面的关键内容，为读者揭示了电力电子变压器运行工作机制以及在各种工作条件下的性能表现，有利于读者更好地把握电力电子变压器的核心概念，为实际应用和研究提供了坚实的基础。第 4 章为电力电子变压器控制与保护，全面介绍了电力电子变压器在运行过程中的控制和保护机制，确保电力电子变压器面对各种异常情况能够迅速响应，保障电力系统的稳定运行。第 5 章为含电力电子变压器的交直流混联可再生能源系统，主要阐述了交直流混联可再生能源系统背景、电力电子变压器的运行策略及组合方式，读者可以更全面地了解电力电子变压器在交直流混联可再生能源系统中的重要角色。第 6 章为苏州同里电力电子变压器工程示范应用，详细介绍了苏州同里交直流混联的分布式可再能源示范验证系统，以具体案例验证电力电子变压器关键技术应用的可行性和有效性。

本书的编写大纲由全体作者讨论审定。本书的第 1、2 章由刘瑞煌编写，第 3、4 章由葛雪峰编写，第 5、6 章由周琦编写。张宸宇负责全书的审定，彭湃负责全书的修订。

本书的编写得到了众多专家学者和工程技术人员的鼎力支持与帮助。在编写过程中，我们广泛收集国内外最新研究成果和应用案例，力求内容的准确性和前沿性。同时，我们邀请了多位在电力电子、电力系统及可再生能源领域享有盛誉的专家学者对书稿进行了严格审校，确保了书稿的科学性和权威性。在此，我们对所有参与本书编写、审稿及出版工作的同仁表示衷心的感谢和崇高的敬意！

尽管我们在编写本书过程中倾注了大量心血和精力，但由于水平有限，书中难免存在不足之处和疏漏之处。欢迎各位读者提出宝贵意见和建议，以便我们在今后的工作中不断改进和完善。同时，我们也期待本书能够成为广大电力工作者、学者及研究人员的重要参考资料，为推动电力电子变压器技术的发展和智能电网的建设贡献一份力量。

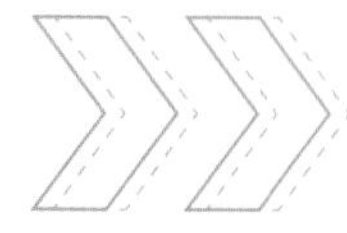

目 录

前言

1 概述 …… 1

1.1 发展背景 …… 1

1.2 国内外研究现状 …… 2

1.2.1 电力电子变压器设备研究现状 …… 2

1.2.2 电力电子变压器运行控制研究现状 …… 5

1.2.3 含电力电子变压器的中低压交直流混联系统研究现状 …… 6

2 电力电子变压器设计原理 …… 9

2.1 电力电子变压器应用场景 …… 9

2.2 电力电子变压器原理 …… 10

2.2.1 启动策略 …… 10

2.2.2 子模块控制方法 …… 11

2.2.3 整机控制方法 …… 17

2.3 电力电子变压器分类 …… 19

2.3.1 高频变压器 …… 19

2.3.2 谐振变压器 …… 35

2.3.3 磁集成变压器 …… 36

2.3.4 逆变变压器 ……37

2.3.5 高压直流输电变压器 ……38

2.4 电力电子变压器结构分析 ……39

2.4.1 电力电子变压器功能子模块形态结构 ……39

2.4.2 电力电子变压器不同类型功能单元特性 ……47

3 电力电子变压器运行 ……61

3.1 电力电子变压器功能特性 ……61

3.1.1 电力电子变压器功能和性能需求 ……61

3.1.2 电力电子变压器功能类型与应用需求适配性 ……62

3.2 电力电子变压器组合方式 ……70

3.3 电力电子变压器优化设计 ……86

4 电力电子变压器控制与保护 ……100

4.1 电力电子变压器控制策略 ……100

4.2 电力电子变压器保护配置 ……110

4.2.1 电力电子变压器保护设计原则 ……110

4.2.2 电力电子变压器保护策略 ……111

5 含电力电子变压器的交直流混联可再生能源系统 ……113

5.1 交直流混联可再生能源系统背景 ……113

5.2 含电力电子变压器的交直流混联系统 ……119

5.2.1 交直流混联系统电力电子变压器 ……119

5.2.2 含电力电子变压器的交直流混联系统运行能力分析 ……123

5.3 电力电子变压器运行策略与组合方式 ……141

5.3.1 含电力电子变压器的系统运行模式 ……142

5.3.2 含电力电子变压器的有功控制模式 ……144

6 苏州同里电力电子变压器工程示范应用 ······ 145

6.1 工程概述 ······ 145

6.2 交直流混联分布式可再生能源系统 ······ 145

6.2.1 系统接入及接线方案设计 ······ 145

6.2.2 设备选型 ······ 149

6.2.3 接地方式 ······ 154

6.2.4 保护方案 ······ 156

6.3 交直流混联配电网运行控制系统 ······ 157

6.3.1 能量管理系统 ······ 158

6.3.2 协调控制系统 ······ 160

参考文献 ······ 167

1 概述

1.1 发展背景

近年来我国分布式可再生能源增长迅速，大规模分布式可再生能源接入电网，对系统的灵活接入和有效管控提出了新的挑战和更高的要求。目前可再生能源接入技术交直流变换环节较多，降低了效率，影响了接入的便捷性。另外，配电网互联互济和柔性调控能力不足，也限制了分布式可再生能源的充分消纳和高效利用。利用双向多端口电力电子变压器构建交直流混联系统，可以实现灵活组网，在多个交直流电压等级集成分布式可再生能源，实现灵活安全接入；减少变换环节，提高能源利用效率，增强系统控制能力，在更大范围实现互联互补，充分消纳可再生能源。

随着电力电子技术快速发展，以及众多基于直流供电的家用电器的普及和工业变频技术的应用，越来越多的光伏发电、风力发电及电动汽车等分布式能源/储能接入电网，交流配电网面临着分布式新能源接入、负荷和用电需求多样化、潮流均衡协调控制复杂化及网架结构庞杂和电能供应稳定性、高效性、经济性等前所未有的挑战。

相对于交流配电网，直流配电网在输送容量、系统可控性及供电质量方面具有更加优越的性能：能够减少分布式能源及直流负荷接入电网所需的换流环节，提高功率转换效率；不存在涡流损耗及线路的无功损耗，直流配电网的损耗仅为交流网络的 15%～50%；在绝缘水平相同的情况下，直流配电网的传输效率约为交流配电网的 1.5 倍，并且能够有效避免电压波动、闪变、频率偏移和谐波污染等问题，改善电能质量，提高电网可靠性；还可以充分协调分布式电源、多样性负荷与电网之间的矛盾，发挥分布式能源的价值。

多端口电力电子变压器的引入，使交直流混联系统的结构呈现多样性，也增加了交直流各子系统之间的耦合；故障电流控制器的快速限流和开断改变了系统动态特性。多端口电力电子变压器是交直流混联分布式可再生能源系统的核心设备之一。本书将围绕电力电子变压器的设计原理、运行方式、控制保护、示范应用展开介绍。

1.2 国内外研究现状

1.2.1 电力电子变压器设备研究现状

电力电子变压器（power electronics transformer，PET）也称为固态变压器（solid-state transformer，SST），是利用现代电力电子技术和高频变压器技术实现电压变换的一种新型智能化电气设备。面向智能电网应用的电力电子变压器一般具有不同电压等级的多个交流和直流端口（如图 1-1 所示），用于多种类型的分布式能源、储能和负荷的灵活接入，以及交/直流电网的互联。

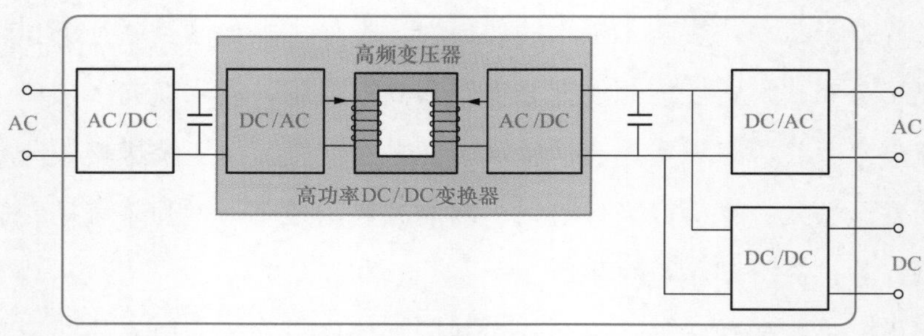

图 1-1　面向智能电网应用的三端口电力电子变压器

电力电子变压器除了具有传统变压器的电压等级变换和电气隔离功能之外，还具有多种分布式能源/储能/负荷灵活接入、交/直流电网互联、潮流双向控制、电能质量控制、装置自保护与自诊断、通信与信息交换等多种功能，又称为能量路由器或柔性电力电子变换装置，在智能电网、能源互联网及交直流互联电网中发挥了不可替代的重要作用，是实现电能变换和处理的核心装置。

电力电子变压器在智能电网中的主要应用有：分布式发电系统、储能装置和负荷的接入与控制，配电网互联，交直流电网互联，多端口交直流电网，如图 1-2 所示。

随着全球能源问题及发展中国家的碳排放问题的日益突出，大规模利用可再生能源、减少化石能源消耗已成为世界各国的重要发展战略。在此背景下，适用于智能电网、能源互联网及可再生能源接入与灵活控制的电力电子变压器和其相关理论及技术研究引起了国内外科研结构及高技术企业的广泛关注。

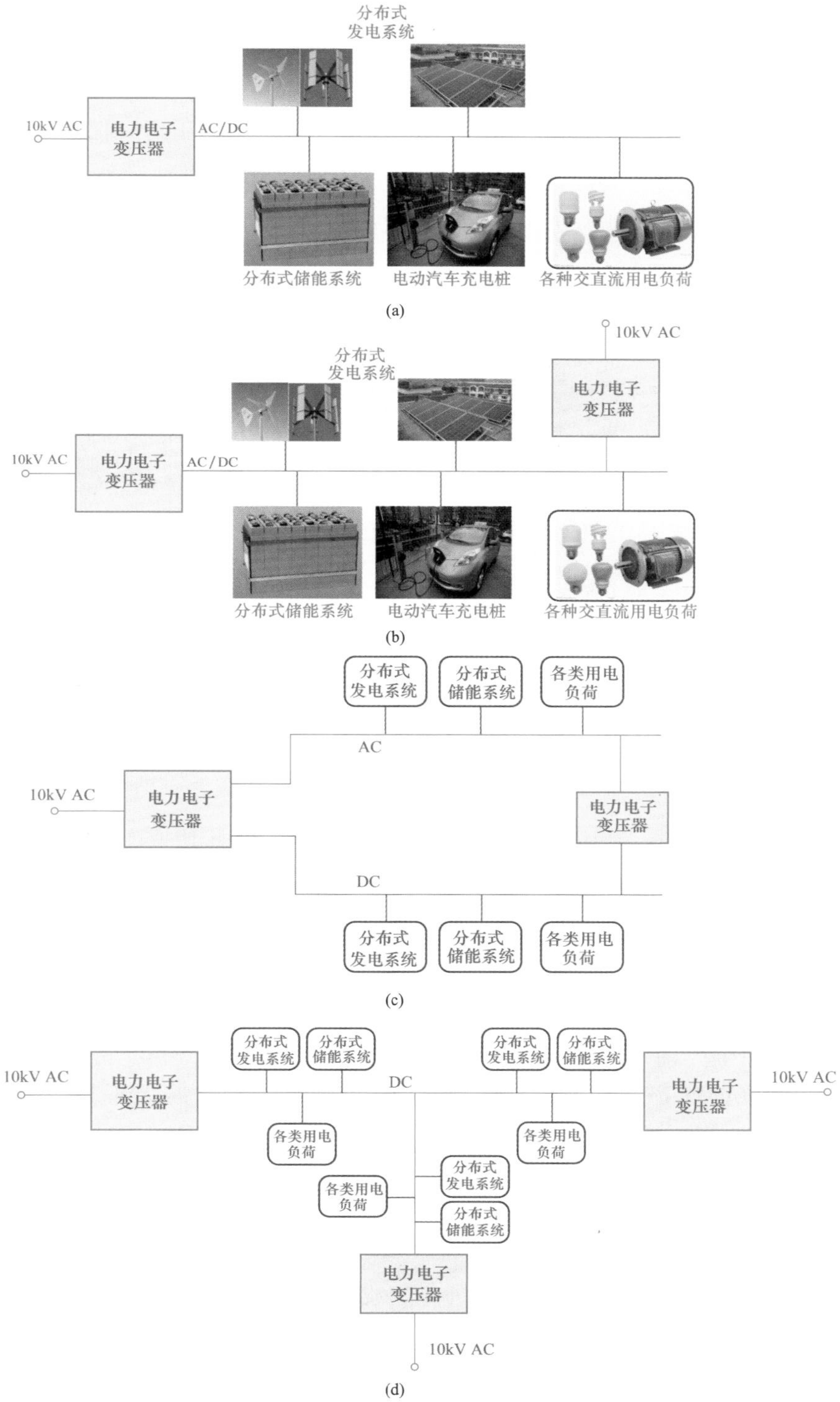

(a)

(b)

(c)

(d)

图 1-2　电力电子变压器在智能电网中的主要应用

（a）分布式发电系统、储能系统和负荷的接入与控制；（b）配电网互联；（c）交直流电网互联；（d）多端口交直流电网

国外，尤其是欧美等发达国家的科研机构及高技术企业对电力电子变压器的研究工作开展较早。美国电力科学研究院（EPRI）早在 2001 年就启动了智能通用变压器（intelligent universal transformer，IUT）研究项目，并于 2006 年研制了输入电压为 2.4kV、容量为 20kVA 的单相 IUT 实验样机。国外电气领域的高技术企业，尤其是欧洲的 ABB 公司早在 2007 年就开始研究应用于机车牵引的车上用电力电子变压器（PET）。该公司研制的 15kV、容量为 1.2MVA 的机车牵引用单相 PET 样机于 2012 年在瑞士的电力机车上示范应用。

近年来，美国北卡莱罗纳州立大学、苏黎世联邦理工学院等国外研究单位均对配电网用电力电子变压器进行了研究。美国北卡莱罗纳州立大学对面向智能电网特别是配电网的 PET 开展了较多研究，并发表了较多研究成果。该机构于 2008 年提出了三级电能变换环节的 PET 数学建模方法，并提出了 PET 的四种工作模式以及智能故障管理系统和分层保护功能、谐波补偿、电压支撑和统一电能质量管理等控制技术，实现了系统的全柔性控制策略。2010 年，该机构研制了输入电压为 7.2kV、容量为 20kVA 的面向智能电网应用的单相 PET 实验样机。位于苏黎世的瑞士联邦工学院（ETH-Zurich）针对 PET 也开展了研究，于 2010 年设计了输入电压为 10kV、容量为 1MVA，且包含低压交流与直流端口的三相 PET，并开展了利用软开关技术降低装置损耗的研究工作，这一样机目前尚在研制中。

在新型宽禁带半导体开关器件，特别是 SiC（碳化硅）器件应用方面，国外科研机构及企业也较早开展了研究。美国北卡莱罗纳州立大学于 2014 年研制了基于 15kV SiC 器件的输入电压为 13.8kV、容量为 100kVA 的三相 PET，大幅提高了装置的功率密度。2010 年在美国国防部的资助下，由 GE 公司、Cree 公司和 Powerex 公司联合研制了一台输入电压为 13.8kV、容量为 1MVA 基于 SiC 器件的单相 PET 样机。但由于高压 SiC、GaN 等器件水平的限制，利用宽禁带半导体功率器件提高 PET 功率密度的技术目前尚不成熟。

国内不少单位也对 PET 的基础理论和关键技术开展了相关的研究工作，并在电路拓扑、控制技术、装置研制等方面取得了一定成果。清华大学、浙江大学和中国电力科学研究院先后以能源互联网的视角对电力电子变压器作为“能量路由器”的详细功能进行了阐述。中国电力科学研究院提出了电力电子变压器的分层功率控制方法，浙江大学和华中科技大学均提出了三相单元及子功率单元间的功率均衡控制技术。在样机研制方面，华中科技大学于 2003 年研制了基于级联 H 桥型电路拓扑的输入电压为 10kV、容量为 500kVA 的三相 PET，并进行了工程验证。

中国科学院电工研究所在 2009 年开始针对 PET 开展了较深入的研究，首次将模块化多电平换流器（modular multilevel converter，MMC）应用于 PET，并提出了 PET 的新型电

路拓扑，可以大幅减少 PET 中高频变压器的数量，同时减少半导体开关器件的用量。基于此拓扑，中国科学院电工研究所于 2011 年研制成功 10kV/200kVA 电力电子变压器实验样机，完成了全面的测试与考核；2014 年又研制成功 10kV/1MVA 电力电子变压器样机，完成了挂网运行试验，该样机为目前国内研制成功的单机容量最大的 PET 样机。

目前 PET 的研究总体上仍处于起步阶段。PET 获得规模化实际应用还有一些关键技术问题需要突破，主要包括：

（1）运行效率问题。PET 内部电能变换环节多，系统电能转换效率较低。

（2）功率密度问题。受制于电力电子器件及电路拓扑的发展水平，目前 PET 装置的体积/质量功率密度偏低。

（3）多端口协调控制及故障隔离问题。多类型的电源（风电、光伏、储能等）、负荷（交直流）通过不同端口 PET 接入后，对 PET 不同端口的协调控制及故障隔离带来了很大挑战，相关的理论问题和技术问题亟待突破。

（4）制造成本问题。相对于工频铁芯隔离的传统变压器，目前的 PET 样机造价较高，需要以成本/功能最优为目标进一步优化。

1.2.2 电力电子变压器运行控制研究现状

交直流网络内分布式能源和负荷具有不同的自然属性，可以充分利用柔性网络的灵活调控能力，协调控制网络内的可再生能源，然后通过对不同网络内的分布式电源进行协调优化，以实现互补运行。现有的研究主要集中在交直流混联网络优化模型的建立、调度策略和求解算法等方面，更多的是考虑经济因素或安全稳定运行因素，缺少对交直流网络设备柔性调控能力的优化运行的研究，所建立的交流网络也大多为三相对称结构，没有考虑低压配电网络中分布式电源单相连接时，不同相之间的互补优化和交直流不同网络之间的互补优化问题。

在 PET 的研究方面，人们提出了基于级联 H 桥的 PET 拓扑结构、多有源桥的 PET 拓扑结构、模块化高频链的 PET 拓扑结构及混频调制的新型 PET 拓扑结构。针对 PET 直流链电压波动、端口电压和功率实时控制，以及含 PET 的孤岛交直流混联配电网的运行问题，相关文献也提出了相应的控制策略。但在稳态模型的建立及其在配电网的运行优化中可以发挥的作用等方面的研究却不多见，所提出的稳态模型也仅是将 PET 端口等效为电压源换流器，并进行支路等效，没有考虑 PET 在运行过程中所产生的有功损耗，也无法适应灵活多样的 PET 拓扑结构。

除此之外，对于多换流站系统中各换流站的协调控制方面，现有文献研究多侧重于多端柔性直流系统换流站直流侧的控制研究，其策略组合方式主要有：①主从控制，换流站分为主站和从站，分别采用定电压和定功率控制，控制电压的换流站负载平衡直流网络有功功率；②电压裕度控制，在主从控制的基础上增加备用主站，当原主站退出运行时，备用主站切换到定电压控制，用以维持系统功率平衡；③下垂控制，电压调节和功率分配由多个端口共同承担，根据下垂斜率进行功率分配，这种控制方式不分主从，无须通信，共同维持系统的功率平衡。

值得注意的是，这三种控制策略组合均存在弊端。其中，主从控制对换流站的主站要求较高，主站故障后，系统难以控制；电压裕度控制在主控制器切换时容易出现振荡；下垂控制是一种有差控制，无法实现特定需求下的定直流电压控制和定有功功率控制。综上，当前还缺少一种能对多端口电力电子变压器交直流端口进行控制且易实现多台电力电子变压器端口协调配合的控制策略。

1.2.3　含电力电子变压器的中低压交直流混联系统研究现状

电力电子变压器、电压源型变换器（voltage source converter，VSC）及交直流源—荷—储多设备集成时，面临各设备控制模式选择、控制参数配置以及通过多个设备的协调配合集成来提高系统性能等一系列问题。

在集成系统的性能分析方面，由于交直流系统中电力电子器件具有强耦合、非线性等特点，在大扰动分析中，基于线性化的稳定性分析方法不再适用，目前较为成熟的非线性系统稳定性分析方法为李雅普诺夫直接法。应用该方法的难点在于各类电力电子器件的李雅普诺夫函数较难建立，目前已取得一些研究成果。对于下垂控制的逆变器，有的文献将其等效为同步机并建立了李雅普诺夫函数；而有的文献则采用降阶模型，推导其李雅普诺夫函数。有的文献采用 TS 模型法和遗传算法分别建立了带 CPL（恒定功率负荷）的直流系统的李雅普诺夫函数，并分析了系统的吸引域。但上述文献均未给出解析形式的稳定性判据，对于系统的参数设计，指导意义较弱。混合势函数分析法是一类基于李雅普诺夫直接法的特殊分析方法，其可以给出解析形式的稳定性判据。有的文献应用混合势函数理论研究了多级 LC 滤波器对带有恒功率负载的直流系统稳定性的影响，给出了滤波器参数设计的指导意见和稳定性判据。有的文献建立了级联 BUCK/BOOST 变流器的混合势函数，分析了控制参数对系统稳定性的影响，并研究了母线电压补偿策略。有的文献应用混合势函数理论分析了直流系统的大信号稳定性。目前，针对 BUCK/BOOST 等 DC-DC 变流器的

研究较为成熟，而对电力电子变压器、VSC 及交直流混联系统变流设备集成的研究较少。

在电力电子装置与交直流系统网络集成配合方面，已有大量文献从不同角度加以研究。有的文献研究了直流系统的网络谐振特性对稳定性的影响。有的文献进一步分析了恒功率负荷的接入对谐振的模态阻尼率的削弱作用。有的文献对比了系统在不同的协调控制模式下系统弱阻尼振荡模态同各设备的关联特性。然而上述文献均未深入分析系统的不稳定因素和系统的直流电压控制设备的相互作用机制。针对稳定性的改善问题，有源型阻尼控制策略以其不产生附加功耗优点受到广泛关注。为避免附加阻尼控制器对装置主控制器产生影响，大量文献采用基于带通滤波器的附加阻尼方案，将其对系统电压控制环路性能的影响限制在网络谐振频段内。有的文献提出了一种二阶带通滤波阻尼控制策略，然而该控制器被串联在控制环路之中，因而会对协调控制的模式切换造成干扰。有的文献提出了一种反馈型带通环节的附加阻尼控制器，然而该方案对采样实时性的要求较高。有的文献将带通阻尼控制器引入电压外环反馈输入端，该方案虽然能够提高系统性能，但改变了电压指令信号值，因此对系统的稳态潮流控制精度会产生一定影响。现有文献提出的阻尼控制方案虽种类繁多，但多数方案针对特定的装置间不良交互行为机制进行设计，无法直接移植到电力电子装置与系统网络集成方面。

近年来，国内外学者提出以电力电子变压器为基础构建交直流混联系统，可在多个交直流电压等级集成分布式可再生能源，增加系统控制能力，实现更加灵活安全的接入，同时可实现灵活组网，在更大范围互联互补，充分消纳，并开展了相关工程应用。

国际上，美国北卡罗来纳大学基于电力电子变压器的交直流混联系统研制了 20kVA 的单相电力电子变压器，成功研制了试验样机，建成了交直流混联试验系统，并通过实时仿真验证系统结构。美国弗吉尼亚理工大学提出了一种基于 AC/DC 的交直流配电分层连接的混合配电系统结构，根据系统容量分为子网、微网、纳网和皮网，并基于仿真开展了理论分析和少量工程应用。丹麦奥尔堡大学提出了交直流混联微电网运行控制方法并开发了相应变流器设备的实验室样机。亚琛工业大学建立了世界上首个 10kV 中压直流配电系统。

国内，中国科学院电工研究所开展了电力电子变压器、故障电流控制器、综合能源微电网运行控制与调度相关研究，研制了 10kV/1MVA 电力电子变压器样机并完成了挂网运行试验，研制了 10kV/1MVA 交流故障电流控制器，完成了含燃机、地源热泵、储热、储电、光伏、风电等综合能源微电网的运行控制和能量优化技术，开发了相应系统并应用于上海高等研究院智能城网等国内 10 余个示范工程。全球能源互联网研究院与德国亚琛工业大学合作，完成了世界上第一个基于双向变流器的中压直流示范项目，并在德国亚琛工业大学开展了中压直流示范项目的应用。浙江大学开展了风光柴储等多种分布式能源接入海岛微电网的基础理论研究及舟山海岛微电网工程示范，开展了基于 MMC 和双有源桥（dual active bridge，DAB）的电力电子变压器拓扑研究，研制了基于 SiC 器件的 3kV/20kW 的电力电子变压器实验样机。国网江苏省电力有限公司研究了多场景微电网的规划设计、运行控制与试验检测关键技术，研发了微电网移动检测装备，在南京建成了交直流混联微电网系统，开发了交直流混联能量管理系统，实现了交直流混联系统的协调运行。华中科技大学研制了 10kV/500kVA 电力电子变压器样机，以及三相单元及子功率单元间的功率均衡控制技术，完成了样机的挂网运行试验。

总体来看，交直流关键设备研究在电路拓扑、控制及样机研制上已取得一定成果，但对于适用于分布式可再生能源集成的多端口多功能大容量高效电力电子变压器、直流故障电流控制器，仍是未攻克的难题。且围绕电力电子变压器、直流故障电流控制器构建的交直流混联分布式可再生能源系统在结构、动态分析、优化配置、运行控制、示范应用上仍基本处于空白阶段。而基于电力电子变压器等构建的交直流混联系统，为未来大量可再生能源的灵活接入、优化配置和安全运行控制提供了有效的技术手段，是未来重要发展方向，具有广阔的应用前景，需要进行深入研究。

2 电力电子变压器设计原理

2.1 电力电子变压器应用场景

交直流配电网有着多样化的应用场景，可用于高渗透率分布式电源接入或微电网接入地区、交直流混联配电/多元负荷集中地区、电动汽车充换电站、港口船舶岸供电地区、高品质用电需求地区、枢纽变电站等场合。

（1）新能源高渗透率接入地区。在我国，以风电和光伏发电为代表的可再生能源在国家政策的推动下将得到大规模的推广应用，分布式新能源的就地消纳会成为未来配电网的重要特征。柔性变电站具有功率、潮流灵活控制的特性，可实现交直流的灵活接入，减少功率变换环节，降低电能变换损耗，最大程度提升可再生能源利用率，从而适用于分布式能源渗透率高的供电区域与配电网络。

（2）多元负荷集中地区。现代配电网中，变频电器、电动汽车充换电站、数据中心及电子类终端等新型负荷不断涌现，负荷类型趋于多样化。柔性变电站可同时引出直流馈线和交流馈线，满足用户对交、直流不同电能形式的用电需求。通过柔性变电站交、直流馈线分别供电，可省略部分变换环节和变换装置，使得配电网结构简单，控制更加灵活、损耗降低，因而适用于负荷多样化且集中的区域。

（3）高品质用电需求地区。数据中心、电子类终端等敏感或重要负荷对供电电能质量有特殊要求，且在现有负荷比例中逐渐增加。柔性变电站可针对优质电力园区、智能小区等含敏感或重要负荷地区，改善其配电系统电能质量，提供定制电力，优化配电网无功，提高配电网安全、稳定裕度，并提供灵活的配电网附加服务，其与储能单元结合能实现配电网不间断电源（uninterruptible power supply，UPS）功能，切实保障对重要用户或敏感负荷高质量、不间断的电力供应。

（4）枢纽变电站。传统变电站通过调节变压器分接头来实现功率与电压调整，手段单一且调节能力有限。柔性变电站具有潮流灵活控制的能力，可实现电压的连续调节与功率

的合理调度。在输、配电网关键节点用柔性变电站来替代传统变电站，在减少建筑占地面积的前提下，能够增强对整个电力系统的调度与控制能力，从而提高系统的运行效率、运行灵活性和可靠性。

2.2 电力电子变压器原理

2.2.1 启动策略

电力电子变压器（PET）的启动方式可分为高压侧启动和低压侧启动两种，若系统具备高压电源，可选用如图 2-1 所示的高压侧启动方式，具体顺控流程如下。

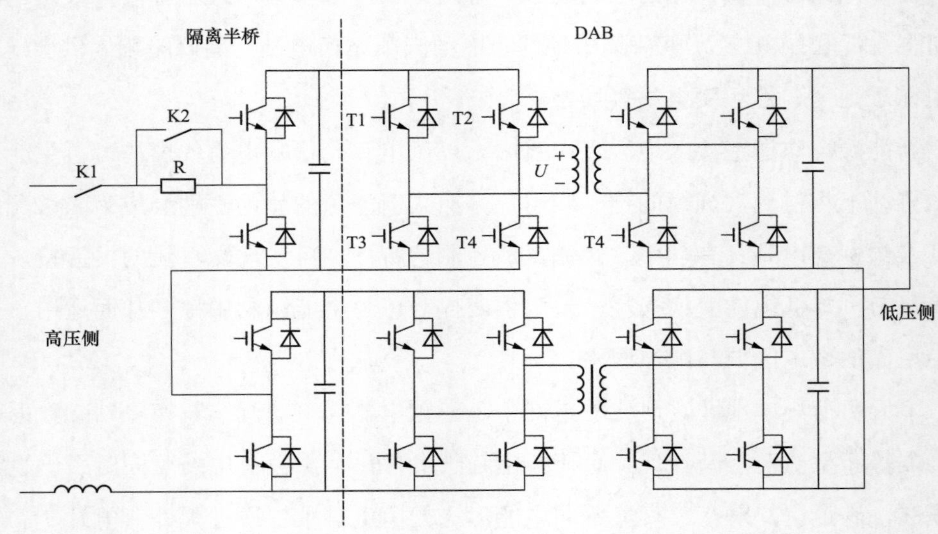

图 2-1　电力电子变压器高压侧软启动过程示意图

（1）不控充电阶段：在高压侧配置软启动回路，首先闭合 K1，高压电源经软启动电阻 R 给高压侧串联电容不控充电，待电容电压升高至允许水平时，闭合 K2 旁路软启动电阻 R，继续充电直至高压侧串联电容电压达到稳定。

（2）模块升压阶段：保持双有源桥（DAB）闭锁，解锁隔离半桥，采用载波移相方式控制隔离半桥以 boost 模式运行，使高压侧电容进一步升压至额定电压。

（3）低压电容充电阶段：解锁 DAB，如图 2-2 所示，控制高压侧 H 桥内移相角 D 由 0° 逐渐增大至 180°，通过高频变压器为低压侧电容不控充电，直至低压侧电容达到额定电压。

（4）低压侧 H 桥解锁阶段：低压侧电容达到额定电压后，保持高低压 H 桥间外移相角为 0°，解锁低压侧 H 桥，对于谐振型直流变压器（DCT），进一步调节隔离半桥占空比后进入额定运行状态；对于移相型 DCT，逐渐增大外移相角使输出功率/电压达到额定值后进入额定运行状态。

应当指出，采用高压侧充电时，当充电时间过长时，可能由于模块的不一致性或均压电阻配置不当等原因，导致模块不均压的情况，此时可在步骤（2）中加入如图 2-3 所示的均压策略进行主动均压，图中 U_{ci} $(i=1,2,\cdots n)$为模块 i 的高压侧电容电压，$\overline{U}_c$ 为子模块电容电压的平均值，α_{ref0} 为模块隔离半桥占空比的参考值，α_{refi} $(i=1,2,\cdots n)$为模块 i 隔离半桥占空比的参考值。

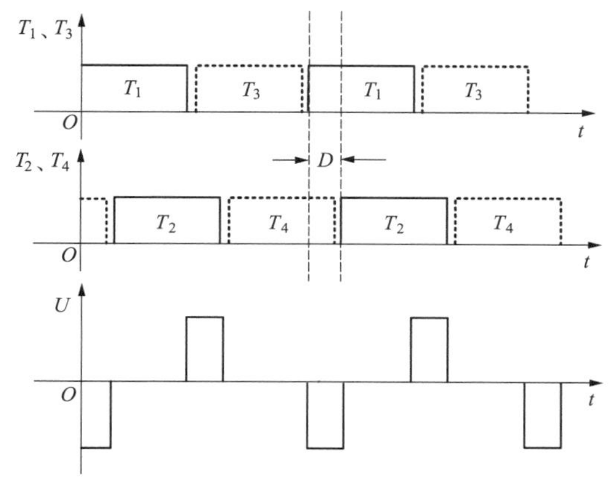

图 2-2 增大内移相角为低压电容充电

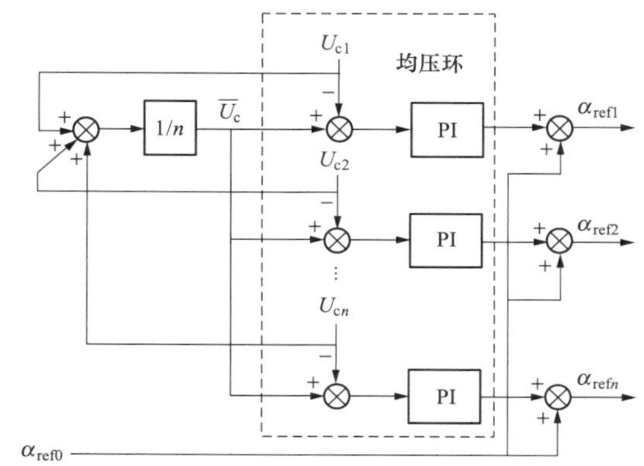

图 2-3 前级半桥主动均压策略

若系统具备低压电源，也可选用低压侧启动的方式，启动过程与高压侧启动类似。此外，在实验室中也可使用蓄电池、不控整流电源等充当低压侧电源，完成 DCT 的整机启动。采用低压侧启动时无均压问题。

2.2.2 子模块控制方法

PET 的子模块控制主要根据整机控制下发的指令（移相角 φ 或控制频率 f_s），控制各子模块功率器件状态，从而传输功率。

1．移相型 PET 子模块（DAB）控制模态分析

DAB 通过改变移相电感两侧电压的相位关系控制传输功率。以单移相（single-phase-shift，SPS）控制方式为例，如图 2-4 所示，Q1～Q8 为高、低压侧 IGBT（绝缘栅双极型晶体管），VD1～VD8 为高低压侧并联二极管，T 和 L_s 分别为理想变压器和移相电感，U_1、U_2、U_L 为高、低压侧电容电压及移相电感上的电压，i_L 为高频变压器电流，U_1、U_2、U_L、

i_L 的正方向如图 2-4 所示。

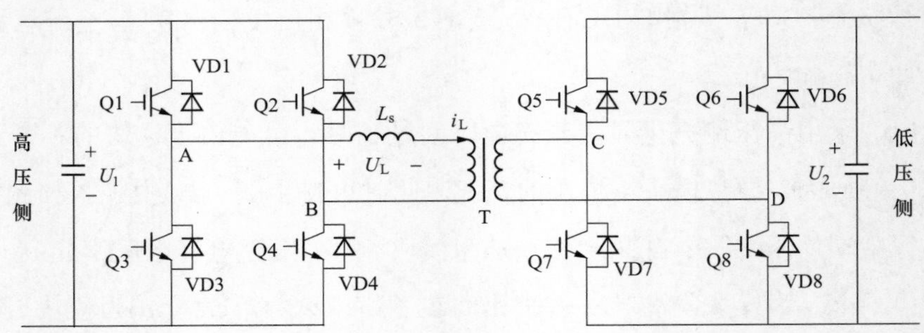

图 2-4 DAB 示意图

DAB 控制周期的时序图如图 2-5 所示，$Q_1 \sim Q_8$ 是对应开关管的驱动脉冲，控制周期模态图如图 2-6 所示，U_{AB} 与 U_{CD} 之间的角度为移相角 φ，下面分阶段进行分析。

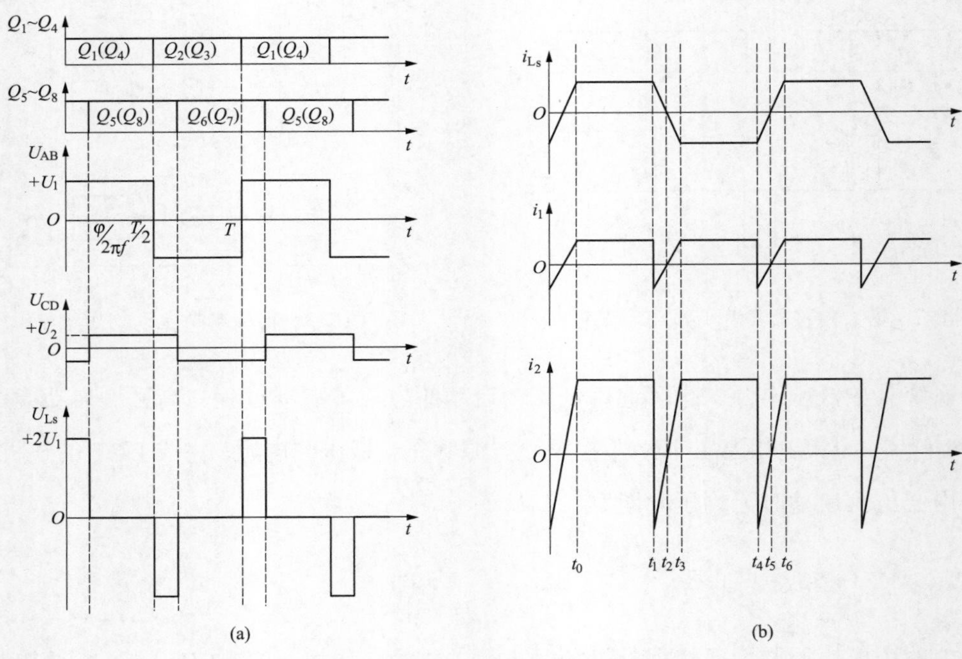

图 2-5 DAB 控制周期的时序图

（a）触发时序及电压波形；（b）电流波形

（1）模态 1：$t_0 \sim t_1$ 阶段。t_0 时刻之前，开关管 Q1、Q4、Q6、Q7 导通，如图 2-6（f）所示，在 t_0 时刻，Q6、Q7 关断，由于 $i_L > 0$，此时 IGBT 为硬关断，电流通过 VD5、VD8 续流，使得 Q5、Q8 两侧电压为 0，随后 VD5、VD8 导通，实现了零电压开通（zero voltage switching，ZVS），如图 2-6（a）所示，该阶段电感电流为

$$i_L(t)=i_L(t_0)+\frac{U_1-KU_2}{L_s}(t-t_0) \tag{2-1}$$

式中：K 为高频变压器变比。

（2）模态 2：t_1～t_2 阶段。在 t_1 时刻，Q1、Q4 关断，由于 $i_L>0$，此时 IGBT 为硬关断，电流通过 VD2、VD3 续流，使得 Q2、Q3 两侧电压为 0，随后 Q2、Q3 导通，实现了零电压开通（ZVS），如图 2-6（b）所示。

（3）模态 3：t_2～t_3 阶段。在 t_1 时刻，电流为 0，随后反向，因此 VD2、VD3、VD5、VD8 关断，Q2、Q3、Q5、Q8 导通，如图 2-6（c）所示。由于反向时电流为 0，故 Q2、Q3、Q5、Q8 均实现零电压开通（ZVS）。进一步，模态 2 及模态 3 中，电感电流为

$$i_L(t)=i_L(t_1)-\frac{U_1+KU_2}{L_s}(t-t_1) \tag{2-2}$$

由于模态 4～模态 6 与模态 1～模态 3 对称，在此不详细介绍。

上述分析表明，采用 SPS 控制时，所有 IGBT 均处于零电压开通（ZVS）及硬关断。

进一步，考虑到如下关系

$$i_L(t_3)=-i_L(t_0) \tag{2-3}$$

$$(t_3-t_1)f=\frac{\varphi}{\pi} \tag{2-4}$$

式中，f 为 DAB 工作频率，联立式（2-1）～式（2-4），并考虑电压、电流关系，可计算得传输功率 P 为

$$P=\frac{KU_1U_2}{2\pi^2 fL_s}\varphi(\pi-|\varphi|) \tag{2-5}$$

式（2-5）表明，在移相角 φ 位于（$-\pi/2$，$\pi/2$）区间内（超过该区间，系统容易失稳），传输功率 P 随着移相角 φ 单调增加，即若需要增大传输功率 P，只需增加移相角 φ 进行控制即可。

应当指出，在 SPS 的基础上，可以引入 DAB 两侧全桥的内移相角作为控制对象增加控制自由度，达到减小回流功率及电流应力的效果，典型的控制方式有双移相控制（DPS）、三移相控制（TPS）、扩展移相控制（EPS）等，其分析方法与 SPS 类似，限于篇幅，不再赘述。

2．谐振型 PET 子模块（SRC）控制模态分析

串联谐振变换器（SRC）通过谐振腔的谐振作用传输功率，如图 2-7 所示，以谐振状态定频控制的 LLC 谐振变换器为例进行分析。图中，Q1～Q4、VD1～VD4、C1～C4 分别

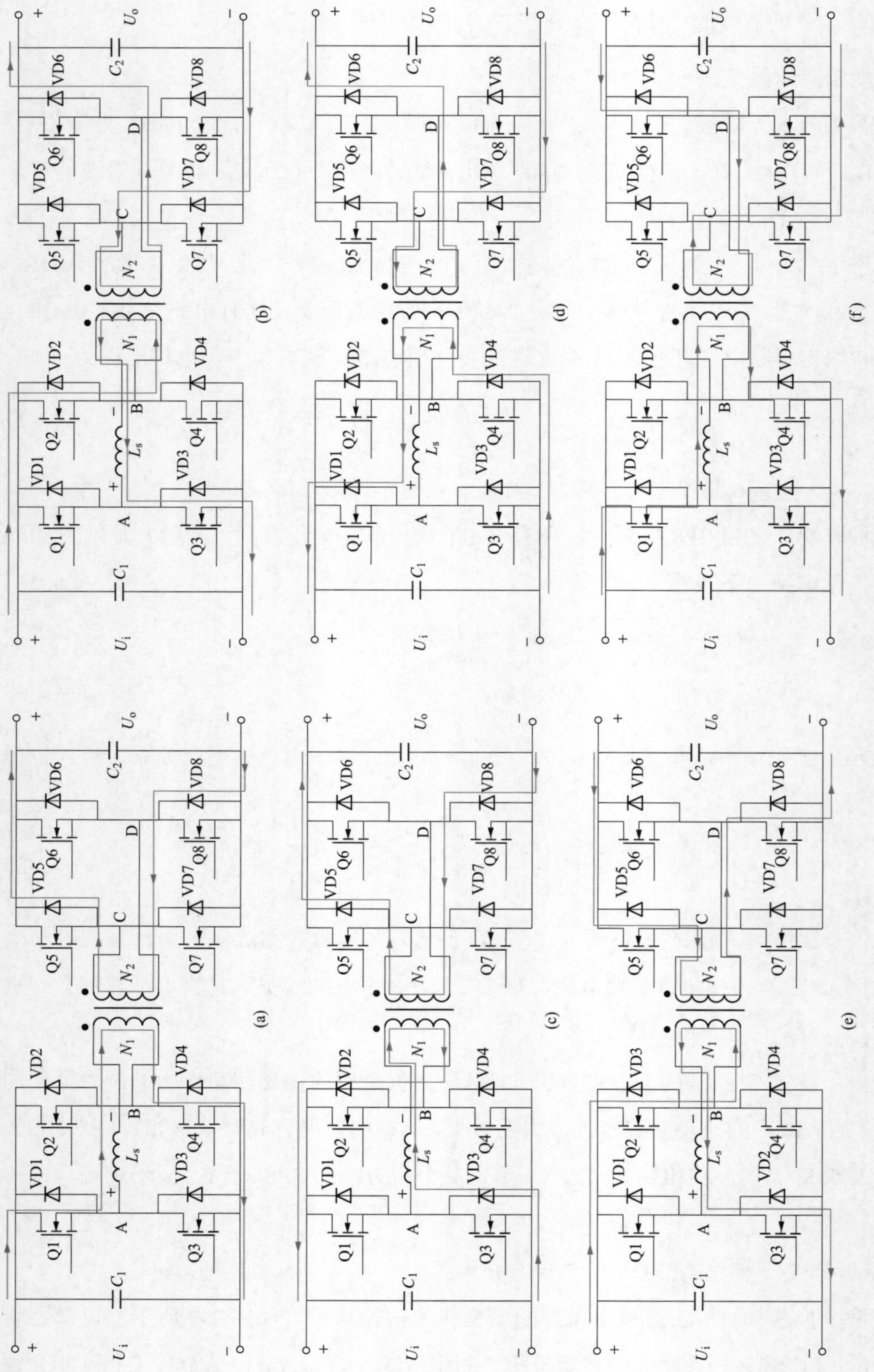

(a) (b) (c) (d) (e) (f)

图 2-6 DAB 控制周期模态图

(a) $t_0 \sim t_1$；(b) $t_1 \sim t_2$；(c) $t_2 \sim t_3$；(d) $t_3 \sim t_4$；(e) $t_4 \sim t_5$；(f) $t_5 \sim t_6$

为源侧 IGBT、二极管及寄生电容；VDR1～VDR4 为负荷侧二极管；L_r、L_m、C_r 分别为谐振电感、励磁电感及谐振电容，U_{in}、U_0 分别为输入、输出电压，i_{Lr}、i_{Lm}、i_{sec}、i_{rect} 分别为源侧电流、励磁电流、二次电流及负荷侧电流，且满足 $i_{Lr}=i_{Lm}+ni_{sec}$，各电气量的正方向如图 2-7 所示。

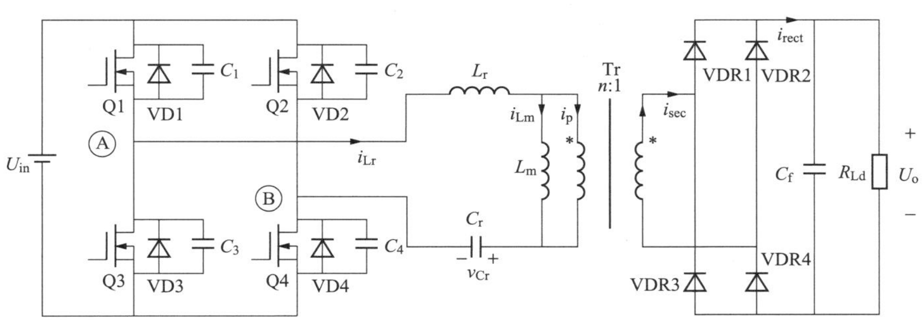

图 2-7　SRC 示意图

此外，定义 L_s 和 C_s 的谐振周期为 $T_s=2\pi\sqrt{L_sC_s}$，（L_s+L_m）和 C_s 的谐振周期为 $T_m=2\pi\sqrt{(L_s+L_m)C_s}$，$T_m \gg T_s$，$f_s$、$f_m$ 为对应的谐振频率，f_r 为控制频率。

当 $f_r>f_s$ 时，谐振变换器处于谐振状态，LLC 控制周期的时序图如图 2-8 所示，控制模态图如图 2-9 所示，下面分阶段进行分析。

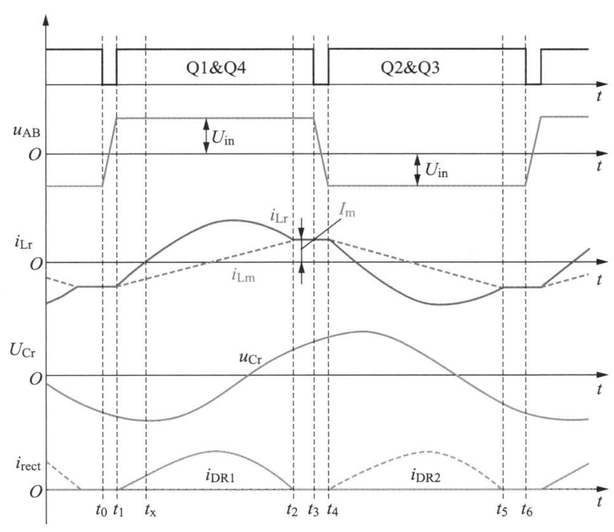

图 2-8　LLC 控制周期的时序图

（1）模态 1：t_0 时刻前。如图 2-9（a）所示，在 t_0 时刻前，Q2、Q3 导通，源侧电流为负，二次电流为 0，AB 两端电压被钳位至$-U_{in}$，（L_r+L_m）与 C_r 谐振，由于 T_m 很大，可认为 $i_{Lr}=i_m$ 近似保持不变。

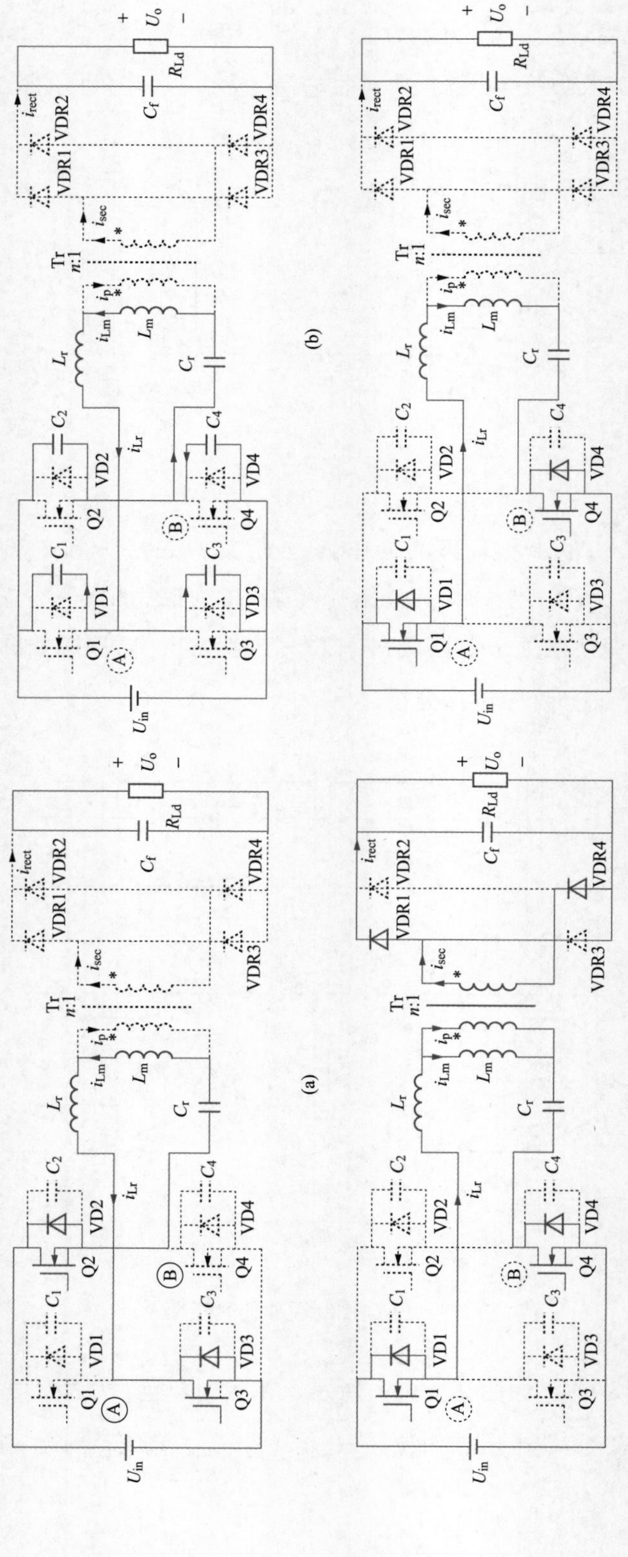

图 2-9　LLC 控制模态图

（a）t_0时刻前；（b）$t_0 \sim t_1$；（c）$t_1 \sim t_2$；（d）$t_2 \sim t_3$

（2）模态 2：t_0～t_1阶段。在 t_0 时刻，Q2、Q3 关断，由于此时电流很小，近似零电流关断（zero current switching，ZCS），此时由于 i_m 的续流作用，C_1、C_4 放电，C_2、C_3 充电；当 C_1、C_4 经放电至电压为 0 后，VD1、VD4 导通，U_{AB} 两端电压被钳位至 U_{in}，VDR1、VDR2 因为承受正压导通，此时即 t_1 时刻。

（3）模态 3：t_1～t_2阶段。在 t_1 时刻，由于 VD1、VD4、VDR1、VDR2 导通，电路进入新的工作状态，此时一方面 L_r 和 C_r 开始正向谐振，谐振腔上电压为 $U_{in}-U_0/n$；另一方面，由于 L_r 和 C_r 谐振时两个元件上的电压和为 0，因此 L_m 的电压被钳位至 $U_{AB}=U_{in}$，励磁电流线性上升。到达 t_x 时刻后，由于源侧电流 i_{Lr} 反向，VD1、VD4 关断，Q1、Q4 零电压零电流开通（ZVZCS）；到达 t_2 时刻时，励磁电流与源侧电流相等，二次电流为 0，此时 VDR1、VDR2 关断。

（4）模态 4：t_2～t_3阶段。在 t_2 时刻，由于 VDR1、VDR2 关断，电路进入新的工作状态，此时（L_r+L_m）与 C_r 谐振，由于 T_m 很大，可认为 $i_{Lr}=i_m$ 近似保持不变。

t_3 时刻之后的模态与模态 1～模态 4 对称，不展开分析。

结合上述分析可知，对于处于谐振状态（$f_r \geqslant f_s$）的 LLC 谐振变换器，由于其功率器件都为零电压零电流开通，近似零电流关断，因此其效率要高于 DAB（零电压开通，硬关断）。

应当指出，由于 LLC 是一种不对称的电路，当功率反向时，其增益特性将发生改变，可通过改变谐振腔的拓扑改善其特性，如采用 CLLLC 型等对称型结构，其分析方法与 LLC 电路类似。此外，对于谐振变换器，定频控制无调压能力，若有调压需求，可采用变频控制调压，限于篇幅，相关方法及分析不再展开。

2.2.3 整机控制方法

PET 的整机控制主要针对上层控制器下发的指令（高压侧电压 U_1、低压侧电压 U_2、传输功率 P），生成移相角 φ 或控制频率 f_s，并下发给各子模块。整机控制又可分为主控和阀控两个环节，其中主控负责电压外环、电流内环控制，阀控负责均压控制及调制。

以下以移相型 DCT 为例，通过控制框图，分别分析定高压侧电压控制、定低压侧电压控制及定功率控制三种模式。

（1）定高压侧电压控制。定高压侧电压控制框图如图 2-10 所示，图中 U_1、I_1 分别为高压侧电压、电流，U_{ci}、U_{cavg} 分别为第 i 个子模块高压侧电容电压及子模块高压侧电容平均

电压，φ_i 为整机控制下发给各子模块的移相角参考值，$U_{1\text{ref}}$ 为上级控制器下发的电压参考指令。在主控制器中，电压外环经过 PI 环节后生成控制电流的参考值 $I_{1\text{ref}}$，再经过电流内环生成移相角的参考值 φ_{ref} 下发给阀控制器，阀控制器采集每个子模块上送的高压侧电容电压后进行均压控制，通过均压环生成移相角调整量 $\Delta\varphi$，并针对每个模块进行载波移相调制，最终生成每个子模块的移相角 φ_i，下发给各子模块。子模块控制器生成触发脉冲，控制各模块传输功率。

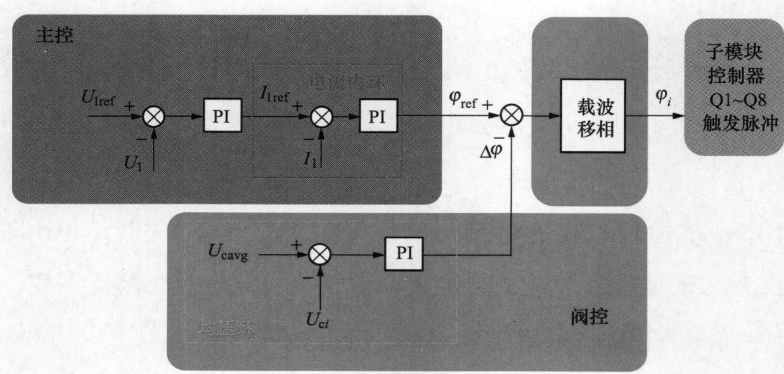

图 2-10　定高压侧电压控制框图

定低压侧电压控制、定功率控制的控制流程与定高压侧电压控制类似，不再展开，其控制框图如图 2-11 和图 2-12 所示。

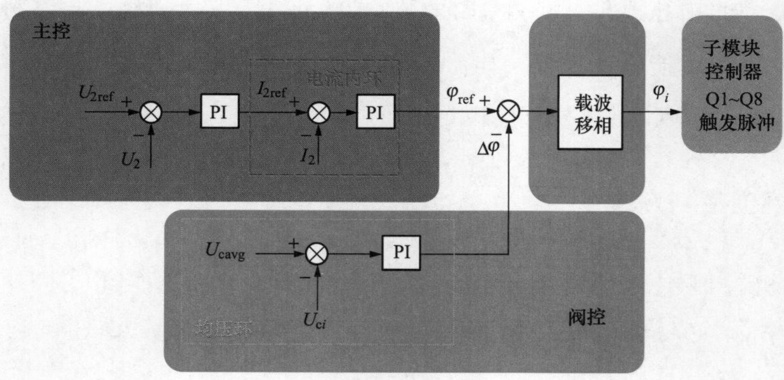

图 2-11　定低压侧电压控制框图

（2）定低压侧电压控制。图 2-11 中 U_2、I_2 分别为低压侧电压、电流，$U_{2\text{ref}}$ 为上级控制器下发的电压参考指令。

（3）定功率控制。图 2-12 中 P 为通过计算得出的直流变压器传输功率，P_{ref} 为上级控制器下发的功率参考指令。

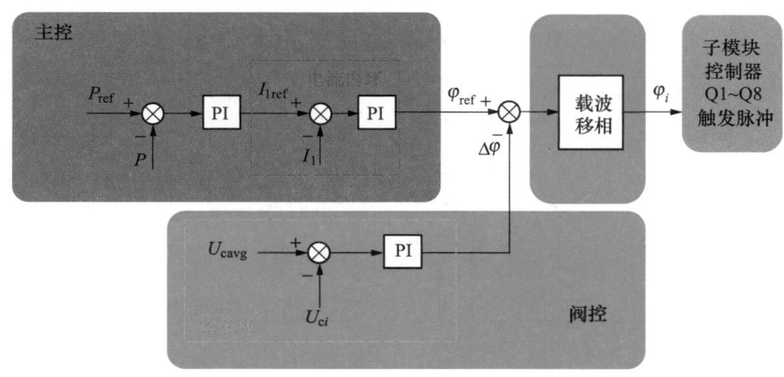

图 2-12 定功率控制框图

2.3 电力电子变压器分类

2.3.1 高频变压器

在直流配电网中，直流电能变换难以像交流系统中通过电磁感应原理实现电压变换，必须基于电力电子技术通过功率变换器实现电压变换和功率传递。直流变压器是实现中/高压直流电网、低压直流配电网能源互联、能量调节的关键接口装置。

以双向直流变压器和直流输配电网络构成的新型能源网络，能够将多种直流网络进行互联，进行电压等级的变换，分配功率流向以及实现电气隔离，能有效、及时应对电压暂降、短路等故障情况，可将分布式能源与各种直流负荷接入到电网中，充分发挥双向直流变压器的功能。

高频隔离链式双向直流变压器具有以下特点：

（1）能够实现中压直流变换为低压直流；

（2）连接直流配电网与新能源发电系统，实现功率的双向流动；

（3）采用中/高频变压器实现电气隔离，并提高设备的功率密度；

（4）采用多个直流变换单元输入侧串联、输出侧并联（input series output parallel，ISOP）的形式，以承受较高的输入电压和均分输出电流；

（5）模块化结构，可实现冗余设置，提高系统的可靠性。

由于目前受到电力电子器件耐压水平的限制，单个电力电子变换器无法直接将中高压进行降压变换。目前在中/高压直流配电网中，双向直流变压器通常采用多个 DC/DC 变换器输入侧串联、输出侧并联的形式，如图 2-1 所示。通过输入侧的串联，将高压直流电压

平均分担到每个 DC/DC 变换器的输入端，避免电力电子器件承受过高的电压。低压直流侧由多个 DC/DC 变换器的输出进行并联，均分输出电流，避免电力电子器件承受过高的电流。

从图 2-13 可以看出，双向直流变压器由 n 个 DC/DC 变换器构成，每一个 DC/DC 变换器内部分为三部分，即输入侧电力电子变换电路、中高频变压器和输出侧电力电子变换电路。每一个 DC/DC 变换器能够实现 DC/DC 电压等级的变换、能量的双向流动及电气隔离。从而，由多个 DC/DC 变换器组成的双向直流变压器能够实现从中/高压直流变换为低压直流、能量双向流动及电气隔离，满足直流配电网的应用需要。

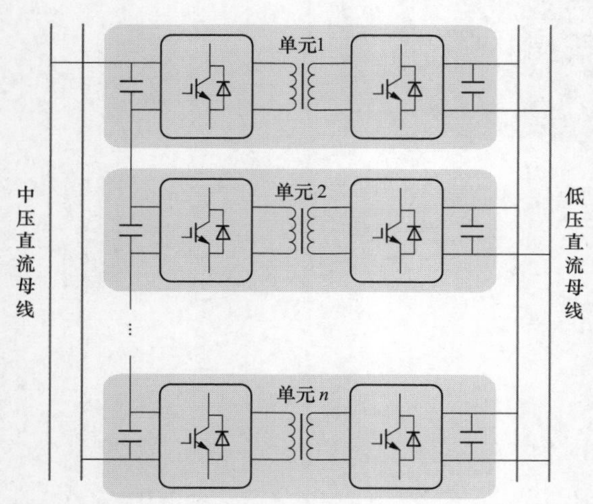

图 2-13　输入串联输出并联的直流变压器拓扑

具备高频隔离、能量双向流动能力的 DC/DC 变换器可选的电路结构大体有以下几种：双有源桥式（DAB）变换器、LLC 谐振变换器、CLLC 谐振变换器和 L-LLC 谐振变换器。这几种电路都具有一个共同特征：输入直流电压经输入全桥或输入半桥斩波得到高频方波，高频方波通过谐振槽（或伪谐振槽）和高频变压器到达低压侧，再经输出全桥或输出半桥获得低压输出直流电压。下面将对这几种变换器的基本工作原理进行介绍并针对半桥、全桥结构及不同的变换器拓扑差异进行对比分析。

1．DAB 变换器

目前应用较为广泛的双向 DC/DC 变换器为 DAB 变换器。图 2-14 是 DAB 变换器的基本拓扑，DAB 变换器由输入全桥、一次电感、中高频变压器和输出全桥组成，其中一次电感常集成在变压器漏感之中。为了方便实现能量双向流动，DAB 变换器的控制主要采用单移相控制、双移相控制、三重移相控制方式。其中，双移相控制方式和三重移相控制方式具有抑制回流功率、减小电流应力、提高变换器效率的优点，但是控制较复杂；单移相控制方式相对简单，容易实现，所以下面主要介绍单移相控制方式。

单移相控制时，各开关管的脉冲宽度调制（pulse width modulation，PWM）控制信号的占空比均为 50%，在输入全桥中，S1 和 S4 同时导通和关断，同一个桥臂上的两只开关管互补导通，导通角都为 180°；同理，在输出全桥变换器中，S5、S8 和 S6、S7 也是互补

导通。两个 H 桥对应开关管的控制信号在时序上存在一个相位差，定义为移相角，记为 φ，定义移相占空比 D_φ 为移相角 φ 与 π 的比值，即 $D_\varphi=\varphi/\pi$。

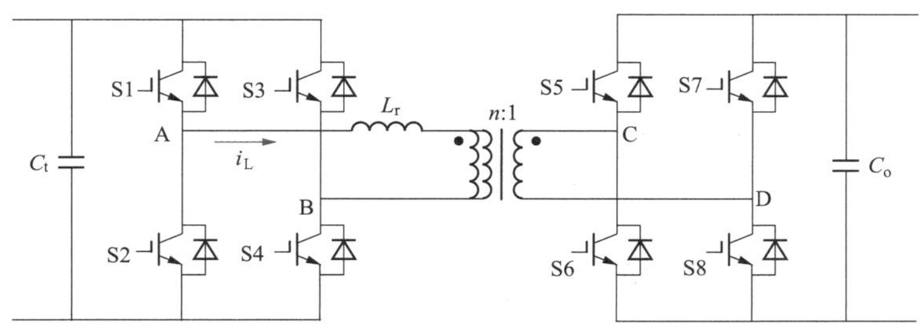

图 2-14　DAB 变换器拓扑结构图

加在电感 L_r 上的电压 U_L 即为 U_{AB} 与 U_{CD} 折算到变压器一次侧的电压之差。通过改变 U_{AB} 与 U_{CD} 之间的相位，即改变移相值的正负和大小，即可控制 DAB 变换器输出功率的大小和流向。当移相角为正（$\varphi>0$），即变压器一次侧 H 桥开关管的控制信号在时序上超前于二次侧 H 桥对应开关管的控制信号时，能量正向流动，从输入侧流向输出侧；当移相角为负（$\varphi<0$），即变压器一次侧 H 桥开关管的控制信号在时序上滞后于二次侧 H 桥对应开关管的控制信号时，能量反向流动，从输出侧流向输入侧。下面将分别在能量正向流动和能量反向流动两种情况下分析 DAB 变换器的工作状态。

（1）能量正向流动。忽略开关管管压降、死区和线路损耗，在单移相控制下达到稳定后，DAB 变换器的能量正向流动工作波形如图 2-15 所示，S_1～S_8 是对应开关管的驱动脉冲。根据图 2-15 所示，当能量正向流动时，一个开关周期内 DAB 变换器有 4 种工作状态，每个工作状态的具体分析如下：

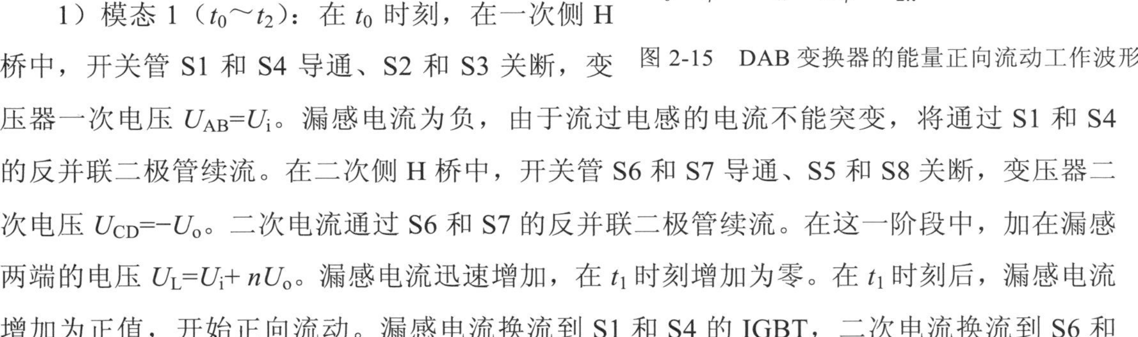

图 2-15　DAB 变换器的能量正向流动工作波形

1）模态 1（t_0～t_2）：在 t_0 时刻，在一次侧 H 桥中，开关管 S1 和 S4 导通、S2 和 S3 关断，变压器一次电压 $U_{AB}=U_i$。漏感电流为负，由于流过电感的电流不能突变，将通过 S1 和 S4 的反并联二极管续流。在二次侧 H 桥中，开关管 S6 和 S7 导通、S5 和 S8 关断，变压器二次电压 $U_{CD}=-U_o$。二次电流通过 S6 和 S7 的反并联二极管续流。在这一阶段中，加在漏感两端的电压 $U_L=U_i+nU_o$。漏感电流迅速增加，在 t_1 时刻增加为零。在 t_1 时刻后，漏感电流增加为正值，开始正向流动。漏感电流换流到 S1 和 S4 的 IGBT，二次电流换流到 S6 和

S7 的 IGBT。变压器一、二次电压不变，因此加在漏感两端的电压和漏感电流变化率不变。由上述分析可知，S1 和 S4 能够实现零电压开通。此模态的电路图如图 2-16 所示。

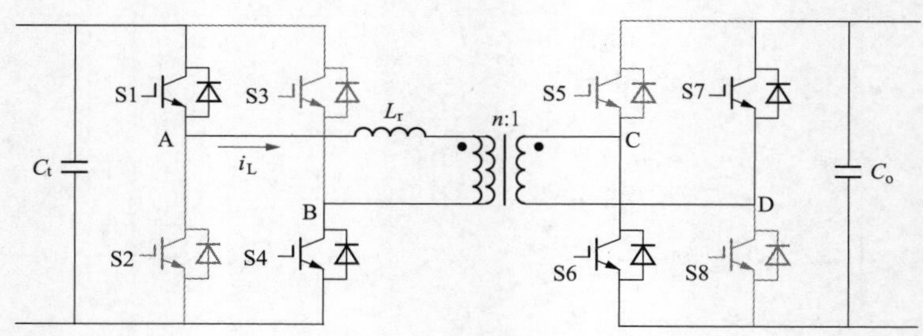

图 2-16　DAB 变换器正向能量流动模态 1 电路图

2）模态 2（t_2～t_4）：在 t_2 时刻，一次侧 H 桥中的开关管状态保持不变。在二次侧 H 桥中，开关管 S5 和 S8 导通、S6 和 S7 关断，变压器二次电压 $U_{CD}=U_o$。由于电感电流不能突变，二次电流通过 S5 和 S8 的反并联二极管续流。在这一阶段中，加在漏感两端的电压为 $U_L=U_i-nU_o$。因此，开关管 S5 和 S8 能够实现零电压开通。此模态的电路图如图 2-17 所示。

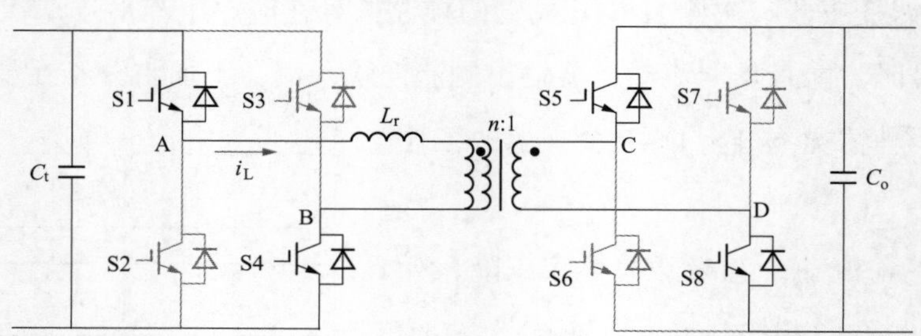

图 2-17　DAB 变换器正向能量流动模态 2 电路图

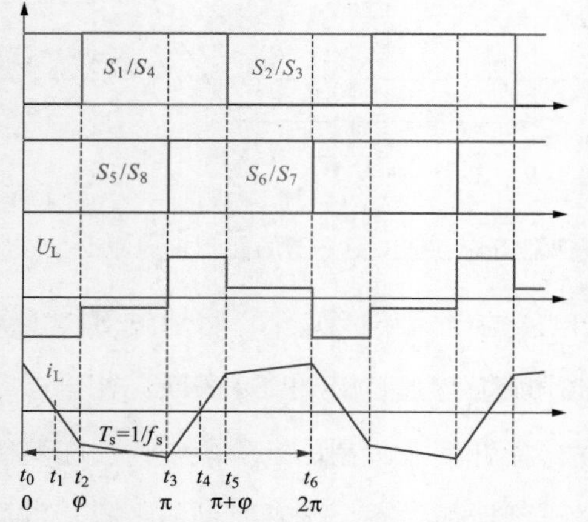

图 2-18　DAB 变换器的能量反向流动工作波形

后半个周期的工作状态与前半个周期完全对称，此处不在累述。

（2）能量正向流动。忽略开关管管压降、死区和线路损耗，在单移相控制下达到稳定后，DAB 变换器的能量反向流动工作波形如图 2-18 所示，S_1～S_8 是对应开关管的驱动脉冲。根据图 2-18 所示，当能量反向流动时，一个开关周期内 DAB 变换器有 4 种工作状态，每个工作状态的具体分析如下：

1）模态 1(t_0～t_2)：在 t_0 时刻，在一次侧 H 桥中，开关管 S1 和 S4 关断、S2 和 S3 导通，变压器一次电压 $U_{AB}=-U_i$。漏感电流为正，由于流过电感的电流不能突变，将通过 S2 和 S3 的反并联二极管续流。在二次侧 H 桥中，开关管 S5 和 S8 导通、S6 和 S7 关断，变压器二次电压 $U_{CD}=U_o$。二次电流通过 S5 和 S8 的反并联二极管续流。在这一阶段中，加在漏感两端的电压 $U_L=-(U_i+nU_o)$。漏感电流迅速减小，在 t_1 时刻减小为零。在 t_1 时刻后，漏感电流减小为负值，开始反向流动。漏感电流换流到 S2 和 S3 的 IGBT，二次电流换流到 S5 和 S8 的 IGBT。变压器一、二次电压不变，因此加在漏感两端的电压和漏感电流变化率不变。由上述分析可知，S5 和 S8 能够实现零电压开通。此模态的电路图如图 2-19 所示。

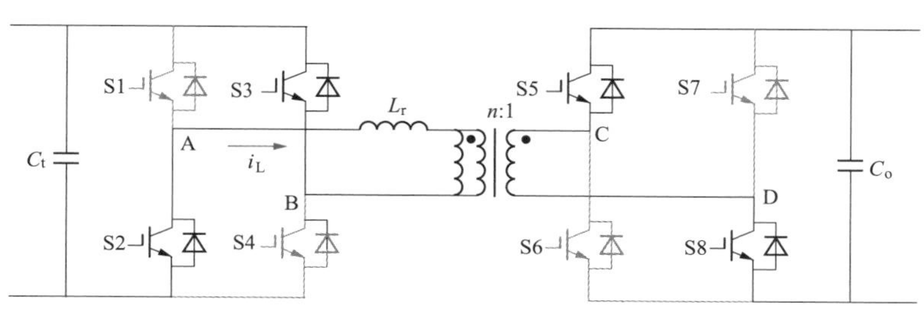

图 2-19　DAB 变换器反向能量流动模态 1 电路图

2）模态 2(t_2～t_4)：在 t_2 时刻，在一次侧 H 桥中，开关管 S1 和 S4 导通、S2 和 S3 关断，变压器一次电压 $U_{AB}=U_i$。二次侧 H 桥中的开关管状态保持不变。由于电感电流不能突变，一次电流通过 S1 和 S4 的反并联二极管续流。在这一阶段中，加在漏感两端的电压为 $U_L=-(U_i-nU_o)$。因此，开关管 S1 和 S4 能够实现零电压开通。此模态的电路图如图 2-20 所示。

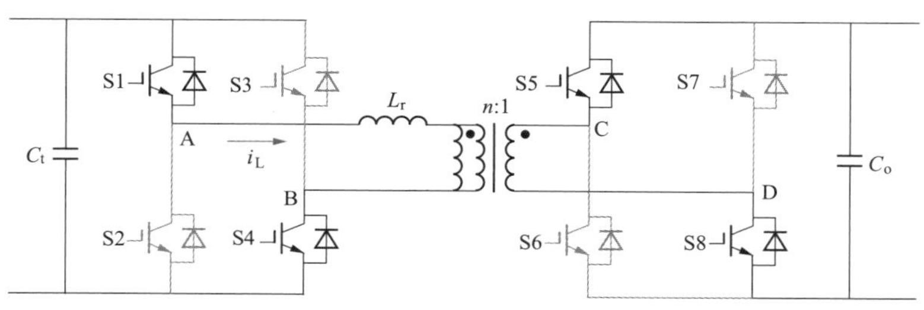

图 2-20　DAB 变换器反向能量流动模态 2 电路图

DAB 变换器平均功率的表达式为

$$P_o=\frac{nU_iU_o}{2f_sL_r}D_\varphi(1-D_\varphi) \tag{2-6}$$

式中：D_φ 为移相占空比，且 $D_\varphi=\varphi/\pi$。

由式（2-6）可知，DAB 变换器的输出功率与输入电压 U_i、输出电压 U_o、一次电感 L_r、变压器变比、开关频率 f_s 及移相角 φ 均有关系。在实际工程应用中，输入/输出电压、电感和变压器参数及开关管频率一般在设计过程中已经确定，不会发生改变。因此，唯一的可控变量为移相角 φ。图 2-21 为以移相角为变量的输出功率特性曲线。当移相角为 π/2（或者−π/2）时输出功率达到最大值，而且移相角从−π/2 变化到 π/2 的过程中，输出的功率能够从反向最大变化到零再变化到正向最大，因此，通过调节移相角即可达到调节功率流动的目的，进而满足最终的控制需求。

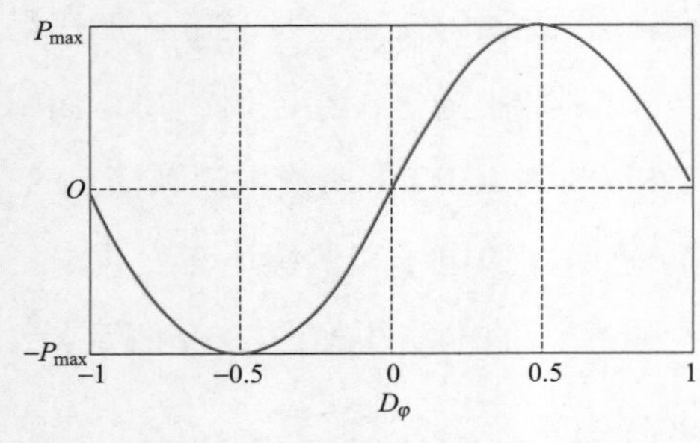

图 2-21　DAB 变换器输出功率特性曲线

DAB 变换器在能量正向流动时实现一、二次开关 ZVS 开通的条件为

$$\max\left\{\frac{nU_o-U_i}{2nU_o},\frac{U_i-nU_o}{2U_i}\right\}\leqslant D_\varphi\leqslant 0.5 \tag{2-7}$$

DAB 变换器在能量反向流动时实现一、二次开关 ZVS 开通的条件为

$$-0.5\leqslant d\leqslant \min\left\{\frac{U_i-nU_o}{2nU_h},\frac{nU_o-U_{i1}}{2V_1}\right\} \tag{2-8}$$

对 DAB 变换器来说，采用单移相控制简单且能够实现能量的自动双向流动。然而，其软开关范围窄，由式（2-7）和式（2-8）可知，在一、二次电压不匹配和轻载的工况下并不能实现软开关。同时，由于从电源发出的瞬时功率随时间变化，在一个开关周期内会出现反向功率流动，导致开关管导通损耗较大，并且开关管的关断损耗也较大。

为了解决 DAB 变换器效率低的问题，高频隔离链式双向直流变压器越来越多的采用谐振变换器拓扑。

2．LLC 谐振变换器

最常用的谐振变换器为 LLC 谐振变换器，其拓扑结构如图 2-22 所示。LLC 谐振变换器由一次侧 H 桥、中高频变压器、二次侧 H 桥及谐振网络（由 L_r、C_r 和 L_m 构成，简称 LLC）所组成，中高频变压器的变比为 n:1。其中，S1～S8 为功率开关管（全控器件包含反并联二极管），S1～S4 组成输入全桥变换器，S5～S8 组成输出全桥变换器，L_r 为谐振电感，C_r 为谐振电容，L_m 为变压器的励磁电感。

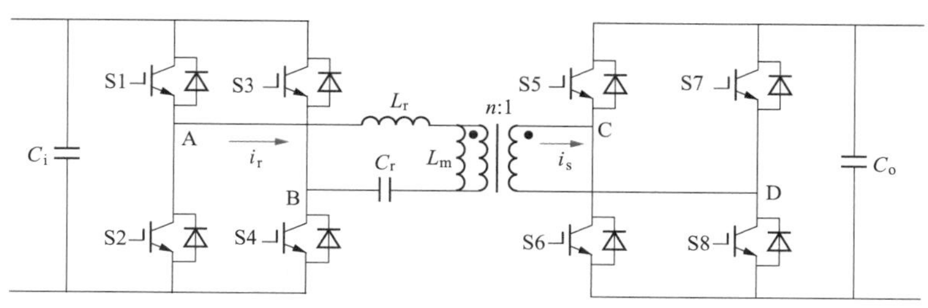

图 2-22　LLC 谐振变换器拓扑结构图

为实现 LLC 谐振变换器的功率双向流动，需要对变压器二次侧的开关器件施加驱动脉冲以控制变压器二次侧开关器件的通断。双向 LLC 谐振变换器的控制方式依然采用变频控制，一次侧全桥采用 50%占空比的驱动信号进行控制，产生一个方波电压，二次侧全桥脉冲宽度固定为 $T_r/2$ 进行整流，在不同的负载条件下通过改变开关频率使输出电压保持稳定，这种方式又被称为同步不等宽调制，这种调制方式的显著好处是能够实现能量自动的正反向流动和维持空载稳定。在谐振网络中，定义 LC 的谐振频率为 $f_r=1/2\pi\sqrt{L_rC_r}$，定义 LLC 的谐振频率为 $f_m=1/2\pi\sqrt{(L_r+L_m)C_r}$。为了令 LLC 谐振变换器能够实现能量自动双向流动并具有良好的软开关特性，一般令其工作在 $f_m<f_s<f_r$ 的频率范围内。下面将分别在能量正向流动和能量反向流动两种情况下分析 LLC 谐振变换器的工作状态。

（1）能量正向流动。在同步不等宽控制下达到稳定后，LLC 谐振变换器的能量正向流动工作波形如图 2-23 所示，S_1～S_8 是对应开关管的驱动脉冲。根据图 2-23 所示，当能量正向流动时，一个开关周期内 LLC 谐振变换器有 6 种工作状态，每个工作状态的具体分析如下：

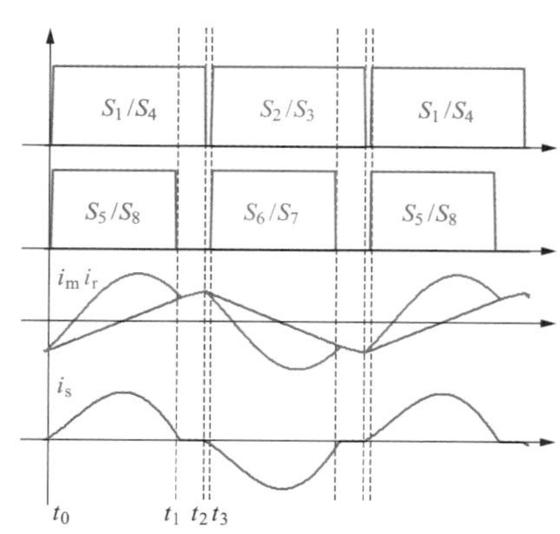

图 2-23　LLC 谐振变换器的能量正向流动工作波形

1）功率正向流动模态 1（t_0～t_1）：在 t_0 时刻，开关管 S1、S4、S5 和 S8 同时导通，由于此时变压器一次侧谐振电流 i_r 为负，将通过开关管 S1 和 S4 的反并联二极管进行续流，开关管两端电压为零，这为 S1 和 S4 的零电压开通创造了条件。谐振电感电流和励磁电流之差大于零，一次电流会流经开关管 S5、S8，因此开关管 S5、S8 能够实现零电流开通。电路进入 L_r、C_r 谐振状态，谐振电流 i_r 开始增大，而励磁电感电流 i_m 也在输出电压的钳位作用下增大，直到 t_1 时刻，电流 i_r 与 i_m 相等，该模态结束。工作电路图如图 2-24 所示。

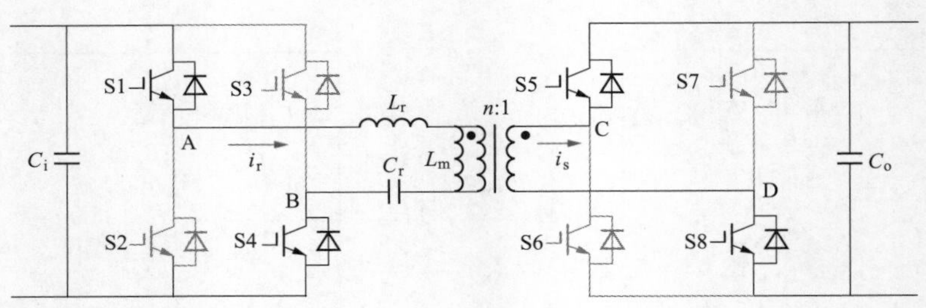

图 2-24　LLC 变换器功率正向流动模态 1 工作电路图

2）功率正向流动模态 2（t_1～t_2）：在 t_1 时刻，一次侧谐振电流 i_r 与励磁电感电流 i_m 相等，因而变压器一次电流为零，变压器二次电流 i_s 也下降为零，变压器二次侧开关管 S5 和 S8 在 t_1 时刻关断，为开关管的零电流关断创造了条件。从 t_1 时刻开始，电路进入 L_r、C_r 和 L_m 的谐振阶段，谐振频率为 f_m，一次侧谐振电流和励磁电感电流保持一致。工作电路图如图 2-25 所示。

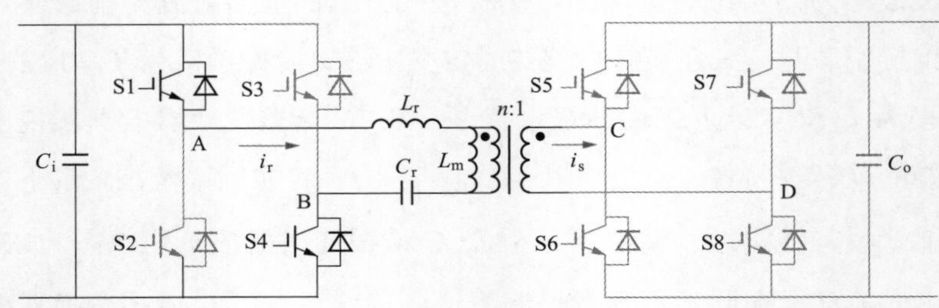

图 2-25　LLC 变换器功率正向流动模态 2 工作电路图

3）功率正向流动模态 3（t_2～t_3）：这一阶段处于变换器的死区阶段，在 t_2 时刻，开关管 S1 和 S4 关断，由于一次侧谐振电流与励磁电感电流相等，且电流值较小，所以开关管 S1 和 S4 能够实现低电流关断，有效减小了开关管的电流应力和开关损耗。由于此时电感电流为正，电流将通过开关管 S2 和 S3 的反并联二极管进行续流，这也为开关管 S2 和 S3 的零电压开关准备了条件。而变压器二次电流为负，将通过开关管 S6 和 S7 的反并联二极管，为 S6 和 S7 的零电流导通创造条件。该模态的工作电路图如图 2-26 所示，至此，LLC 谐振变换器功率正向流动的前半个开关周期结束，后半个周期的工作状态与前述类似，在此不再赘述。

（2）能量反向流动。在同步不等宽控制下达到稳定后，LLC 谐振变换器的能量反向流动工作波形如图 2-27 所示，S_1～S_8 是对应开关管的驱动脉冲。根据图 2-27 所示，当能量反向流动时，一个开关周期内 LLC 谐振变换器有 4 种工作状态，每个工作状态的具体分析如下：

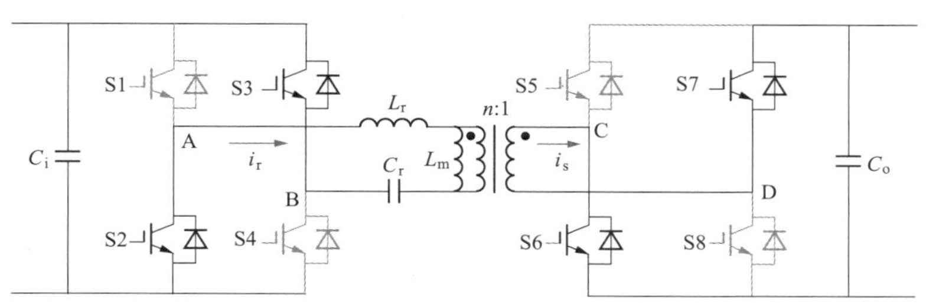

图 2-26 LLC 变换器功率正向流动模态 3 工作电路图

1）功率反向流动模态 1（t_0～t_2）：在 t_0 时刻，开关管 S1、S4、S5 和 S8 同时导通，变换器进入 L_r、C_r 谐振阶段，谐振频率为 f_r，由于此时变压器一次侧谐振电流 i_r 为负，将通过开关管 S1 和 S4 的反并联二极管，为 S1 和 S4 的零电压开通创造条件。变压器二次电流 i_s 在 t_0 时刻为零，此时开关管 S5 和 S8 导通为零电流导通。在 t_1 时刻，变压器二次电流由负变零，因此在 t_1 时刻关断 S5 和 S8 实现了零电流关断。

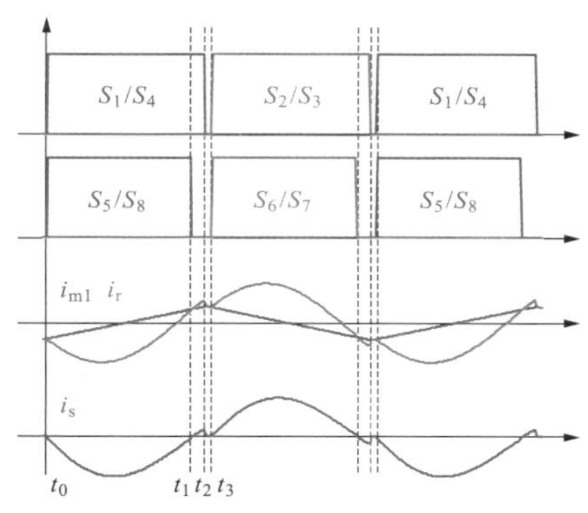

图 2-27 LLC 谐振变换器的能量反向流动工作波形

在 t_1～t_2 阶段，谐振状态继续，直到 t_2 时刻，开关管 S1 和 S4 关断，整个模态的工作电路图如图 2-28 所示。

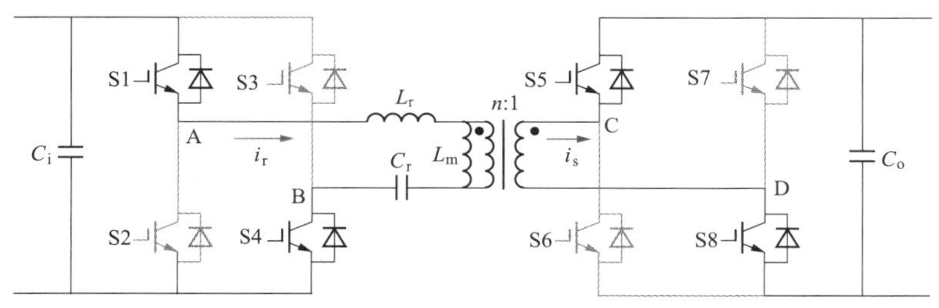

图 2-28 LLC 变换器功率反向流动模态 1 工作电路图

2）功率反向流动模态 2（t_2～t_3）：在 t_2 时刻，开关管 S1 和 S4 关断，即所有的开关管处于关断状态，变换器将通过开关管 S2、S3、S5 和 S8 的反并联二极管进行续流，使 L_r、C_r 谐振状态继续进行，该模态的工作电路图如图 2-29 所示。变压器一次侧谐振电流 i_r 和变压器二次电流迅速减小，当 i_r 减小到与 i_m 相等时，下降为零，一直保持到 t_3 时刻，该模态结束。LLC 谐振变换器功率反向流动的前半个开关周期结束，后半个周期的工作状态与前

述类似，在此不再赘述。

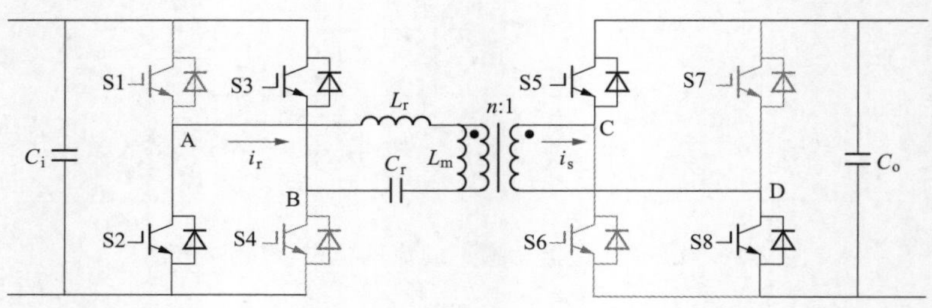

图 2-29　LLC 变换器功率反向流动模态 2 工作电路图

LLC 谐振变换器利用基波近似法分析，可以得到其电压增益为

$$M=\frac{nU_o}{U_i}=\frac{1}{\sqrt{\left[1+\frac{1}{k}(1-{f_n}^2)\right]^2+\left[f_n-\frac{1}{f_n}\right]^2Q^2}} \tag{2-9}$$

其中，电感系数 $k=L_m/L_r$，电路品质因数 $Q=\sqrt{L_r/C_r}/R_{eq}$，R_{eq} 为等效负载电阻。当开关频率约等于谐振频率 f_r 时，LLC 谐振变换器的增益特性几乎与负载无关；当 LLC 谐振变换器的工作频率在 $f_m<f_s<f_r$ 时，变换器可以同时实现开关管的 ZVS 开通和整流管的 ZCS 开通和关断，有效减少了开关损耗，是变换器的合理工作状态。

可以看出，无论是正向还是反向工作，LLC 谐振变换器变压器一次侧的开关管能够实现 ZVS 开通，二次侧的开关管可以实现 ZCS 开通和关断，具备良好的软开关特性，因此变换器具有较高的转换效率。相比于 DAB 变换器，LLC 谐振变换器具有以下优势：

（1）　通过变频控制方法实现对目标量的调节，一次侧开关器件具备较小的关断电流和在空载至满载全负载范围和宽泛的电压增益范围内实现 ZVS 开通的能力，变换器的开关损耗极低；

（2）当开关频率小于变换器串联谐振频率 f_r 时，二次侧整流二极管将完成 ZCS 开关，反向恢复损耗极低。

然而 LLC 谐振变换器由于只具有一个谐振槽路，只能实现正向升压，反向升压相对困难，为了解决此问题，专家和学者提出了多种针对 LLC 谐振变换器改进的拓扑结构，比较具有代表性的是 CLLC 谐振变换器和带辅助电感的 L-LLC 谐振变换器。

3．CLLC 谐振变换器

与传统 LLC 谐振变换器相比，CLLC 谐振变换器在变压器二次侧增设了两个谐振元件 L_{r2} 和 C_{r2}。CLLC 谐振变换器的拓扑结构如图 2-30 所示，下面对 CLLC 谐振变换器的运行

机理与工作特性进行简要介绍。

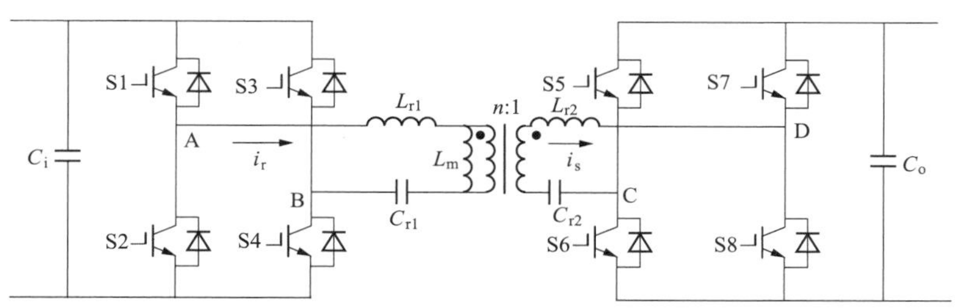

图 2-30　CLLC 谐振变换器拓扑结构图

图 2-30 中，功率器件 S1～S4 与 S5～S8 分别构成了两个全桥。正向升压工作时，一次侧桥臂施加开关频率为 f_s 的驱动信号实现逆变，S5～S8 施加脉冲宽度为 $T_r/2$ 的驱动信号；反向升压工作时，相对应的 S5～S8 施加开关频率为 f_s 的驱动信号实现逆变，S1～S4 施加脉冲宽度为 $T_r/2$ 的驱动信号，此时可将励磁电感等效到变压器二次侧，则结构与正向升压工作时完全相同。图中，L_m 为中频变压器励磁电感；L_{r1} 和 L_{r2} 为谐振电感，分别包含变压器一次侧和二次侧的漏感；C_{r1} 和 C_{r2} 为谐振电容，同时具有隔直作用。

假设 $L_r = L_{r1} = n^2 L_{r2}$，$C_r = C_{r1} = C_{r2}/n^2$，利用基波近似法分析，可以得到 CLLC 谐振变换器电压增益为

$$M = \frac{nU_o}{U_i} = \frac{f_n^3}{\sqrt{f_n^2\left[f_n^2\left(1+\frac{1}{k}\right)-\frac{1}{k}\right]^2 + Q^2\left[f_n^4\left(2+\frac{1}{k}\right)-2f_n^2\left(1+\frac{1}{k}\right)+\frac{1}{k}\right]^2}} \tag{2-10}$$

图 2-30 所示的 CLLC 谐振变换器可实现双向传输功率，且无论工作在正向升压模式还是反向升压模式，都具备 LLC 变换器的软开关特性，不需要额外的缓冲电路。LLC 谐振变换器的控制方法也同样适用于 CLLC 谐振变换器，可采取同步不等宽调制方法。在正向升压工况，一次侧全桥采用 50%占空比、开关频率为 f_s 的驱动信号进行控制，产生一个方波电压，二次侧全桥脉冲宽度固定为 $T_r/2$ 进行整流；在反向升压工况，二次侧全桥采用 50%占空比、开关频率为 f_s 的驱动信号进行控制，产生一个方波电压，一次侧全桥脉冲宽度固定为 $T_r/2$ 进行整流。

CLLC 谐振变换器工作波形如图 2-31 所示，其中图 2-31（a）、（b）分别是正向升压过程功率正、反向流动波形；图 2-31（c）、（d）分别是反向升压过程功率正、反向流动波形。图中的 i_r、i_m、i_s 分别表示流过电感 L_{r1}、L_m 和 L_{r2} 的电流，需要注意图 2-31（c）、（d）中为了体现励磁电感电流和谐振电流的关系，将绘制反相的二次电流 i_s。

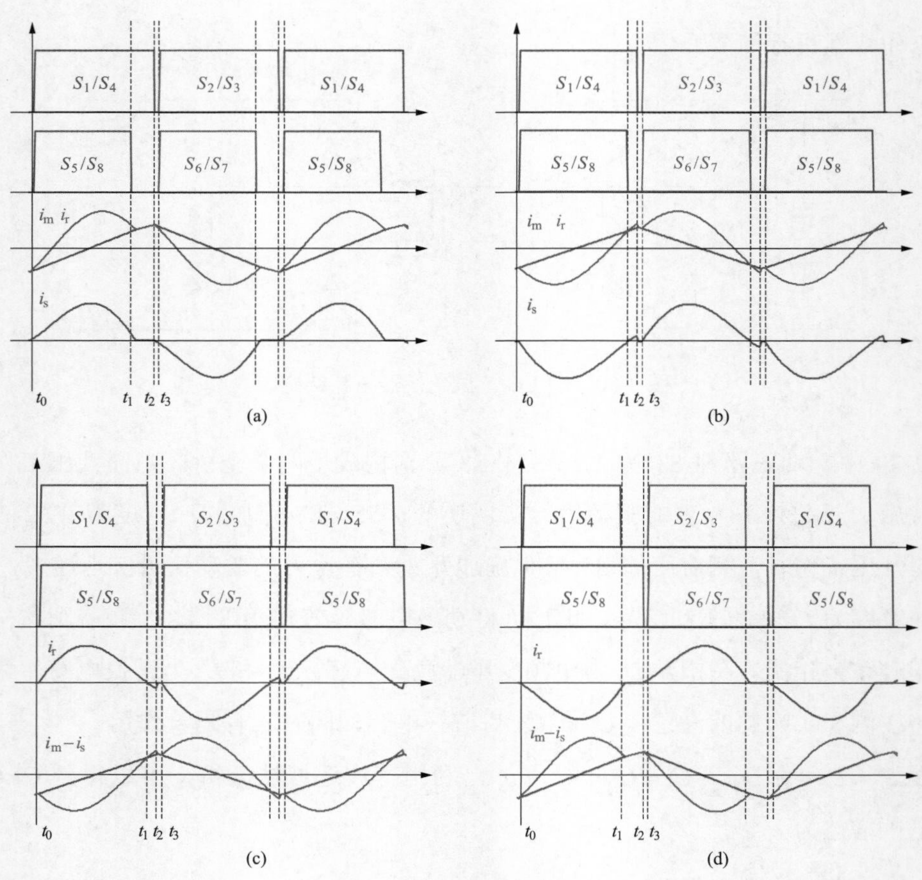

图 2-31　CLLC 谐振变换器工作波形

（a）正向升压功率正向流动；（b）正向升压功率反向流动；（c）反向升压功率正向流动；（d）反向升压功率反向流动

CLLC 谐振变换器在正向升压工作时，变压器一次侧的开关管能够实现 ZVS 开通，二次侧的开关管可以实现 ZCS 开通和关断；在反向升压工作时，变压器一次侧的开关管能够实现 ZCS 开通和关断，二次侧的开关管可以实现 ZVS 开通。由此可见，CLLC 谐振变换器同样具备良好的软开关特性和较高的转换效率，且具备正反向的升压能力。

4．L-LLC 谐振变换器

与传统 LLC 谐振变换器相比，带辅助电感的 LLC 谐振变换器（又称 L-LLC 谐振变换器）在一次侧桥臂中点增加了一个辅助励磁电感 L_{m2}。L-LLC 谐振变换器的拓扑结构如图 2-32 所示，L-LLC 谐振变换器的功率器件 S1～S4 与 S5～S8 分别构成了两个全桥，L_r 为谐振电感，C_r 为谐振电容，L_{m1} 为中频变压器励磁电感，L_{m2} 为辅助励磁电感。L-LLC 谐振变换器正向升压工作时，L_r、C_r、L_{m1} 构成谐振槽路，励磁电感为 L_{m1}；反向升压工作时，L_r、C_r、L_{m2} 构成谐振槽路，励磁电感为 L_{m2}，结构与正向工作时完全相同。

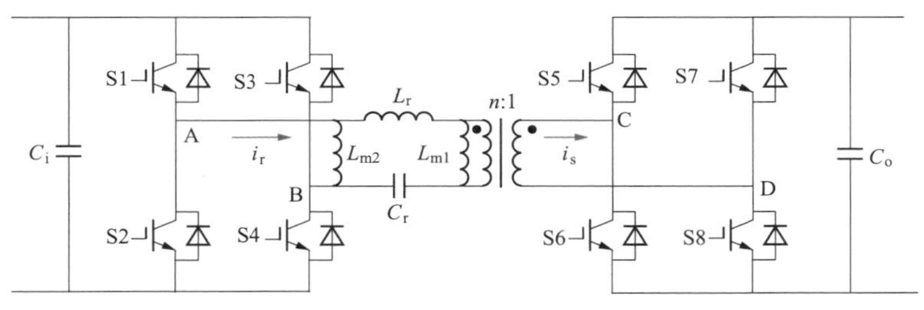

图 2-32 L-LLC 谐振变换器拓扑结构图

需要注意的是，正向升压工作时，辅助励磁电感也会流经一部分电流，因此一次侧谐振电流 i_r 为谐振电感电流 i_{Lr} 和辅助励磁电感电流 i_{m2} 之和，即 $i_r=i_{Lr}+i_{m2}$；反向升压工作时，电感 L_{m1} 相当于辅助励磁电感，会流经一部分电流。与双向 LLC 谐振变换器的调制方式类似，在正反向升压工作时均可采用同步不等宽调制方式，可在实现能量自动双向流动的同时便于实现空载稳定。正向升压工作时，一次侧桥臂施加开关频率为 f_s 的驱动信号实现逆变，S5～S8 施加脉冲宽度为 $T_r/2$ 的驱动信号；反向升压工作时，S5～S8 施加开关频率为 f_s 的驱动信号实现逆变，S1～S4 施加脉冲宽度为 $T_r/2$ 的驱动信号。下面将分别在能量正向流动和能量反向流动两种情况下分析 L-LLC 谐振变换器的工作状态。

（1）能量正向流动。在同步不等宽控制下达到稳定后，LLC 谐振变换器的能量正向流动工作波形如图 2-33 所示，S_1～S_8 是对应开关管的驱动脉冲。根据图 2-33 所示，当能量正向流动时，一个开关周期内 L-LLC 谐振变换器有 6 种工作状态，每个工作状态的具体分析如下：

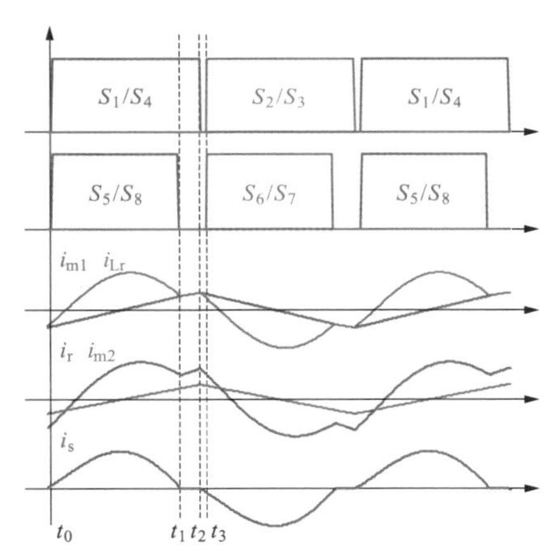

图 2-33 L-LLC 谐振变换器的能量正向流动工作波形

1）功率正向流动模态 1（t_0～t_1）：在 t_0 时刻，开关管 S1、S4、S5 和 S8 同时导通，由于此时变压器一次侧谐振电流 i_{Lr} 为负，将通过开关管 S1 和 S4 的反并联二极管进行续流，开关管两端电压为零，这为 S1 和 S4 的零电压开通创造了条件。谐振电感电流和励磁电感电流之差大于零，二次电流会流经开关管 S5、S8，因此开关管 S5、S8 能够实现零电流开通。电路进入 L_r、C_r 谐振状态，谐振电流 i_{Lr} 开始增大，而励磁电感电流 i_{m1} 也在输出电压的钳位作用下增大，直到 t_1 时刻，电流 i_{Lr} 与 i_{m1} 相等，该模态结束。此模态辅助励磁电感 L_{m2} 被输入电压钳位，因此电流 i_{m2} 线性上升。该模态的工作电路图如图 2-34 所示。

2）功率正向流动模态 2（t_1～t_2）：在 t_1 时刻，一次侧谐振电流 i_{Lr} 与励磁电感电流 i_{m1} 相等，因而变压器一次电流为零，变压器二次电流 i_s 也下降为零，变压器二次侧开关管 S5 和 S8 在 t_1 时刻关断，为开关管的零电流关断创造了条件，不存在反向恢复损耗。变压器一次侧和二次侧没有能量交换，且二次电流为零，输出电压对 L_{m1} 的箝位作用消失，从 t_1 时刻开始，电路进入 L_r、C_r 和 L_{m1} 的谐振阶段，谐振频率为 f_m，一次侧谐振电流和励磁电感电流保持一致，即 $i_{Lr}=i_{m1}$。此模态辅助励磁电感 L_{m2} 仍然被输入电压钳位，因此电流 i_{m2} 保持线性上升。该模态的工作电路图如图 2-35 所示。

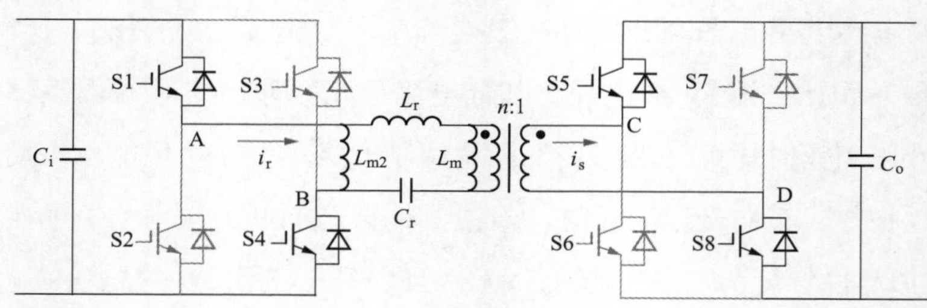

图 2-34　L-LLC 谐振变换器功率正向流动模态 1 工作电路图

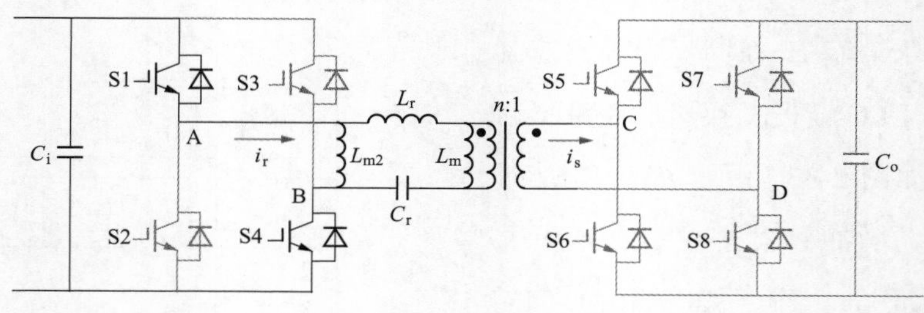

图 2-35　L-LLC 谐振变换器功率正向流动模态 2 工作电路图

3）功率正向流动模态 3（t_2～t_3）：这一阶段处于变换器的死区阶段，在 t_2 时刻，开关管 S1 和 S4 关断，由于一次侧谐振电流与励磁电流相等，且电流值较小，所以开关管 S1 和 S4 能够实现低电流关断，有效减小了开关管的电流应力和开关损耗。由于此时电感电流为正，电流将通过开关管 S2 和 S3 的反并联二极管进行续流，这也为开关管 S2 和 S3 的零电压开关准备了条件。而变压器二次电流为负，将通过开关管 S6 和 S7 的反并联二极管，为 S6 和 S7 的零电流导通创造条件。此模态辅助励磁电感 L_{m2} 被负的输入电压钳位，因此电流 i_{m2} 开始线性下降。该模态的工作电路图如图 2-36 所示，至此，L-LLC 谐振变换器功率正向流动的前半个开关周期结束，后半个周期的工作状态与前述类似，在此不再赘述。

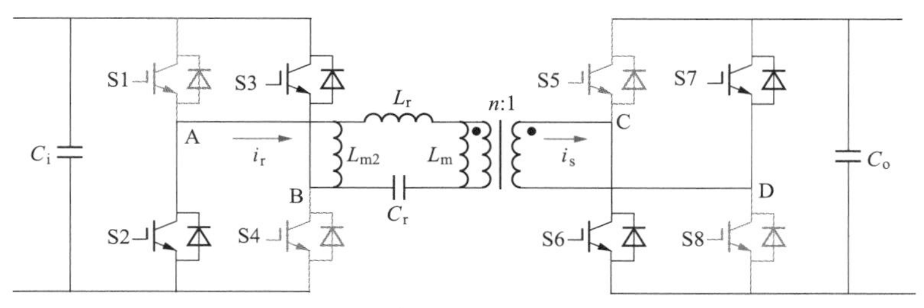

图 2-36 L-LLC 谐振变换器功率正向流动模态 3 工作电路图

（2）能量反向流动。在同步不等宽控制下达到稳定后，L-LLC 谐振变换器的能量反向流动工作波形如图 2-37 所示，S_1～S_8 是对应开关管的驱动脉冲。根据图 2-37 所示，当能量反向流动时，一个开关周期内 L-LLC 谐振变换器有 4 种工作状态，每个工作状态的具体分析如下：

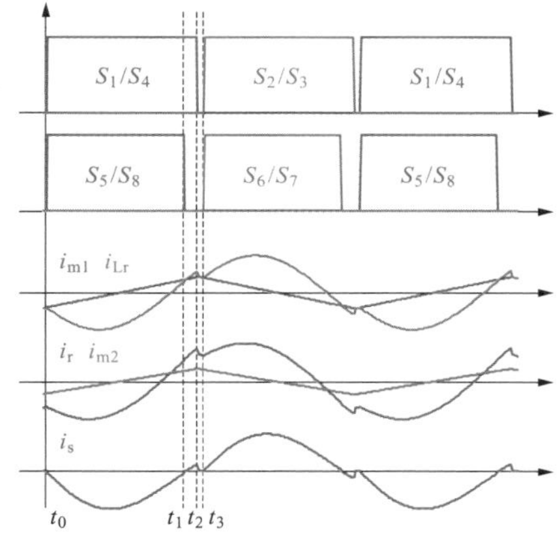

图 2-37 L-LLC 谐振变换器的能量反向流动工作波形

1）功率反向流动模态 1（t_0～t_2）：在 t_0 时刻，开关管 S1、S4、S5 和 S8 同时导通，变换器进入 L_r、C_r 谐振阶段，谐振频率为 f_r，由于此时变压器一次侧谐振电流 i_{Lr} 为负，将通过开关管 S1 和 S4 的反并联二极管，为 S1 和 S4 的零电压开通创造条件。变压器二次电流 i_s 在 t_0 时刻为零，此时开关管 S5 和 S8 导通为零电流导通。在 t_1 时刻，变压器二次电流由负变零，因此在 t_1 时刻关断 S5 和 S8 实现了零电流关断。在 t_1～t_2 阶段，谐振状态继续，直到 t_2 时刻，开关管 S1 和 S4 关断，此模态辅助励磁电感 L_{m2} 被输入电压钳位，因此电流 i_{m2} 线性上升。该模态的工作电路图如图 2-38 所示。

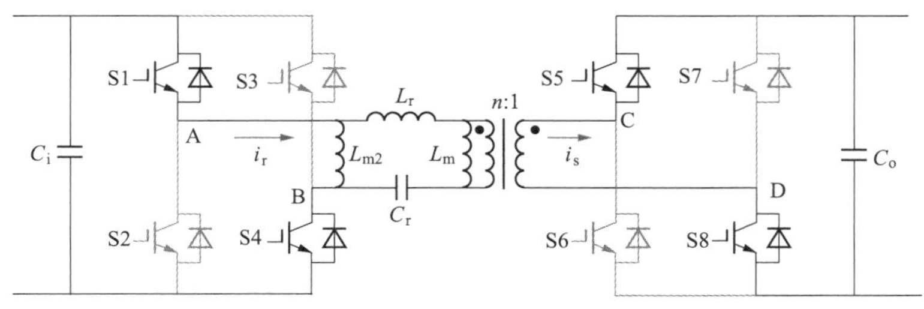

图 2-38 L-LLC 谐振变换器功率反向流动模态 1 工作电路图

2）功率反向流动模态 2（t_2～t_3）：在 t_2 时刻，开关管 S1 和 S4 关断，即所有的开关管

处于关断状态，变换器将通过开关 S2、S3、S5 和 S8 的反并联二极管进行续流，使 L_r、C_r 谐振状态继续进行，该模态的工作电路图如图 2-39 所示。变压器一次侧谐振电流 i_{Lr} 和变压器二次电流迅速减小，当 i_{Lr} 减小到与 i_{m1} 相等时，下降为零，一直保持到 t_3 时刻，该模态结束。此模态辅助励磁电感 L_{m2} 被输入电压钳位，因此电流 i_{m2} 仍然线性上升。至此，LLC 谐振变换器功率反向流动的前半个开关周期结束，后半个周期的工作状态与前述类似，在此不再赘述。

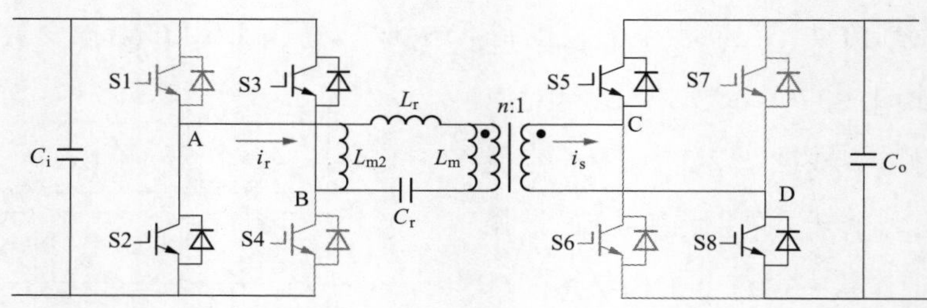

图 2-39　L-LLC 谐振变换器功率反向流动模态 2 工作电路图

由上述分析可知，辅助励磁电感 L_{m2} 对正向升压工作能量传递没有影响，因此 L-LLC 谐振变换器的增益特性和 LLC 谐振变换器完全一样。其电压增益可以表示为

$$M=\frac{nU_o}{U_i}=\frac{1}{\sqrt{\left[1+\frac{1}{k}(1-f_n^{\ 2})\right]^2+\left[f_n-\frac{1}{f_n}\right]^2 Q^2}} \tag{2-11}$$

L-LLC 谐振变换器工作波形如图 2-40 所示，其中图 2-40（a）、（b）分别是反向升压过

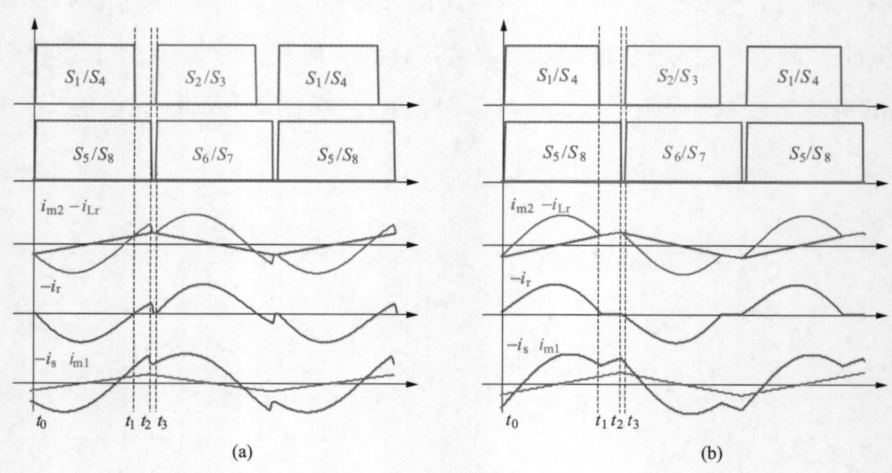

图 2-40　L-LLC 谐振变换器工作波形

（a）反向升压功率正向流动；（b）反向升压功率反向流动

程功率正、反向流动波形。图中的 i_{Lr}、i_{m1}、i_{m2}、i_r、i_s 分别表示流过电感 L_r、L_{m1}、L_{m1}、一次和二次电流，需要注意的是，为了体现励磁电流和谐振电流关系，i_{Lr}、i_r 和 i_s 均为反相电流。L-LLC 谐振变换器反向升压工作和正向升压工作原理基本一致，不同的是，辅助励磁电感 L_{m2} 参与 LLC 谐振，而励磁电感不参与功率传递。下面不对其原理展开说明。

由上述分析可知，在正向升压工作时，一次侧的开关管能够实现 ZVS 开通，二次侧的开关管可以实现 ZCS 开通和关断；在反向升压工作时，一次侧的开关管能够实现 ZCS 开通和关断，二次侧的开关管可以实现 ZVS 开通。由此可见，L-LLC 谐振变换器同样具备良好的软开关特性和较高的转换效率，同时具备正反向升压能力且增益特性与 LLC 完全相同。但是辅助励磁电感会过流一定的电流，使得其损耗高于 LLC 变换器。

2.3.2 谐振变压器

1．结构

（1）磁性芯。谐振变压器的核心是一个磁性芯，通常由铁芯构成。这个芯的目的是提供一个磁性通路，使得磁场能够有效地传导。

（2）主绕组。主绕组是与输入电源相连接的绕组，它位于磁性芯上，并通过磁性耦合实现与辅助绕组之间的能量传递。

（3）辅助绕组。辅助绕组是与输出负载相连接的绕组，也位于磁性芯上。通过磁性耦合，辅助绕组接收主绕组中的能量。

（4）谐振电路。谐振变压器的关键是谐振电路，包括电容器和电感器。这个电路与主绕组和辅助绕组相耦合，共同实现谐振振荡。

（5）输入电容。输入电容连接到主绕组，与主电路中的电感器相耦合。这个电容有助于产生谐振振荡。

（6）输出电容。输出电容连接到辅助绕组，与辅助电路中的电感器相耦合。这个电容有助于维持谐振过程。

（7）控制器。控制器通常包括一个 PWM 控制电路，用于精确控制谐振电路的工作频率和占空比。这样可以实现对输出电压和电流的精密调控。

2．工作原理

（1）谐振启动。输入电源施加在主绕组上，产生一个磁场，并使主电路中的谐振电路开始振荡。

（2）能量传递。振荡电流通过磁性耦合将能量传递到辅助绕组。这里的耦合是通过磁性芯实现的。

（3）谐振过程。谐振电路和绕组一起形成了一个共振系统，使得能量以谐振频率传递，提高了能量传输的效率。

（4）磁场崩溃。当磁场崩溃时，辅助电路中的谐振电路维持谐振过程，保证能量传递的连续性。

（5）输出。在辅助绕组中诱发的电压用于驱动输出负载，实现电能的变换。

（6）调控。控制器通过调整谐振电路的工作频率和占空比，精确地控制输出电压和电流。

谐振变压器的这种结构和原理使其在一些应用中表现出较高的效率和精密的电能调控能力。这种设计适用于需要高频电源、无线能量传输等领域。

2.3.3 磁集成变压器

1．结构

（1）磁性集成芯片。磁集成变压器采用磁性集成芯片，这是一个集成了多个磁性元件（如电感器、变压器等）的芯片。这种芯片通常采用先进的磁性材料和工艺，以实现高效的磁性传导和降低磁性损耗。

（2）多绕组设计。磁集成变压器的芯片上包含多个绕组，这些绕组对应不同的电路元件，如输入电感、输出电感和变压器。

（3）电容器和电感器。除了磁性元件外，磁集成变压器还集成了电容器和电感器，用于实现谐振和滤波功能。这样的集成设计有助于减小整体体积，提高系统集成度。

（4）封装和连接。磁集成变压器通常在小型封装中，方便集成到电子设备中。芯片上的不同绕组通过先进的连接技术连接在一起，形成一个紧凑的、高度集成的电子元件。

2．工作原理

（1）高效磁耦合。磁集成变压器通过先进的磁性芯片设计，实现了高效的磁耦合，从而提高了能量传输的效率。高效磁性传导减小了磁性损耗，有助于系统的能效提升。

（2）多功能绕组。不同的绕组对应不同的电路元件，如输入电感、输出电感和变压器。这种多功能的绕组设计使得磁集成变压器可以适用于多种电力电子变换器。

（3）集成电容器和电感器。集成电容器和电感器有助于在芯片上实现谐振和滤波功

能，减小外部元件的需求，进一步降低系统的体积和成本。

（4）封装紧凑。紧凑的封装和高度集成的设计使得磁集成变压器可以轻松集成到电子设备中，适用于体积受限的应用场景。

（5）高度集成度。磁集成变压器的高度集成度使得整个电力电子变换器系统更为简化，减小了电路板上的元件数量和连接，提高了可靠性。

总的来说，磁集成变压器通过集成多个磁性元件和其他电路元件，实现了更小体积、更高效率的电力电子变换器。这种设计有助于满足现代电子设备对小型、高效的要求。

2.3.4 逆变变压器

1．结构

（1）直流输入端。逆变变压器的直流输入端连接到直流电源，通常是由电池、太阳能电池板等提供的直流电。

（2）变压器。逆变变压器包含一个变压器，用于将输入的直流电压转换为变化的交流电压。这个变压器通常包括一个主绕组和一个辅助绕组，通过磁性耦合实现能量传递。

（3）开关器件。逆变变压器包含一组开关器件，如 MOSFET（金属氧化物半导体场效应晶体管）或 IGBT。这些开关器件通过控制电流的通断，调节变压器中的磁场，从而实现对输出交流电压的调控。

（4）输出交流端。输出交流端连接到负载，它是逆变变压器输出的交流电源，用于供应电子设备或其他交流电力设备。

（5）控制电路。逆变变压器通常包含一个控制电路，用于监测输出电压和负载条件，并相应地调整开关器件的工作状态，以保持输出的稳定性和准确性。

2．工作原理

（1）直流输入。直流电源通过直流输入端输入逆变变压器。

（2）变压器传递能量。通过控制开关器件的通断，形成变压器中的磁场，将直流电压转换为变化的交流电压。磁性耦合使得能量从主绕组传递到辅助绕组。

（3）开关控制。控制电路监测输出电压和负载状况，通过调整开关器件的状态来调节输出交流电压的幅值和频率。常用的控制方法包括脉宽调制（PWM）等。

（4）输出交流。通过输出交流端输出交流电压供应给负载。

（5）实现波形控制。通过合理的开关控制，逆变变压器可以生成不同形状的输出波形，如正弦波、方波或锯齿波，以满足不同应用的需求。

逆变变压器的工作原理使其成为许多电子设备和可再生能源系统中的关键组件，实现了直流到交流的有效转换。这种技术在提供可调节、稳定的交流电源方面发挥着重要作用。

2.3.5 高压直流输电变压器

1．结构

（1）直流输入端。高压直流输电变压器的直流输入端连接到高压直流（HVDC）输电系统，接收高压直流电源。

（2）变压器核心。变压器核心由高导磁性材料制成，通常是硅钢片。它负责提供磁性通路，使磁场能够有效地传导。

（3）主绕组和辅助绕组。变压器核心上绕有主绕组和辅助绕组。主绕组连接到直流输入端，而辅助绕组连接到直流输出端。

（4）开关器件。高压直流输电系统中使用的变压器通常包含开关器件，如晶体管、二极管等。这些开关器件用于控制电流的流向和大小。

（5）水冷系统。由于高压直流输电系统产生的磁场和电流较大，变压器通常需要配备水冷系统来散热，确保设备稳定运行。

（6）保护和监测设备。高压直流输电变压器还包括保护和监测设备，用于监测设备的运行状态，并在需要时采取措施以保护变压器和整个输电系统。

2．工作原理

（1）整流。直流输入端接收来自 HVDC 输电系统的高压直流电源。在变压器内，直流电源通过整流器转换为恒定的直流电流。

（2）变压。变压器核心中的主绕组通过磁性耦合将电能传递到辅助绕组。由于直流电流的传输，变压器的主要作用是变压，即调整电压的大小。

（3）逆变。辅助绕组上的直流电流通过逆变器转换为交流电流。逆变器通过控制开关器件的状态将直流电流转换为交流电源。

（4）交流输出。逆变器输出的交流电流通过交流输出端供应给负载，即 HVDC 输电系统的终端负载站。

（5）控制和调节。高压直流输电变压器通过监测输电系统的电流、电压等参数，调整开关器件的状态，以确保系统稳定运行。

高压直流输电变压器在长距离、大容量输电方面具有优势，可以通过 HVDC 输电系统有效地传输电能。这种技术在全球范围内被广泛应用，特别是在超远距离的电能输送中。

2.4 电力电子变压器结构分析

2.4.1 电力电子变压器功能子模块形态结构

电力电子变压器存在单级式及多级式配置。在多级式配置中，三级式电力电子变压器在高低压侧均有直流母线，输入的工频交流电通过 AC/DC 变换整流得到高压直流母线，再调制成高频方波，通过中高频变压器耦合至低压侧，整流得到低压直流母线，再通过 DC/AC 逆变得到工频交流电压，因而是使用最多的拓扑结构。三级式电力电子变压器典型结构如图 2-41 示。对于三级式电力电子变压器的隔离级来说，其主要结构包括连接高压侧直流母线的高频逆变单元、连接低压侧直流母线的高频整流单元，以及承担隔离作用的中高频变压器。

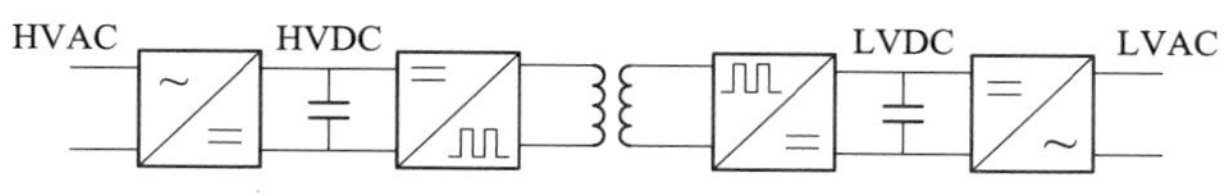

图 2-41　三级式电力电子变压器典型结构图

三级式电力电子变压器能够连接高压和低压的直流系统，同时各变换级的控制相对独立，易于实现解耦与补偿控制，但变换级数多，结构最复杂。由于变换级数多，三级式的电力电子变压器拓扑结构更易于实现高压侧的级联与低压侧的并联，能够满足中高压场合的应用需要。三级式电力电子变压器的输入级、隔离级及输出级作为三个基本的功能模块可以选择不同的拓扑结构。

1. 输入级变换器子模块

输入级变换器是电子电力变压器连接交流电网的部分，承担将交流电压转换为直流电压的功能。在如电力系统的高压大功率应用领域，高压电网电压等级和电流等级往往远超过电力电子器件的最高耐压水平和最大载流能力，其开关频率可能不能满足其谐波抑制要求，从而造成开关器件、直流母排、滤波电感、滤波电容等元件选型与设计的困难。现阶段，基于电力电子器件的最高绝缘耐压水平、最大载流能力及最高开关频率的实际情况，学者提出多种拓扑结构来解决交直流环节电压过高、电流过大和谐波超标而造成的设计问

题，即电力电子器件和电力电子电路的串联、级联和并联。国内外很多学者针对电压过高和谐波超标的问题提出了二极管钳位多电平结构、跨接电容多电平结构、带功率因数校正器的级联全桥二极管结构及级联多电平结构，并针对电流过大的问题提出了公共直流母线的全桥变换器并联结构和独立直流母线的全桥并联结构。

半桥或全桥结构是电力电子变换技术拓扑中最基本的结构，如图 2-42 所示，该结构接线简单、控制容易、易实现模块化，是最常用的单相或多相拓扑结构。通过这个结构的串联或并联可以得到多种新的拓扑结构。

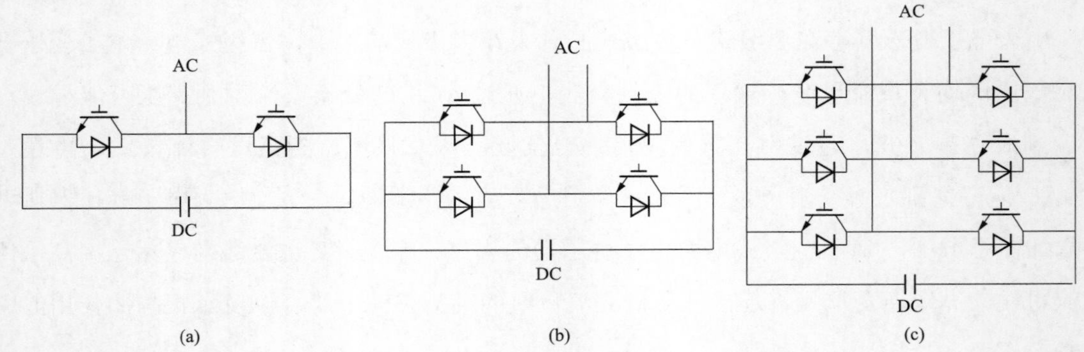

图 2-42　电力电子变压器基本单元结构

（a）半桥结构；（b）单相全桥结构；（c）三相全桥结构

有文献提出了二极管钳位和跨接电容的多电平结构，如图 2-43 所示。该结构可以通过钳位二极管和跨接直流电容产生多电平电压，使其输出电压的谐波畸变率更小；通过开关器件的直接串联技术，该多电平结构可以应用于高压大功率领域；为了进一步减小谐波，还可以设计更复杂的变换器结构，如图 2-43（b）、（d）所示。但其电平数一般不会超过五电平，否则其钳位二极管和跨接电容会使接线、控制异常复杂。

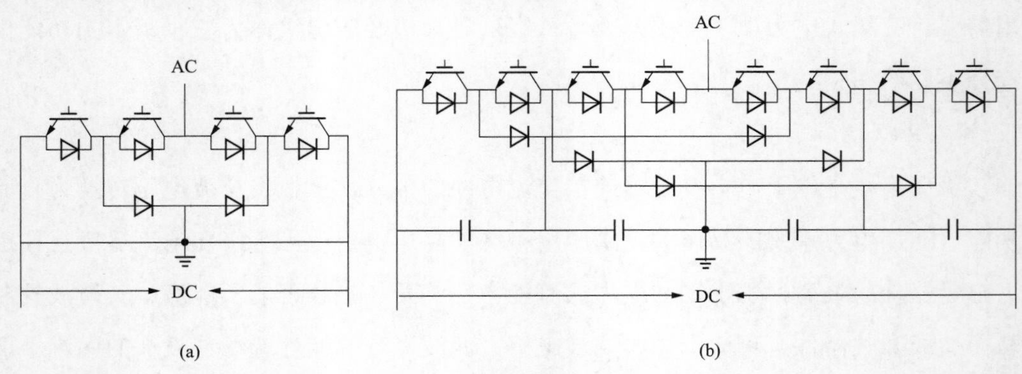

图 2-43　二极管钳位和跨接电容多电平结构（一）

（a）三电平二极管钳位结构；（b）五电平二极管钳位结构

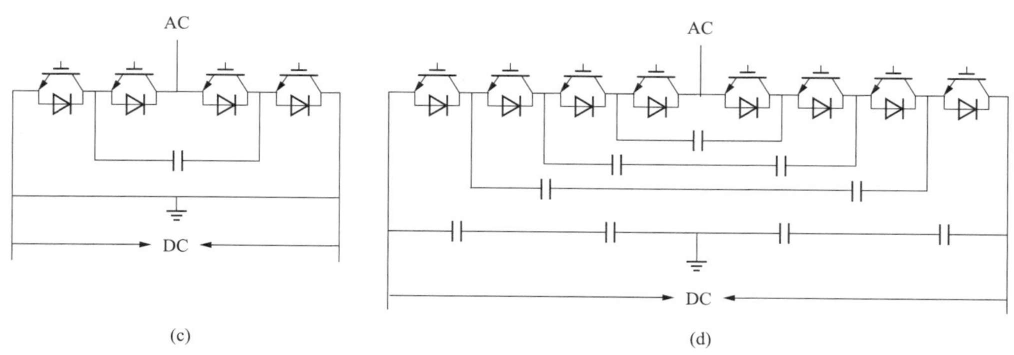

图 2-43 二极管钳位和跨接电容多电平结构（二）

（c）三电平跨接电容结构；（d）五电平跨接电容结构

有学者提出带功率因数校正器的级联全桥二极管结构，如图 2-44 所示。这种结构具有模块化设计思想，多级级联后可以用于高压大功率领域，但是其对电力电子器件和电感等磁性元件的要求高，控制不够灵活，而且不能进行四象限运行。

1996 年，F.Z.Peng 教授等人提出了级联变流器拓扑，其中电压源型变换器（VSC）的级联多电平结构可以在交流侧产生多个电平，提高变换器的等效开关频率，有效减小交流电压的总谐波畸变率；同时其具有良好的拓展性，易于实现模块化，便于设计、冗余、生产、安装、检修等；对电力电子器件耐压要求较低，通过多级的级联组合可以应用于高压大功率领域。现阶段，该拓扑结构是高压大功率电力电子变压器常用的结构之一，如图 2-45 所示。

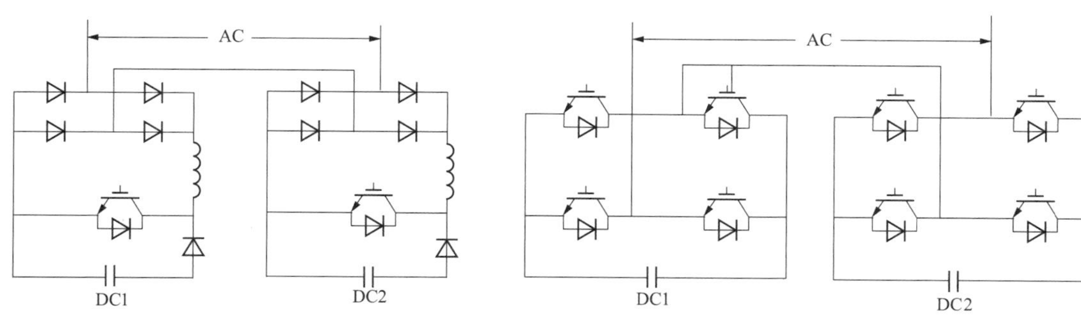

图 2-44 带功率因数校正器的级联全桥二极管结构

图 2-45 级联多电平结构

图 2-42 介绍的三种拓扑结构主要解决交直流变换环节的电压过高和谐波过大的问题，对于电力电子变压器交流电流过大的问题，可以采用半桥或全桥变换器的并联结构来解决。最基本的半桥或全桥变换器结构如图 2-9 所示。

图 2-46 为公共直流母线的全桥变换器并联结构，特点是低压直流母线全部并联，可以实现独立或并联的全桥输出。

图 2-47 为独立直流母线的全桥并联结构。其使用多个逆变器并联的形式，各个逆变器承担的电流将会大大减小，有利于其元件的选型与设计。

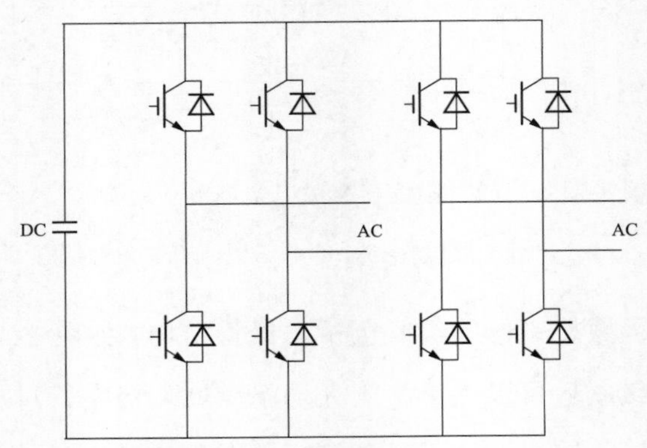

图 2-46　公共直流母线的全桥变换器并联结构

在应用中，为了满足单相负荷的需要，应提供三相四线制电压，如图 2-48（a）所示，其为三相全桥星形结构；在一些特殊的应用场合，需要提供两相或多相输出，如图 2-48（b）所示，其为多相全桥星形结构。该拓扑结构已经有机车供电、多相电机等应用。

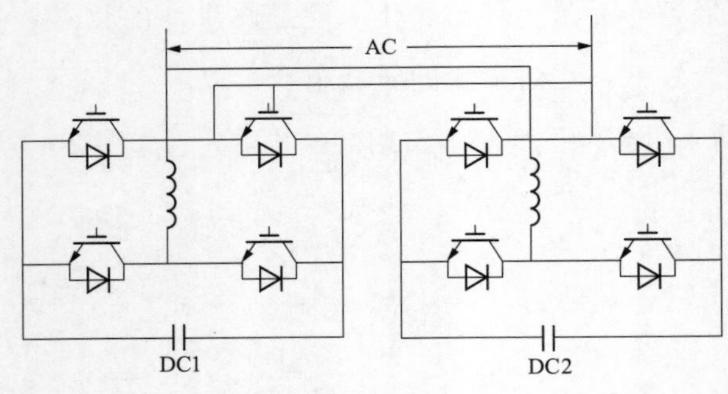

图 2-47　独立直流母线的全桥并联结构

2．隔离级变换器子模块

电子电力变压器直流隔离环节是连接一、二次交直流环节的中间部分，承担高压隔离和电压变换的功能。在高压大功率应用领域，该环节同样存在高电压和大电流导致元件选型的问题，所以该环节同样需要器件或电路的串联或并联解决这个问题。该环节主要有两种最基本的形式：高频斩波逆变/二极管整流结构和双桥背靠背结构。高频斩波逆变/二极管整流结构只能完成单向功率流通，如图 2-49（a）、（b）所示。该结构是直流变换常见的拓扑形式，其结构简单、控制简单、容易实现、效率高，适宜用在大功率领域；缺点是功率流向单一，直流电压不可精确控制，在负载变化时直流电压有一定程度的升降。双桥背靠背结构可以完成功率的双向流动，如图 2-49（c）、（d）所示。该结构也是直流变换常见的拓扑形式，可以对单侧直流电压进行精确的控制，使其稳定工作在给定电压；缺

点是需要设计并配置直流电压的控制器，控制系统相对复杂。

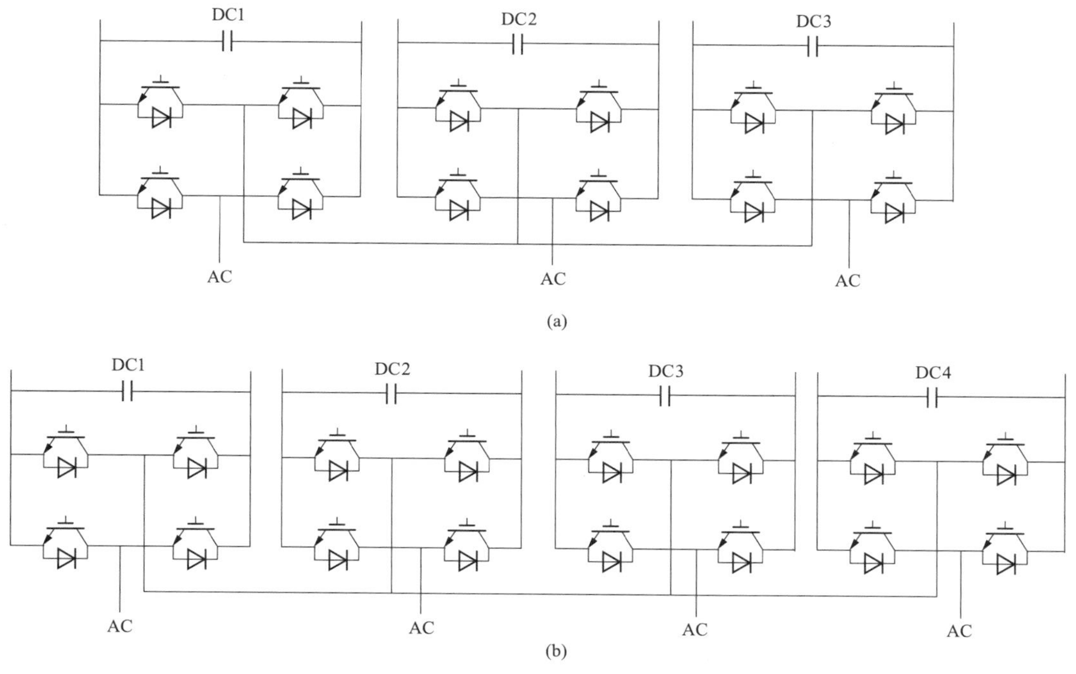

图 2-48 多相全桥星形结构

（a）三相全桥星形结构；（b）多相全桥星形结构

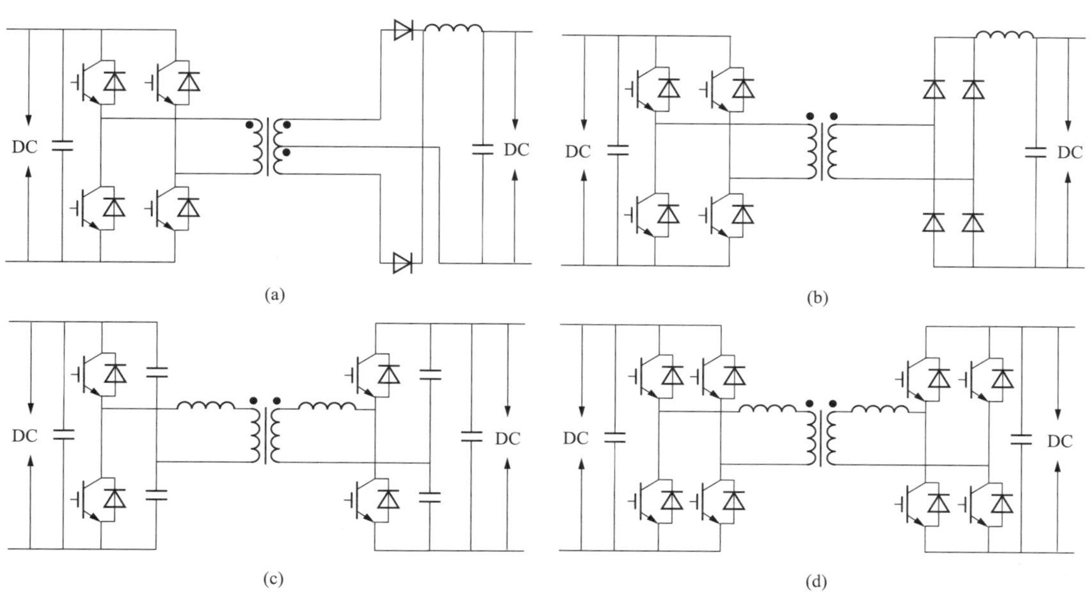

图 2-49 全桥星形结构

（a）高频斩波逆变/二极管整流结构一；（b）高频斩波逆变/二极管整流结构二；

（c）双半桥背靠背结构；（d）双全桥背靠背结构

高频斩波逆变/二极管整流结构可以组合为一次侧直流独立、二次侧直流并联结构。该结构控制简单，一次侧各个独立直流环节可以自动平衡功率和直流电容电压，并联结构可降低二次侧二极管和直流电感的选型和设计难度。

高频斩波逆变/二极管整流结构还可以组合为一次侧直流串联、二次侧直流并联结构。该结构一方面通过串联形式允许接入更高的直流电压，降低电力电子器件的选型难度；另一方面通过并联结构降低二次侧二极管和直流电感的选型和设计难度，一次侧串联的各个直流环节可以自动平衡功率和直流电容电压，不会出现失稳或串联电容不均压的情况。

双桥背靠背结构可以组合为一次侧直流独立、二次侧直流并联结构。该结构是半桥和全桥背靠背双向功率流通结构的组合，其控制器必须进行功率平衡和电压平衡控制。

双桥背靠背结构还可以组合出一次侧直流串联、二次侧直流并联结构。该结构的控制器同样必须进行功率平衡和电压平衡控制。

除了以上介绍的结构，还有学者提出了高频变压器多绕组结构。该结构通过变压器的磁耦合可以达到自平衡各个绕组有功功率的作用。

近些年，随着电力电子技术的发展，移相式 DAB 变换器和谐振式 DAB 变换器成为电力电子变压器中隔离级的主要选择，如图 2-50 所示。

DAB 变换器由隔离变压器和连接在各绕组上的变换器构成。由于多主动桥（multiple active bridge，MAB）拓扑可以解耦成多个 DAB 拓扑进行分析，在此仅讨论采用双绕组隔离变压器的形式。对于变压器两端的变换器来说，除了最常见的全桥拓扑外，半桥及三电平 NPC 等也有应用。采用半桥变换器的 DAB 隔离级拓扑由于控制简单、使用器件数量较少，也在较多场合有应用。但相较于全桥变换器，半桥变换器中每个开关器件的电流应力和通态损耗大，且采用的两个级联母线电容中点电压存在波动。另外，在 DAB 拓扑中采用全桥变换器可以输出占空比改变的方波，使得系统控制更加灵活。

谐振式 DAB 变换器主要使用三个谐振器件 L_r、C_r、L_m 构成谐振网络，其中 L_r 常作为变压器漏感出现，如图 2-50（b）所示。谐振式变换器还有其他类型的拓扑，如 LC 串联、LC 并联拓扑等，但由于谐振式 DAB 变换器在电压可控性和软开关范围等方面特性较好，在应用中使用较多。谐振式 DAB 变换器的控制一般采用占空比为 50%的对称方波作为变压器一侧 H 桥的驱动信号，另一侧 H 桥作为二极管桥使用，驱动信号始终为低电平，当需要实现能量反向流动时，将驱动信号改为施加在另一侧的 H 桥上。谐振式 DAB 变换器通过谐振网络传递能量。

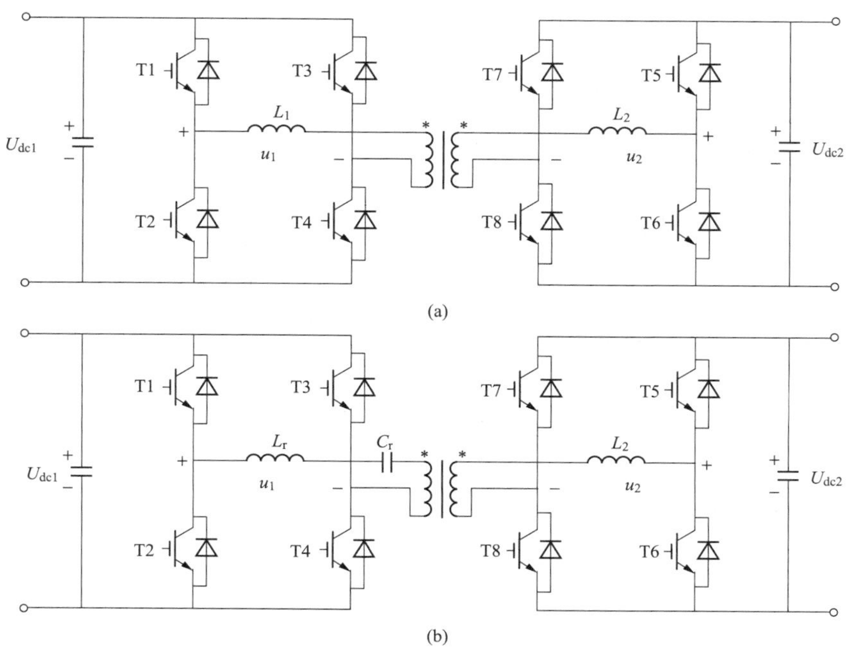

图 2-50 典型隔离级变换电路

（a）移相式 DAB 变换器；（b）谐振式 DAB 变换器

3．输出级变换器子模块

随着电力电子变压器供电容量的不断提高，其输出级逆变器多模块并联的供电模式得到了广泛应用，其中并联模块间的环流问题一直是逆变器并联过程中亟待解决的问题，否则环流的存在会造成谐波、无功等一系列电能质量问题，甚至直接损坏装置本身。

逆变器并联运行过程需满足如下要求：

（1）各台逆变器输出电压满足正弦电压的各项指标，且基本保持同步；

（2）各台逆变器应按照自身容量进行功率的合理配置，实现均流；

（3）并联系统应保持一定的冗余度，个别逆变器因故退出不影响系统的正常功率输出。

现阶段，逆变器并联技术方案大致分为有互联线并联与无互联线并联两种，各有优缺点，根据不同的应用场合，可以选用不同的并联方案。

（1）有互联线控制方式。有互联线控制方式大致可以分为集中控制方式、主从控制方式和分散逻辑控制方式。

图 2-51（a）为集中控制方式示意图，该控制方式中含有集中控制器，进行母线电压和各模块输出电流的采样，通过对母线电压进行锁相实现各模块输出电压同步，同时统一配置各模块的输出电流指令，保证各单元间的功率均分。集中控制方式相对方便，可较好

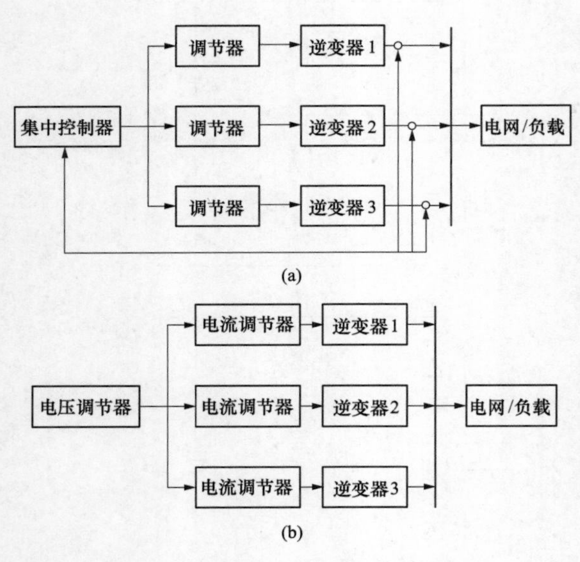

图 2-51 集中控制方式与主从控制方式结构

（a）集中控制方式；（b）主从控制方式

地实现功率均分，但依赖于集中控制器的正常运行，可靠性较低，系统冗余度有限。

主从控制结构将并联的逆变器分为一个主模块和若干个从模块，基本结构如图 2-51（b）所示，主模块等效为电压源控制，而其他从模块采用电流源控制，主模块决定了并联系统输出信号的相位与幅值，而各从模块根据母线电流和并联台数得到电流指令值，进行均流，主模块电压控制器输出指令值可适当修正各电流控制器指令值。为提高系统故障可靠性，主从控制中可以引入“主从法”，当主模块相关环节出现故障时，立即退出并联系统，根据需要自主选择无故障从模块升级为主模块，保证并联系统的连续可靠运行。但该控制方式依然存在冗余性不足和噪声干扰的问题。

分散逻辑控制又称分布式控制，各模块间处于同等地位，不依赖中心控制器或者任意模块，每个模块根据自身及接收到的其他模块的有功与无功功率、电流和频率等信号，确定自身模块的电压与相位基准值。常用分散逻辑控制包括平均电流控制和平均功率控制。该控制方式可有效提高系统可靠性与冗余性，且便于扩展，但始终存在互联线，会引入一定的噪声干扰。

（2）无互联线控制方式。无互联线控制方式中较为常用的是功率下垂控制，以一个模块控制为例，其功率下垂控制结构框图如图 2-52 所示。并联系统不需要控制总线或电压电流总线通信，各模块仅根据自身有功与无功功率求得逆变电压基准值，即可有效实现模块间功率的均分。但下垂控制法需要进行复杂的功率计算和阻抗匹配，在负载突变的情况下，动态性能较差，且各逆变器参数间的差异化也会影响负载均分效果。

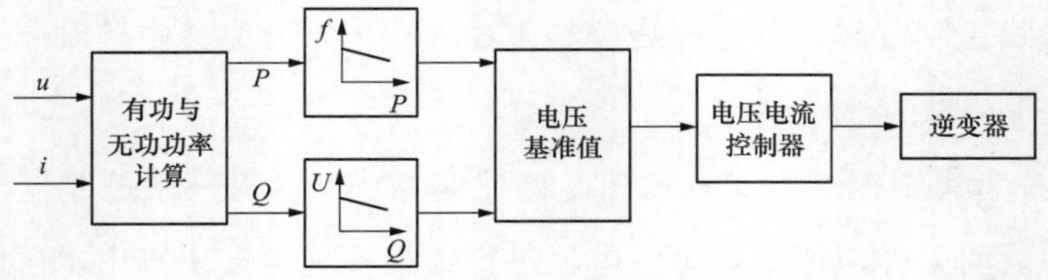

图 2-52 功率下垂控制结构框图

近年来，国内外针对功率下垂控制的缺点进行研究，提出了多种改进方法。肖华根等提出了一种零序环流控制方法，主要基于零序电压差补偿原理，可有效应用于微电网直流母线中逆变器的并联运行。何中一等提出了一种基于电力线载波通信的同步控制方法，以实现模块间输出均流。张纯江等提出了一种基于类功率的下垂控制法，该方法根据输出端电压推导得出并联功率理论，具有良好的暂稳态特性。霍海群和刘红等分别在并联系统中引入 PI 重复控制技术和比例双谐振技术，显著提高了微电网系统的抗干扰能力。同时虚拟阻抗技术的引入也可以优化下垂控制，实现有功、无功功率间的解耦，同时成比例地调整虚拟阻抗，使各台逆变器出口电压一致，实现无功功率在各个逆变器间的均分。

Johnson B 和屠勇等提出了虚拟振荡器控制（VOC）的逆变器无互联线并联方法，无须实时采样和计算主电路的有功与无功分量，使得控制的动态性能更好。与传统功率下垂控制相比，VOC 只需虚拟振荡器参数满足一定条件，便可以使并联系统中各逆变器实现同步运行，达到负载均分的效果。但 VOC 控制并不能解决因线路阻抗差异导致的环流，实际应用范围有限。

电力电子变压器作为新型关键设备研究，对效率及功率密度提出了很高的要求，而这两个参数又主要取决于所采用的拓扑结构。DC/AC 逆变器在工作和日常生活中应用日益广泛，无论在 UPS、马达驱动和新能源发电领域都取得了广泛的应用，技术非常成熟。在市电等级应用领域，通常采用两电平逆变电路拓扑；在中高压应用场合，则较多采用多电平逆变电路。

2.4.2　电力电子变压器不同类型功能单元特性

电力电子变压器一般可应用于智能电网、可再生能源接入或电力机车牵引变流系统等需要对电能形式进行变换并要求电气隔离的场合。根据应用场景的不同，电力电子变压器的高、低压端口电能形式及隔离方式一般也不相同，通常需要采用定制化的电路拓扑，很难实现统一标准化设计。这也促成了电力电子变压器电路拓扑的多元化技术路线。

作为应用于交流电网的电力电子变压器，其输入侧一般为中高压交流端口，而为了能够涵盖传统工频变压器的基本功能，在很多场合也要求电力电子变压器能够输出低压交流。因此，本文以中高压交流输入、低压交流输出的电力电子变压器作为基本的分类对象。而对于具有直流端口的电力电子变压器来说，大多数情况下其可以作为低压交流输出型电力电子变压器的一部分。

电力电子变压器包含由电力电子变流器构成的 AC/AC、AC/DC 或 DC/AC 等电能变换环节。电能变换环节的数量是影响电力电子变压器效率的重要因素。对于中高压交流输入、低压交流输出的电力电子变压器来说，为了便于直观地区分不同类型的电力电子变压器拓扑电能变换环节数量及复杂程度，依据从输入到输出经过的电能变换环节的数量将现有拓扑分为单级型、双级-Ⅰ型、双级-Ⅱ型和三级型四种基本类型，如图 2-53 所示。

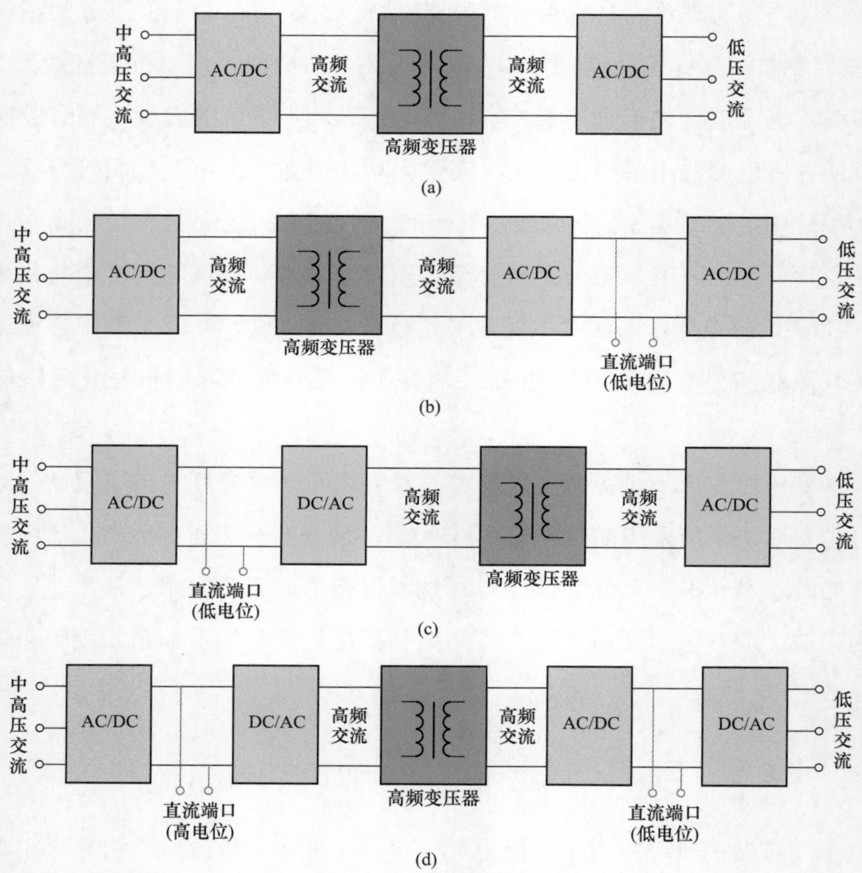

图 2-53　电力电子变压器拓扑结构

（a）单级型；（b）双级-Ⅰ型；（c）双级-Ⅱ型；（d）三级型

1．单级型电力电子变压器

单级型电力电子变压器主要包括 AC/AC 输入变换部分、高频变压器中间隔离部分及 AC/AC 输出变换部分三部分。其工作原理为：将电网中的工频交流电经过输入变频电路后转换为高频交流电，然后通过高频变压器进行电压等级的变换，得到相应电压值的高频交流电，最后再通过 AC/AC 变频电路转换为适用于负荷的普通工频交流电。这种单级型电力电子变压器采用器件较少，并且采用了高频变压器，所以体积小、质量轻；并且结

构简单、成本低，可以实现故障隔离。但是其可控性不强，容易出现较大的谐波，变换效率较低，不能进行潮流控制，且无法提供新能源直流的接入端口。

基于高频链接变换器的思路，美国德州农机大学的 Moonshik Kang 提出基于矩阵换流器的一台 240V/10kVA 的电力电子变压器，如图 2-54 所示。其中输入侧由 AC/AC 矩阵变换电路组成，输出侧同样也由 AC/AC 矩阵变换电流组成。这是一种典型的 AC/AC 单级型电力电子变压器结构。当双向开关 S1、S2 同时关断和导通时，S3、S4 同时关断和导通时。输入交流工频电压经一次侧调制变换成高频交流电压，所得的高频交流电压经过隔离变压器耦合至二次侧，最后被同步还原成工频交流电压，对相移角进行调整可以有限地改变输出电压的基波幅值，然后通过输出滤波器滤波得到所需的正弦工频电压。该方案的拓扑结构需要一个隔离变压器，在实际中可以采用常规的硅钢铁芯变压器。为了达到减小尺寸、减轻质量、提高效率的目的，该拓扑可以将传统硅钢铁芯变压器的工作频率提升至 0.6k～1.2kHz，其传递能量的能力将提升至工频变压器的三倍。此电力电子变压器先将输入的工频正弦波电压经变压器一次侧的变换器调制成高频（0.6k～1.2kHz）电压，后由变压器耦合到二次侧再还原成工频正弦波电压，一次侧和二次侧的变换器在进行波形变换时必须保持同步。这种电力电子变压器的转换效率较高，但输入功率因数较低，交流电源输入的电流谐波也较严重，谐波情况复杂且难以控制。

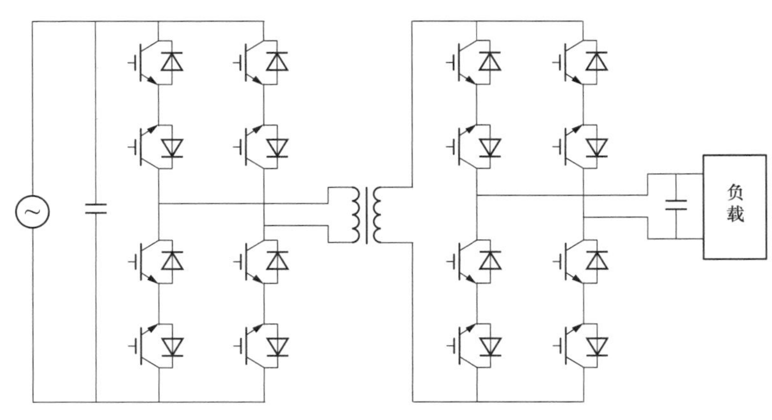

图 2-54　AC/AC 单级型电力电子变压器拓扑结构

由于在该单级型电力电子变压器拓扑中不存在直流变换环节，所用电容器数量少，从而可以很大程度上减小体积和质量并提高系统的效率；并且可实现能量的双向传输及电压变换。但是存在缺点，如可控性较差、电能质量差、二次侧输出交流只是对原工频交流的还原、要求整流和逆变模块的脉冲同步等。

图 2-55 给出了另一种较为典型的直接 AC/AC 变换的电力电子变压器拓扑结构，这种方案结合了 Buck-Boost 变换器的结构特点，具有开关器件数量少、成本低的特点，因而在较小功率的应用场合比较适用。该拓扑结构的工作原理为：对变压器一次侧的三个开关器件和二次侧开关器件的控制信号进行同步控制，这样，输入的三相电压则被调制为高频交流电压，高频交流电压在经过变压器之后将耦合到变压器的二次侧并最终还原成工频输出交流电压。在开关断开时，变压器的一次侧电感和电容被充电；而在开关闭合时，电感和电容上的能量耦合至二次侧，并对变压器二次侧电容进行充电，当开关再断开时，变压器二次侧电容将给负载端提供电压。由于变压器一次侧有电感和电容组成的 LC 滤波器，因此，其输入的谐波电流将大大减小。

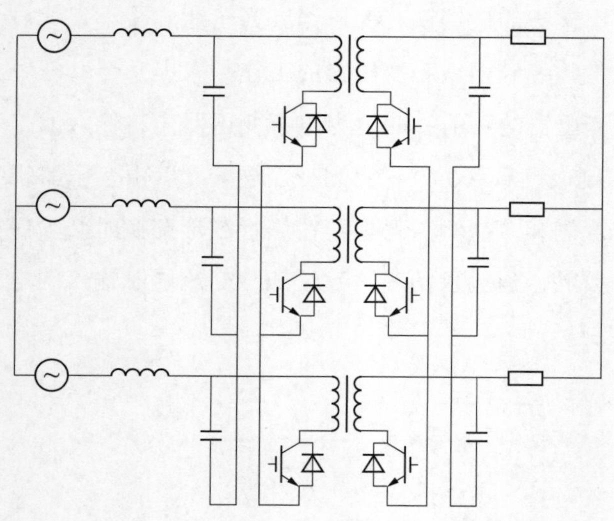

图 2-55　基于 Buck-Boost 变换的直接 AC/AC 型电力电子变压器拓扑结构

与直接 AC/AC 型电力电子变压器结构相比，结合了 Buck-Boost 变换器的电力电子变压器的拓扑结构使用了 6 个开关器件，因而经济性能好，结构与控制也更为简单和方便。但它的缺点为：变换器中由于开关器件的导通和关断造成了电流的断续，由此将造成器件两端会出现尖峰电压，且尖峰电压越高，输出的电压谐波也就越大，一般大容量应用场合不采用这种拓扑结构。

基于 MMC 结构的单级型电力电子变压器拓扑结构如图 2-56 所示。由于 MMC 具有模块化、多电平、易冗余、交流端口电能质量高、运行效率高等优点，在电力电子变压器中应用能改善系统运行可靠性、效率及运行性能。但是，由于 MMC 的子模块通常需要大量的功率半导体器件和储能电容，这导致基于 MMC 的电力电子变压器功率密度和经济性难以提高。另外，MMC 型电力电子变压器难以实现功率半导体器件的软开关，如何实现其高效率运行尚需深入研究。

2．双级型电力电子变压器

双级型电力电子变压器与单级型电力电子变压器的区别在于高频变压器的输出侧加入了直流变换环节，即在输出侧先将高频交流电整流成直流电，然后再通过逆变电路得到适合负荷用的工频交流电。这种拓扑结构的电力电子变压器可以为新能源的接入提供端口，但是其潮流控制能力仍然无法满足智能电网要求。

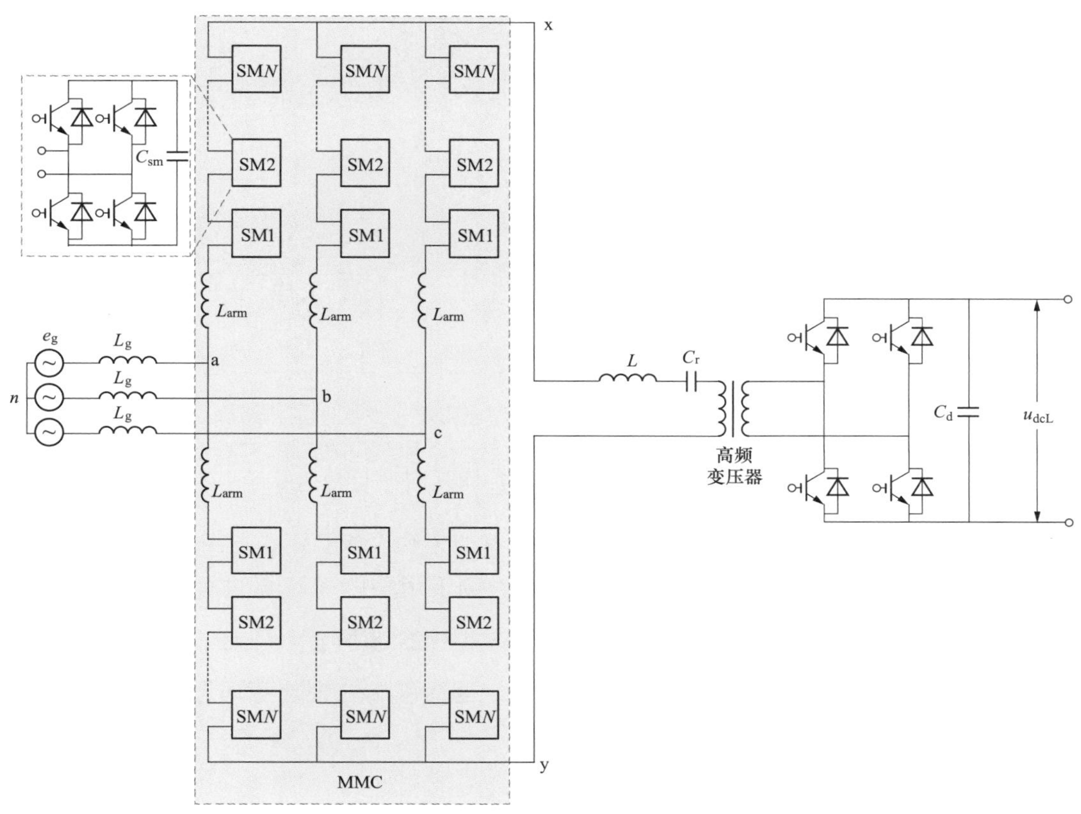

图 2-56　基于 MMC 结构的单级型电力电子变压器拓扑结构

双级型电力电子变压器结构可分为具有高压直流环节和具有低压直流环节两种。其中，具有高压直流环节的电力电子变压器的工作原理是将工频高压交流电整流为高压直流后，经过含有高频降压变压器的隔离型逆变器转换为低压交流。具有低压直流环节的电力电子变压器的工作原理与具有高压直流环节的电力电子变压器相似，只是先通过隔离型整流器将工频高压交流电转换为低压直流，再逆变为低压交流。

对于双级-Ⅰ型电力电子变压器，其电路一般包括输入 AC/AC 变换器、高频变压器、输出 AC/DC 变换器和输出 DC/AC 变换器。双级-Ⅰ型电力电子变压器的典型拓扑实例包括：

（1）图 2-57 所示的双级型单相电力电子变压器拓扑为一种只含有低压直流环节的结构，隔离级采用的是 DAB 整流变换器，直接将高压交流整流并降压为低压直流。此结构传递的平均有功功率对漏感非常敏感，电流波动很大，并且对低压直流侧的调节能力很弱。

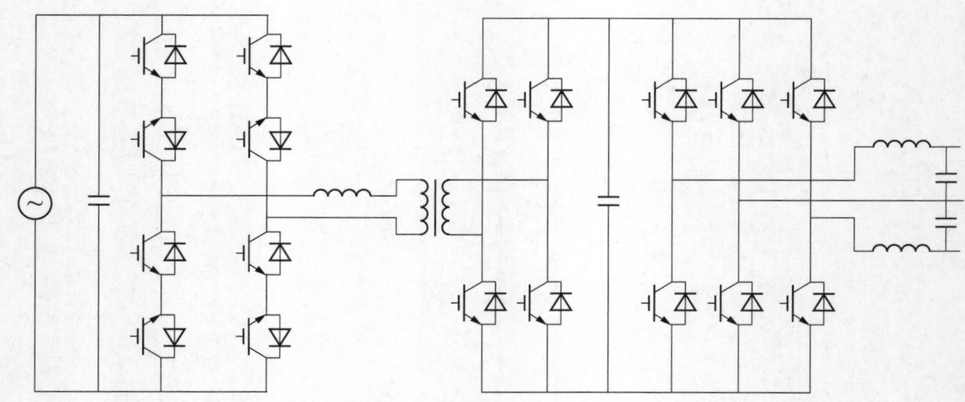

图 2-57　基于 DAB 整流器的双级型电力电子变压器拓扑结构

（2）ABB 公司在电力机车车载牵引变流系统中采用了图 2-58 所示交流输入、直流输出的双级型电力电子变压器拓扑，输入为 15kV/16.7Hz 交流电压，输出为 1800V 直流电压，样机容量为 1.2MW。在电力电子变压器输入侧采用矩阵变换器进行级联连接以承受接触网的高电压，输出侧则采用全桥型整流器，如图 2-58 所示。但是，基于矩阵变换器的 PET 存在换流控制复杂、开关器件保护困难、运行可靠性较差等问题，制约了其在实际系统中的应用。

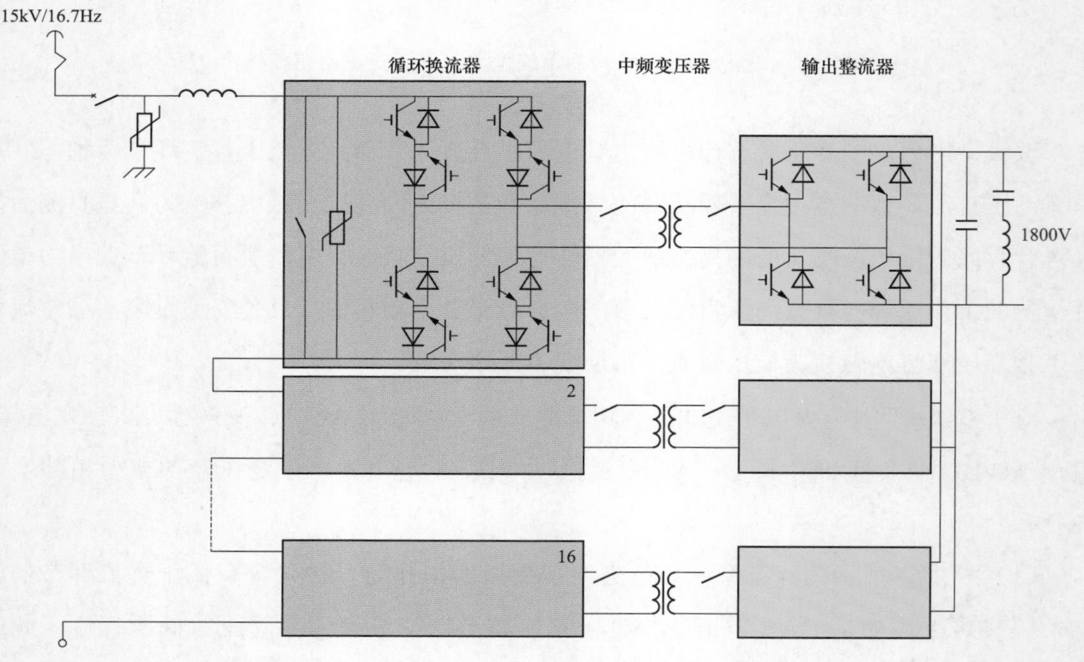

图 2-58　矩阵变换器及全桥变换器双级型电力电子变压器拓扑结构

对于双级-Ⅱ型电力电子变压器，其电路一般包括输入 AC/DC 变换器、输入 DC/AC 变换器、高频变压器和输出 AC/AC 变换器。与双级-Ⅰ型拓扑相比，双级-Ⅱ型拓扑将 AC/AC 变换器设置在高频变压器的低压侧。

无论是双级-Ⅰ型还是双级-Ⅱ型电力电子变压器拓扑，其中都存在 AC/AC 变换器，因此，都存在与三级型拓扑类似的矩阵变换器或电流型变流器的固有缺点。因此，双级-Ⅰ型和双级-Ⅱ型电力电子变压器在实际中应用并不广泛。ABB 公司在早年的机车牵引用电力电子变压器中采用了双级型拓扑，而在后期的工程样机研制中则采用了三级型拓扑。

3．三级型电力电子变压器

基于电流源型变换器的三级型拓扑结构如图 2-59 所示。该电力电子变压器中电流源型变换器的开关器件可以采用 IGBT 串联二极管或者逆阻型 IGBT 的形式；通过辅助谐振回路可实现所有开关器件的软开关，因而可以工作在较高开关频率下，减小高频变压器铁芯体积。同时，该拓扑可以实现端口电能质量治理，并可抑制启动和故障工况下的冲击电流。但是，电流源型变换器在开路故障下由于高的 d*i*/d*t*（电流变化率）易触发过电压保护，需要额外配置谐振电容、电涌保护装置等。这就增加了系统的复杂性，降低了电力电子变压器的功率密度。

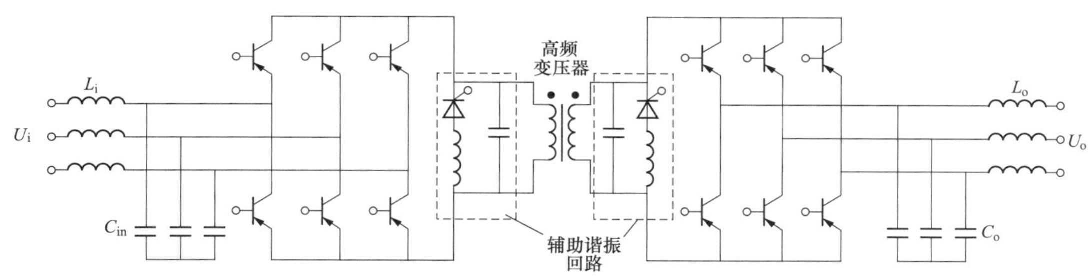

图 2-59　谐振式三级型电力电子变压器拓扑结构

单级 AC/AC 型电力电子变压器的拓扑结构在电力电子变压器提出的初期研究较多，而在后期的研究中，主要集中的研究对象是 AC/DC/AC 三级型电力电子变压器拓扑结构，它是一种含有直流变换环节的电力电子变压器拓扑结构，它的基本工作原理为：输入电源通过输入级将工频交流电压经一次侧变换器变换成直流电压，所变换得到的直流电压通过一次侧逆变电路将直流电压调制成高频交流电压，然后通过高频变压器耦合到二次侧并再次调制成直流电压；最后，由二次侧变换器将直流电压逆变为所需要的工频交流电压。

图 2-60 是一种典型的 AC/DC/AC 三级型电力电子变压器的拓扑结构。它的工作原理为：三相工频交流电经三相全控型 PWM 整流器后变换为直流高压；直流高压经单相全桥

变换电路调制成高频交流方波后加载至变压器的一次侧；高频交流方波通过高频变压器耦合至高频变压器的二次侧并再次通过单相全桥变换电路还原成直流，最后经三相全控电压型逆变器逆变成所需要的交流输出。这是一种典型的三级型电力电子变压器，虽然器件数量较多但其拓扑结构清晰明了，且由于存在直流环节，可控性也较好，可以实现功率的双向流动。由于使用了全控型变换器电路，因而其输入功率因数可调，也可抑制谐波的双向流动，但同时要求高压侧的功率器件有较高的耐压等级，在现有的半导体开关器件的制造水平下，需要多只开关器件串联使用，从而使其设计难度和成本也会相应加大。

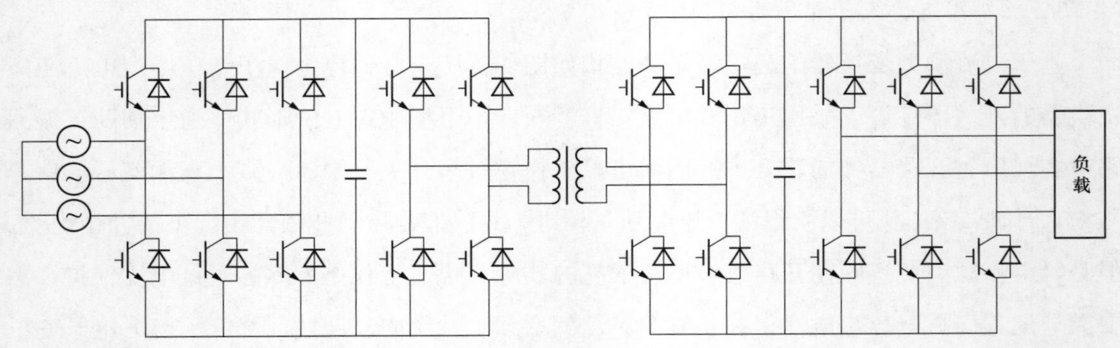

图 2-60　典型 AC/DC/AC 三级型电力电子变压器拓扑结构

美国电力科学研究院在 2006 年研制出了输入电压为 2.4kV、容量为 20kVA 的单相 PET 样机，拓扑结构如图 2-61 所示。该电路采用的是二极管钳位型三电平换流器，但是由于耐受电压水平有限，只能用于低电压的场合中。

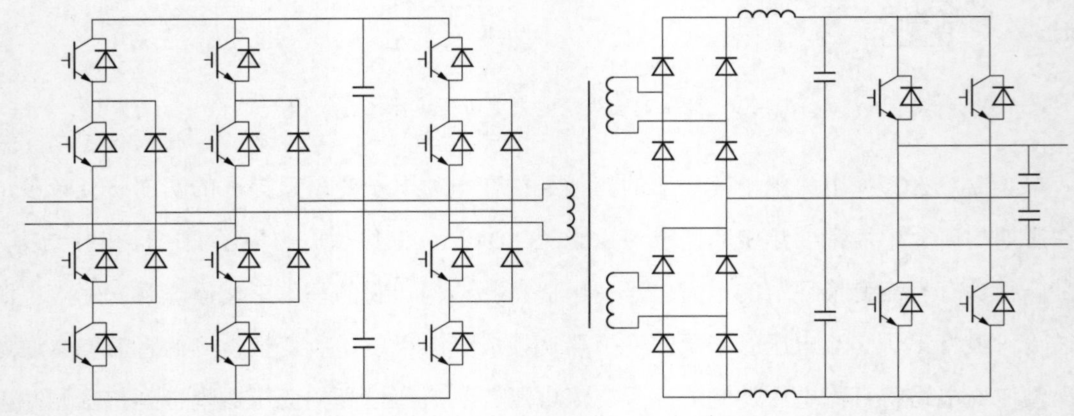

图 2-61　美国电力科学院三级型电力电子变压器拓扑

图 2-62 所示为另一种 AC/DC/AC 三级型电力电子变压器，是由 Jih-Sheng Lai 和 Arindam

Maitra 等人提出的一种三级智能通用变压器。该方案与典型的 AC/DC/AC 型电力电子变压器拓扑结构类似，也采用三级型拓扑结构。区别在于，该拓扑在输入级采用了三电平全控整流变换器，这样的好处是能够降低开关器件的电压应力，且通过模块化的设计能够灵活地对输入级进行级联，从而达到降低成本的目的。中间隔离级的设计则采用了半桥式逆变电路以及一个不可控型单相整流电路从而将直流逆变成高频交流电压并耦合还原成直流电压。这种电力电子变压器的输入级通过引用三电平全控整流变换电路甚至是五电平全控整流变换电路可以极大地降低功率器件的电压应力，并使得中间级的开关器件减少，从而使得设计更为方便，但是也相应地增加了系统的成本和控制难度。从拓扑的结构来看，并不能进行能量的双向流动。

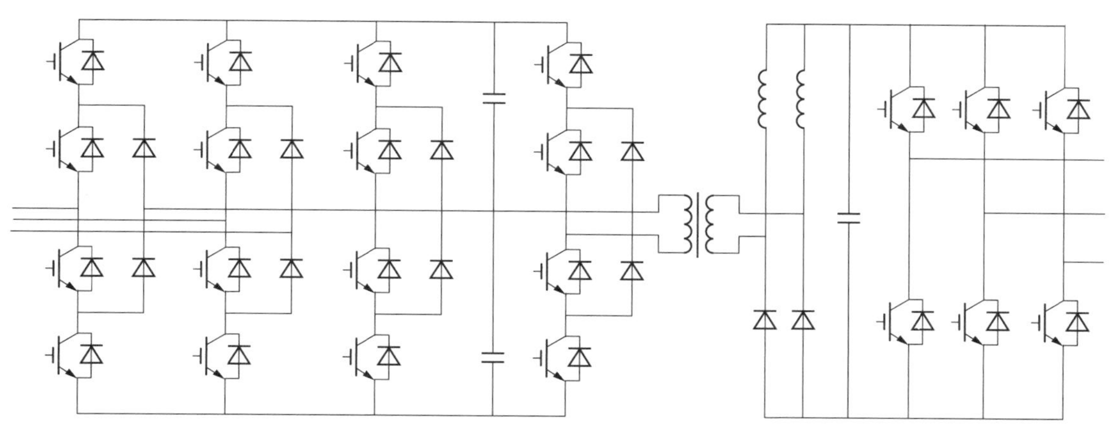

图 2-62　三级智能通用变压器

随着电力电子变换技术的发展，以及针对电力电子变压器高压侧功率器件的耐压问题，电力电子变压器的研究出现了新的进展，研究重点主要集中在如何提高其容量及高压侧电压等级。对此，各科研机构提出了不同的高压侧拓扑结构。其中模块串联的三级型电力电子变压器得到了广泛的研究。

图 2-63 所示是由 Ronan 和 Sudnoff 等人提出的另一种 AC/DC/AC 三级型电力电子变压器。这种类型的电力电子变压器是一种模块化的串并联结构，也属于三级型电力电子变压器，包括输入级、隔离级和输出级三部分。该拓扑结构的输入级引入了功率因数校正的思想，并由若干个单位功率因数整流器模块串联而成，因而每个模块上平均分到的电压都较低，这样开关器件上的电压应力就可以得到大幅度地减低，提升整体耐压水平，实现了 7.2kV 单相输入、120/240V 单相输出。该拓扑结构是一种比较经济、实用、可行性较高

的方案。但是该拓扑结构的串联模块为不可控整流桥，无法实现能量双向流动，应用场合受限。

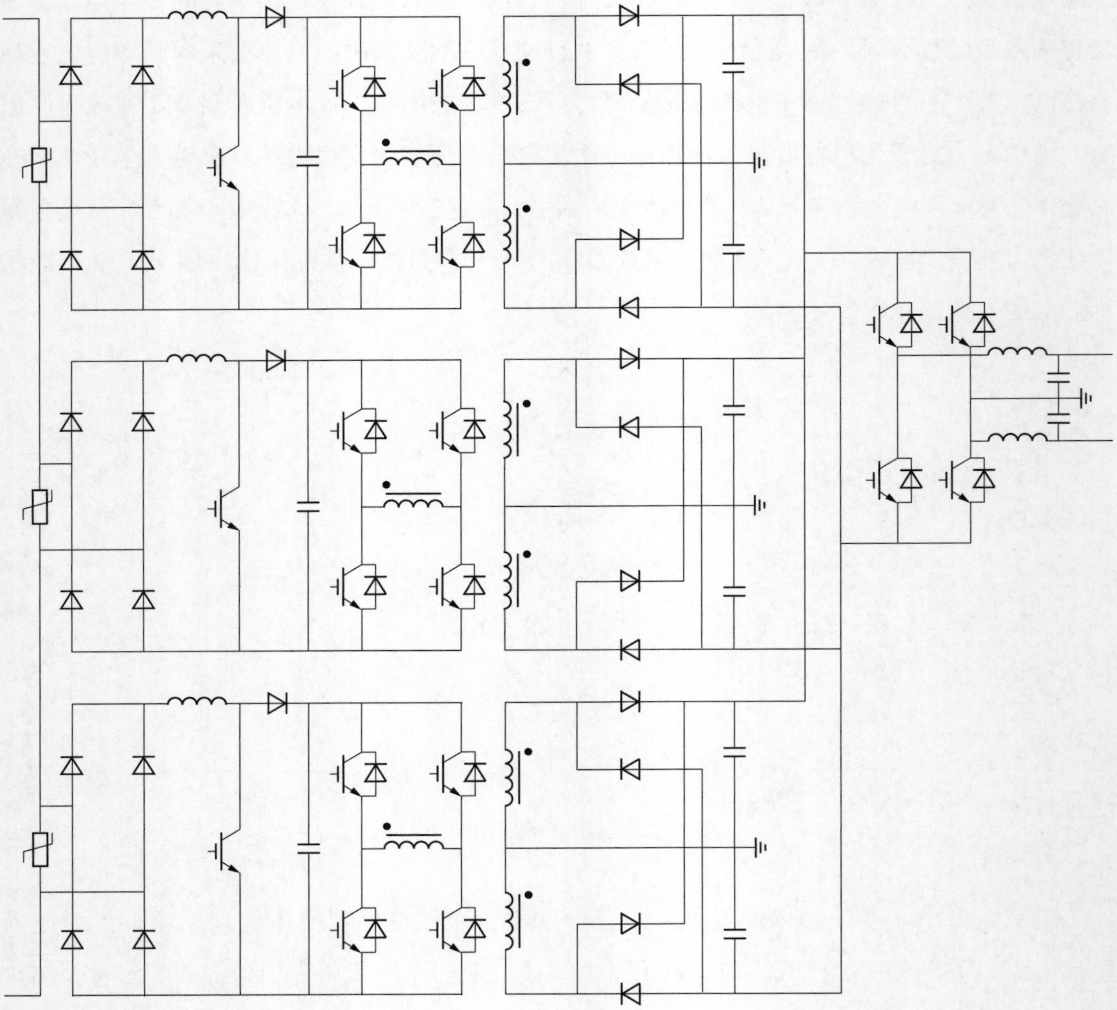

图 2-63　另一种 AC/DC/AC 三级型电力电子变压器

美国德州仪器公司提出一种高频变压器隔离双向 DC/DC 换流器的设计方案，如图 2-64（b）所示，其核心为一个采用输入串联、输出并联（ISOP）连接方式的 20kVA 电力电子变压器，利用 ISOP 模块结构的目的是可以在高压侧使用低压 MOSFET 开关管。其中 DC/DC 换流器的移相对偶半桥 ISOP 模块换流器结构如图 2-64（a）所示。这种电力电子变压器结构通过采用多模块结构降低了 MOSFET 所承受的工作电压，可适用于电压较高、容量较大的供配电场合。

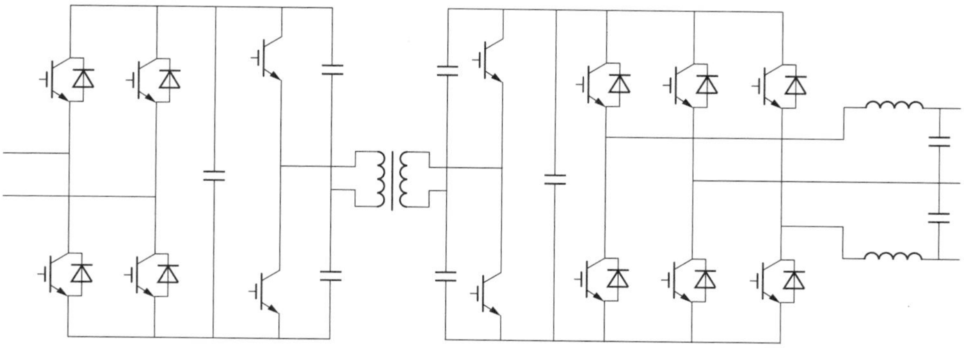

(a)

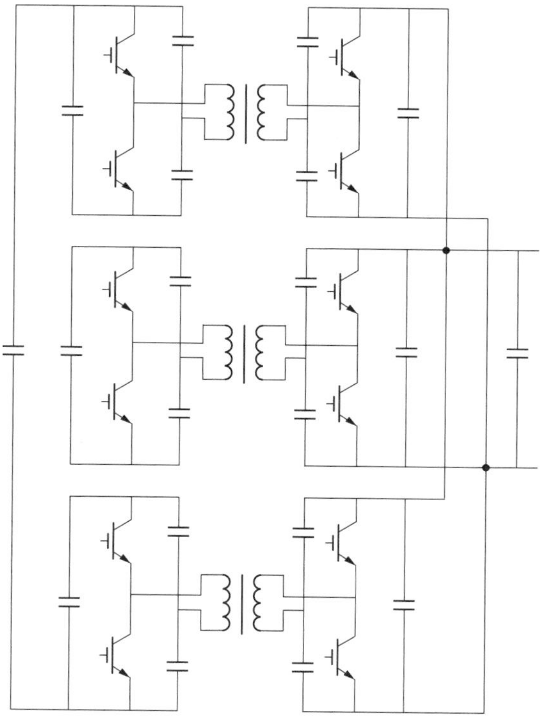

(b)

图 2-64 美国德州仪器 20kVA 单相电力电子变压器拓扑结构

（a）DC/DC 换流器结构图；（b）整体结构图

电力电子变压器前期研究工作大部分聚焦于装置本身，美国北卡莱罗纳州立大学的 Alex.Q.Huang 教授则创新性提出了模块级联式的电力电子变压器及其未来可再生电能传输和管理系统（future renewable electric energy delivery and management，FREEDM）。电力电子变压器采用多个低压模块级联方式构成，可以单个模块使用，也可以多个模块进行串并联组合，如图 2-65 所示。更为重要的是，对电力电子变压器应用于智能电网的相关理论进行了研究，提出的 FREEDM 系统实现了电力电子变压器对电网结构彻底的改变。

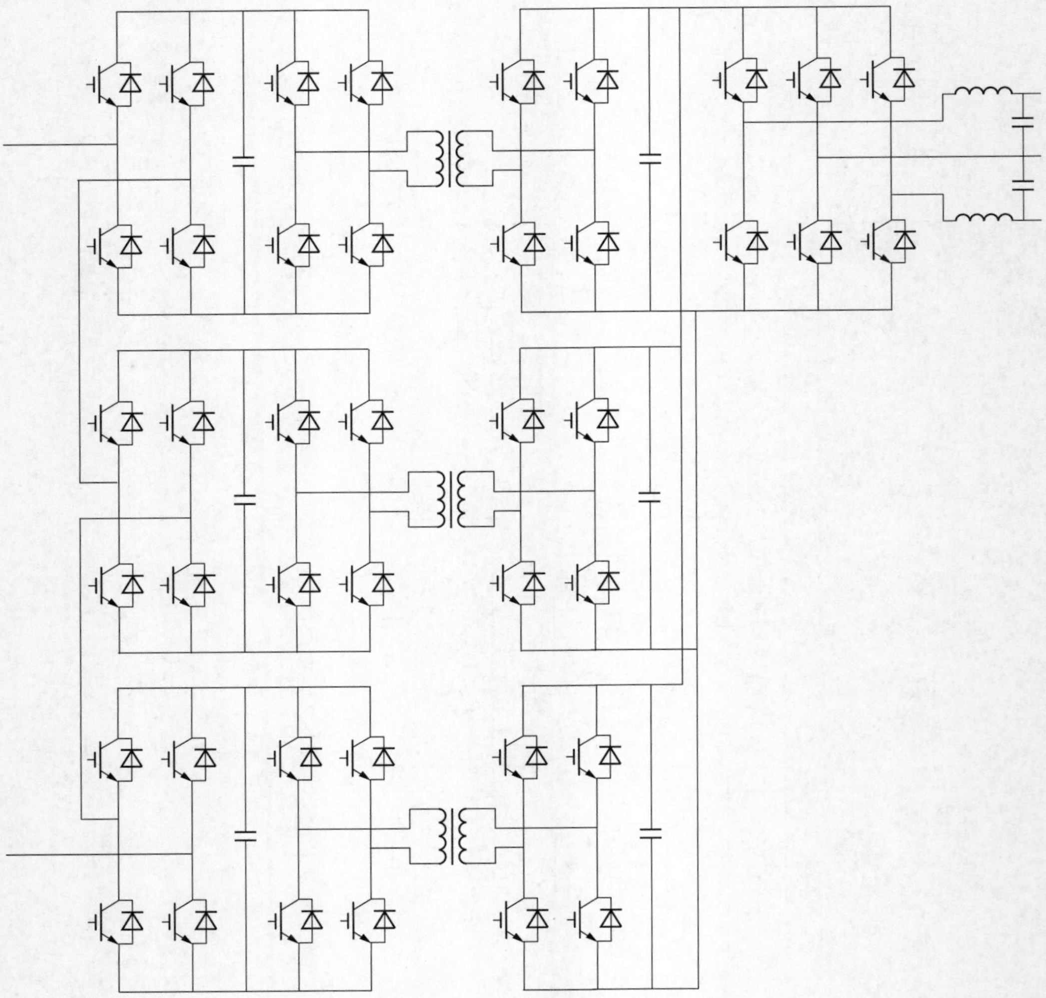

图 2-65　FREEDM 电力电子变压器拓扑结构

国内华中科技大学也提出了如图 2-66 所示的采用模块级联技术的电力电子变压器，高压级通过级联 H 桥结构提高输入电压等级，隔离级通过一台高频的多绕组变压器实现降压，低压级通过逆变器实现所需交流电压幅值和频率的变换。该结构通过模块级联技术实现了电力电子变压器高电压等级的应用，并且通过合理的控制，可以改善级联模块间的均压问题。但是该结构的输出为单相，因此不适合以三相结构为主的电力系统，并且高频变压器采用的是特殊的多绕组变压器，提高了装置的成本。

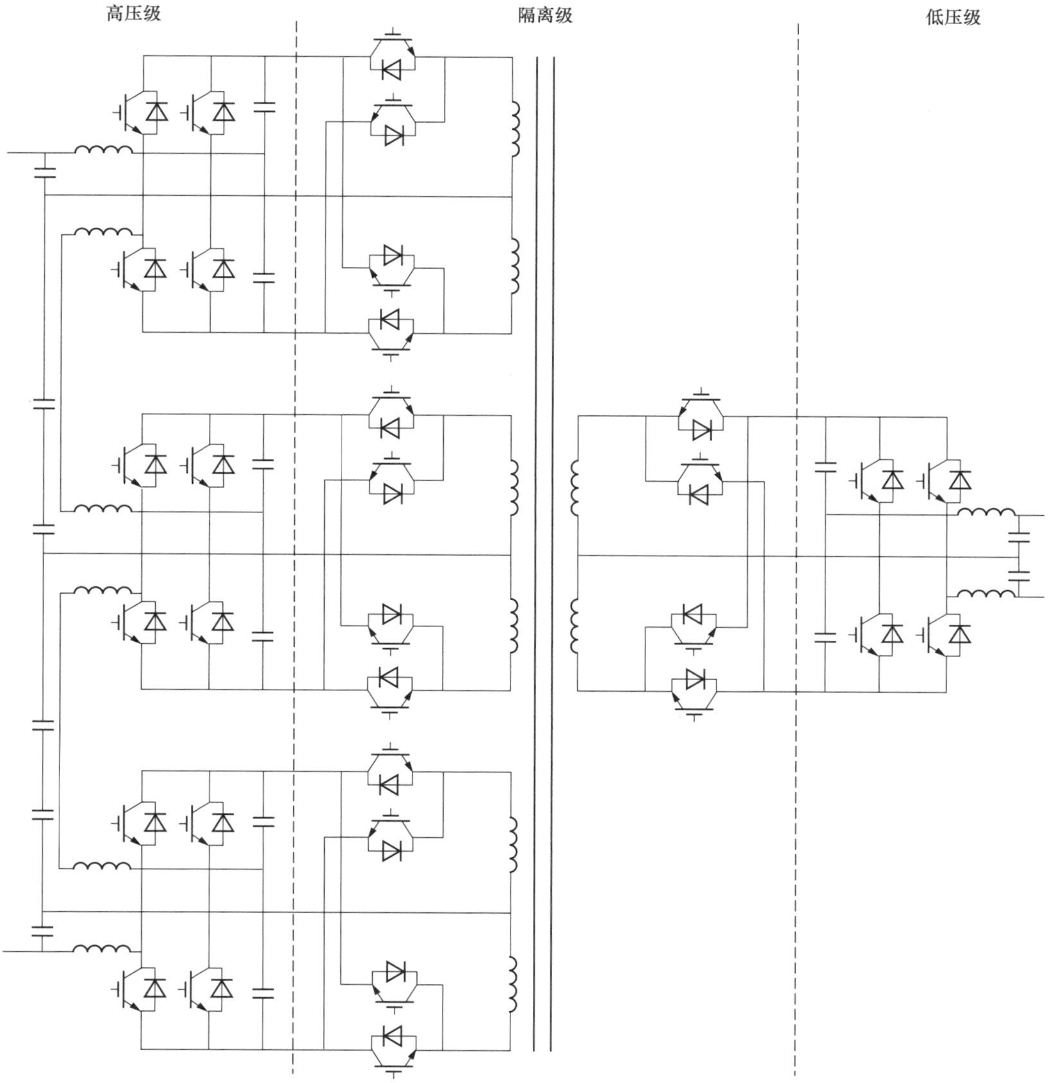

高压级　隔离级　低压级

图 2-66　华中科技大学高压级级联的电力电子变压器拓扑结构

随后，华中科技大学又提出了应用于三相系统的自平衡电力电子变压器，如图 2-67 所示。高压级 A、B、C 三相都由完全相同的 H 桥模块级联而成，低压级由三组独立的 H 桥模块组成，将每个模块形成的 a、b、c 三相输出并联，组成自平衡结构。这种拓扑最大的优点在于：一方面，通过采用模块串联技术提升了装置的电压等级；另一方面，通过采用模块并联技术提升了装置的电流等级，这使得该拓扑应用于电力系统高压大功率场合变得可能。并且，交错并联的设计从结构上解决了自平衡电力电子变压器高、低压侧系统不平衡的相互影响。但是这种结构没有做到真正的模块化，并且低压输出级三相各自独立，不利于输出电压的统一控制。

中国科学院电工所提出一种 10kV/380V 高压配电用电力电子变压器，由高压级、隔离

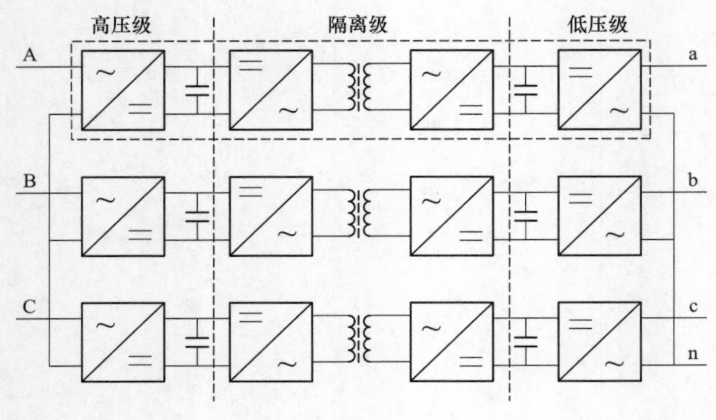

图 2-67　三相自平衡电力电子变压器

级、低压级三部分组成。此拓扑结构可实现负荷与供电系统的隔离，并可以根据需要向电网侧提供无功补偿或有源滤波功能，提高供电系统的电能质量和运行可靠性；可自动调节低压级的供电电压，保证用户端供电电压不随负荷变化而变化；可实现运行状态的在线监测，以及与其他用电设备的相互通信及协调控制，为数字化变电站和智能电网的建设与完善提供更多灵活性。所采用的拓扑结构如图 2-68 所示。这种结构的电力电子变压器的高压侧采用模块化多电平变流器（MMC）作为并网变流器，根据未来配电网电压和功率需求，可以通过增减每个桥臂串联子模块的个数，使基于电力电子变压器的交直流混联微电网系统的适应性灵活可控，可以有效解决全控型开关器件的耐压问题，显著减少全控型开关器件和高频变压器的数量；同时，MMC 具有公共直流母线，可以提高直流输出电压质量。

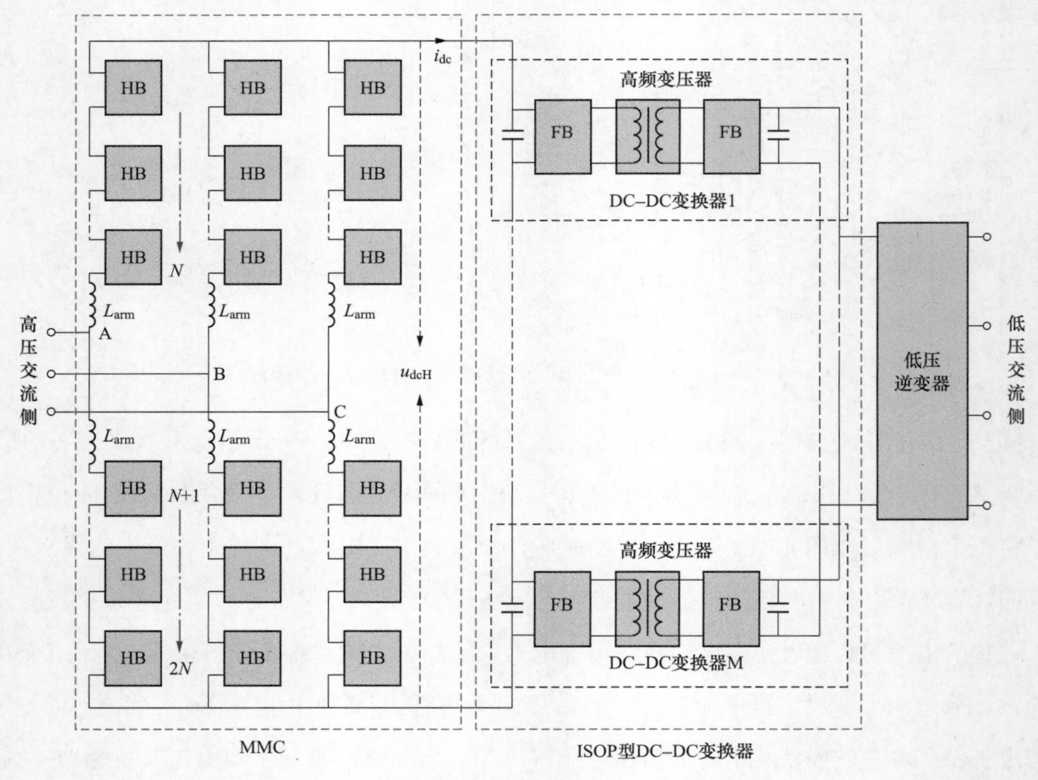

图 2-68　高压配电用电力电子变压器拓扑结构

3 电力电子变压器运行

3.1 电力电子变压器功能特性

3.1.1 电力电子变压器功能和性能需求

1．单级型电力电子变压器功能和特性需求

单级型电力电子变压器的实现方案由于中间的变换过程不需要直流单元，因而使用的开关器件较少，结构简单，电路拓扑简洁，变换效率高，可双向传输功率，较大幅度地减小了变压器的体积和质量，降低了成本，在一些特定的场合具备竞争力，如小功率等级场合。但这种直接变换的结构可控性并不高，缺少对电流的有效控制，导致该结构一次侧功率因数不可调，不具备功率因数校正功能，且对一次侧与二次侧开关信号的同步性要求非常严格。且由于二次侧的输出电压只是还原了一次侧的输入电压，仅通过控制相位角进行有限幅度的调压，因而这种电力电子变压器结构在电能质量的改善上无突出优势。

目前受功率半导体器件耐压等级的限制，单级型电力电子变压器无法满足配电网的电压等级，这是限制电力电子变压器工程实用化的一大因素，而模块串并联组合方式可有效弥补单级型的不足，但是模块的串并联会引入各模块间电压与功率的不平衡问题，严重时甚至导致整个电力电子变压器系统无法正常工作，所以必须采取相应的控制方法来保证功率与电压的平衡。

2．双级型电力电子变压器功能和特性需求

双级型电力电子变压器具有高压直流环节，电力电子变压器的工作原理是将工频高压交流电整流为高压直流后，经过含有高频降压变压器的隔离型逆变器转换为低压交流。或者将具有低压直流环节的电力电子变压器通过隔离型整流器将工频高压交流电转换为低压直流，再逆变为低压交流。

由于双级型电力电子变压器一般需要承受交流输入侧的高电压，受功率半导体器件耐

压水平的限制，通常采用多电平电压源型变换器连接高压交流输入侧。此类电力电子变压器具有高度模块化的优点，易实现冗余设计，且可通过软开关减小损耗。但该拓扑本质上为单相结构，三相电路为三个单相电路的低压侧并联构成，其内部存在二倍频环流，增加了功率半导体器件的电流应力。

3．三级型电力电子变压器功能和性能需求

对于三级型电力电子变压器，其电路一般由输入AC/AC 变换器、高频变压器和输出AC/AC 变换器构成。此类结构的电力电子变压器变换级数多，结构复杂，但其良好的控制特性可使电力电子变压器实现的功能更多、应用的范围更广。而且与单级型结构相比，三级型电力电子变压器具有的低压直流环节可以整合能量存储设备来提高电力电子变压器的穿越能力，并能为分布式发电的接入提供接口，也可为电动汽车充电。

然而三级型电力电子变压器三相工频交流电压整流后得到的直流电压，在高频变压器的一次侧被单相全桥逆变电路调制为高频方波，耦合到二次侧后被还原为直流电压，最后通过逆变得到所需要的三相或单相工频交流电压。此结构并不适用于高压、大功率场合，因为高压侧的功率器件串联会带来均压和可靠性问题，使得成本提高、设计难度加大。

3.1.2 电力电子变压器功能类型与应用需求适配性

1．新能源并网

近年来，分布式发电系统已成为重要的能源。分布式电源交直流兼有，容量小，分布广，且其电压或频率波动性较大。传统逆变器采用工频变压器，成本高，体积大，逆变效率难以提高，同时需要额外的调压、调频设备才能保证供电质量。电力电子变压器交直流环节兼有，可灵活地将各种分布式电源接入电力系统，另外由于能对整流、逆变部分进行控制，可省去额外的调压、调频设备，降低了成本。图3-1为可再生能源并网发电系统。

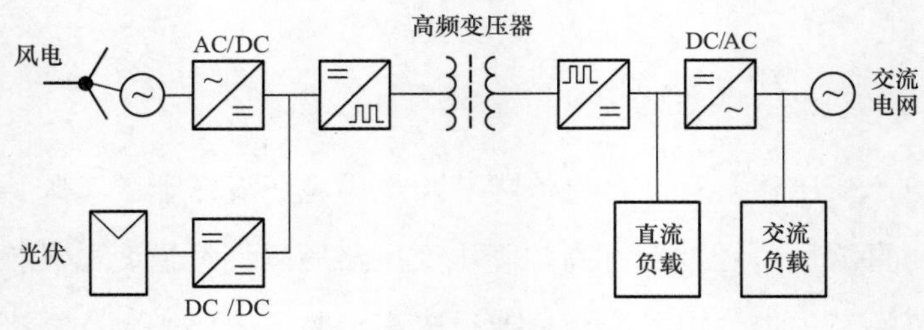

图3-1　可再生能源并网发电系统

可再生能源有多种形态，且转化为电能的方式不同，决定了可再生能源在转化为直流

电能时有不同的直流侧处理电路，如光伏发电需使用DC/DC电路，而风力发电则需使用AC/DC电路。然后经过电力电子变压器的隔离环节，将直流电转化为高频交流电。通过高频变压器耦合到二次侧，再整流成直流电压。高频变压器主要实现电压等级变换和分布式发电系统与电网的电气隔离作用。最后通过逆变器实现和公用电网的并网。

采用电力电子变压器实现的风力和小水电单相并网逆变器结构如图3-2所示，该结构为交-直-交-直-交型双直流环拓扑。

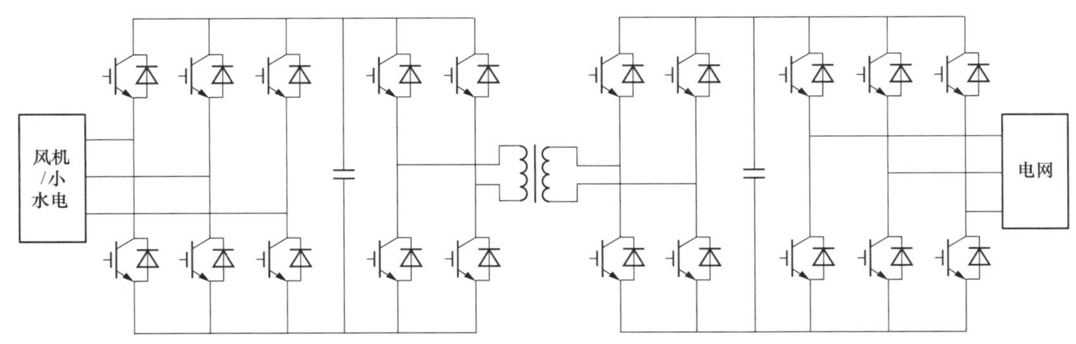

图3-2 风力和小水电单相并网逆变器结构图

输入环节为三相电压型PWM整流电路，将交流发电机的交流电变为直流电，且实现直流输出电压可控、单位功率因数运行。对于PWM整流电路，可以采用电压外环、电流内环的双闭环控制方案。电压外环是为了实现对输出电压的控制，电流内环是为了实现单位功率因数的控制。为了获取快速的动态响应，电流环可以采用直接电流控制技术，电压环采用常规的PI控制。

对于并网逆变器的隔离环节，高频变压器一次侧的单相逆变电路，在开关损耗允许和变压器磁芯允许的范围内，逆变器输出频率越高，变压器的体积和质量越小，只须达到高频逆变目的即可。对于变压器二次侧整流电路，只要能实现高频整流即可。因此，变压器一次侧逆变电路和二次侧整流可以用开环控制方式实现，将直流调制成占空比为50%的高频方波，变压并耦合到高频变压器的二次绕组后再同步整流还原成直流。

输出环节为单相PWM逆变器，逆变器并网运行的目标：一是逆变器能够与电网稳定地并联运行；二是能将可再生能源以高功率因数回馈电网。为了使系统在并网工作时功率因数近似为1，则必须要求逆变器输出的并网电流为正弦波，且和电网电压同频率、同相位。多数并网逆变器对输出电流的控制采用瞬时值控制方案。先进的瞬时值控制一般采用闭环反馈，最典型的是输出滤波电感电流反馈构成的电流跟随控制逆变器。比较常见的电流跟随控制技术有电流滞环瞬时值控制技术和电流正弦脉宽调制（SPWM）瞬时值控制技术。

2．智能配电网

随着电力系统的发展，风、光、储等新能源在配电网中的接入比例不断提高，给配电网带来了双向潮流调控难题。另外，大量基于微机系统的控制设备和电子装置被应用于工业，使负荷对扰动异常敏感，用户对电能质量的要求不断提高。传统的配电变压器不能调节一、二次电压、电流，且一、二次电能质量问题紧密耦合，需要额外电能质量治理装置和继电保护装置，缺点是其无法充分适应电力系统的发展。

电力电子变压器交直流环节兼有，电压、电流可控，通过电力电子变压器可灵活将各分布式电源接入电力系统。美国电力科学研究院（Electric Power Research Institute，EPRI）在报告《未来展望》中评述道："分散式能源生产的发展可能会采取与计算机产业发展极为相似的路线，电力行业中同样需要更小、更清洁、更分散化的分布式能源和储存技术。" 2008 年，EPRI 在其开始的 Advanced Distribution Automation 项目中提出了以基于电力电子功率变换技术作为核心的"智能通用变压器（intelligent universal transformer，IUTs）"研发。研发出的智能变压器，可以作为可再生能源并网的接口，包括一个双向功率接口，方便光伏、储能、电动汽车的接入，也包含系统整合、本地控制和孤岛控制方面的指挥和控制功能。2012 年 EPRI 还研发出了中压 IUTs，替代了独立的电能转换器和传统的变压器，完全摒弃了传统变压器的笨重结构和大量的接线。多功能的 IUTs 可提供 400V 的直流母线电压，用于供应直流配电系统或为电动车快速充电，是面向未来电网的关键装备之一，IUTs 样机如图 3-3 所示。

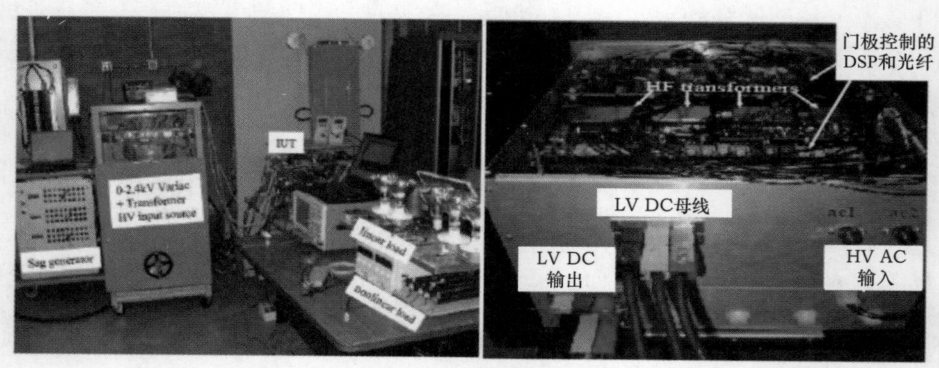

图 3-3　EPRI 通用智能变压器（IUTs）

电力电子变压器也可应用于电力系统其他方面，解决电力系统中传统装备难以处理的问题，如在输电系统中，与柔性交流输电系统（flexible alternative current transmission

systems，FACTS）技术相结合，可以解决远距离输电稳定问题，以提高输电系统静态稳定和暂态稳定特性，并且实现对潮流的实时灵活控制。在发电系统中，电力电子变压器与发电机组协调控制，可有效地提高扰动条件下电力系统的阻尼，同时改善系统的电压特性。又如在配电系统中，电力电子变压器可以起到电能质量调节器的作用，有效解决谐波、电压跌落、闪变等电能质量问题并实现配电网的电压和无功优化。当电网发生不对称故障时，也可以利用电力电子变压器的先进控制策略，改善故障下的配电网运行，保证三相电压稳定。应用电力电子变压器解决电能质量问题有望获得最佳的性能价格比，电力电子变压器集传统变压器和配套的检测和保护功能为一体，同时具备动态电压恢复器、电力有源滤波器、静止同步补偿器等综合电能质量调节功能，相比目前其他的电能质量调节器，具有很高的性能价格比，具有广阔的应用前景。

3．电动汽车快速充电设施

电动汽车既是用电负荷，又可以向电网反馈能量。随着电动汽车数量的增多，实现将电动汽车接入电网（vehicle to grid，V2G），反向输送能量，成为解决用电高峰期电能不足、保证供电可靠性的方法之一。

电动汽车快速充电、V2G 功能的实现依赖于电动汽车充电设施。电力电子变压器直流母线的存在，便于电动汽车接入电网。在电力电子变压器的低压直流母线上设置电动汽车充电接口，可以省去传统多级式双向充电机的 AC/DC 环节，在节省快速充电桩建设投资的同时可以实现大功率 V2G，充分发挥电动汽车 V2G 的作用。

应用电力电子变压器的充电桩可以以较大直流电流直接向车载电池充电，从而实现电动汽车电池的快速充电，可在 20min～1h 内为电动汽车提供短时应急的充电服务，快充方式可以解决续航里程不足时电能补给问题，但是对电池寿命有影响，因电流较大，对技术、安全性要求也较高。快充的特点是高电压、大电流，充电时间短（约 1h）。快充方式主要在充电站进行，也由充电桩完成，但是价格较为昂贵，相比三相交流充电桩，价格至少要高出 5 倍以上。

目前的直流充电桩根据功率大小、充电枪数量、结构形式的不同，可以划分为不同的类别。现在主流的直流快充功率大小有 30、60、120、150kW 等。乘用车、出租车通常采用 30kW 和 60kW 的充电功率。公交、大巴则采用 120kW 甚至更大的功率。未来乘用车的充电功率也在朝着越来越大的方向发展，目前戴姆勒、宝马、大众、福特四家公司计划在欧洲部署超级快充站，计划将整个平台电压提高到 800～1000V，从而将充电功率提高到 225～350kW。这一功率等级可将充电时间缩短至 15min 左右，甚至更少。

4．不间断供电技术

应用在配电网中的电力电子变压器可在直流环节加上蓄电池组，组成在线式不间断电源（UPS）。由于在线式 UPS 总是处于稳压、稳频供电状态，输出电压动态响应特性好，波形畸变小，并通过监控输入电压的状态对蓄电池组进行投切。当电网正常时，市电通过电力电子变压器对负载供电，对电网的畸变和干扰有很好的抑制作用。当电网掉电时，由蓄电池组向逆变器供电，以保证负载不间断供电。如果逆变器发生故障，则 UPS 通过静态开关切换到旁路，由旁路供电。当故障消失后，UPS 又重新切换到由逆变器向负载供电。因此可以更好地保证供电质量。当电力电子变压器应用在分布式能源发电系统时，也可以把蓄电池组接入直流环节，作为中间储能环节。利用蓄电池和分布式能源构成独立的供电系统来向负载提供电能，当分布式能源输出电能不能满足负载要求时，由蓄电池来进行补充；而当其输出的功率超出负载需求时，将电能储存在蓄电池中。

5．铁路牵引供电系统

铁路牵引变电站的主变压器高压侧接入三相电力系统，低压侧两相输出端分别与牵引网的上行和下行供电臂相连，向机车负荷供电。由于三相变两相的特殊应用，再加上列车的移动影响，很难保持两相的平衡。传统铁路牵引供电系统面临负序、谐波、无功及电压波动等严重的电能质量问题，即使将变压器的绕组结构和布置设计得非常复杂，也不能很好地解决注入到一次系统的负序分量和谐波，影响电气系统的安全运行。电力电子变压器的引入，可以很好地解决这些问题：一、二次谐波、无功和负序分量隔离，运行时可保证二次侧供电电压恒定，不随负载变化；网侧功率因数可调，可实现无功补偿功能；具有联网通信能力，便于运行管理。

阿尔斯通公司推出的 e-Transformer 是已知最早用于轨道交通的电力电子变压器。装配于“LIREX”动车组的 e-Transformer 采用级联模块和主变压器紧凑布置，相比于传统牵引变压器，不仅节省了安装空间，还减轻了 50%的质量。庞巴迪公司在 2007 年研制了一台输入电压为 3kV、容量为 750kW 的单相电力电子变压器。ABB 公司经过长期的研发，于 2011 年推出了一台容量为 1.2MVA 的电力电子变压器，样机采用输入串联、输出并联的模块化单元结构，输出端接直流电机负载，于 2012 年在 Geneva Cornavin 的 15kV/16.7Hz 铁路牵引系统投运，如图 3-4 所示。

6．能源互联网

随着可再生能源、分布式发电技术的迅速发展，现有的电网越来越难以满足人们对能源民主化、高效化和绿色化方面的高要求，能源互联网正是在此背景下产生的能源和互联网深度融合的产物，已经成为当前国际学术界和产业界关注的新焦点，而能源互联网的核心技术之一便是以电力电子变压器为基础的能量路由器。能源互联网的发展赋予了电力电子变压器许多新的概念和功能，除了需要具备电能可控变换功能外，还需要将分布式能源发电设备、储能设备与现有电力网络实施智能管理和控制，并且需要具备多端口电能管理和装备之间的网络通信交流作用，以适应能源互联网中的电能调度控制功能。

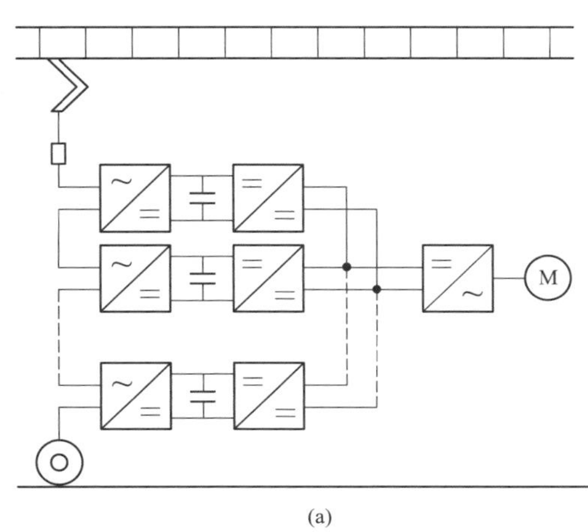

(a)

(b)

图 3-4　ABB 研制的电力电子变压器样机

（a）系统结构图；（b）电力电子变压器样机

欧洲 Vision of Future Energy Networks 项目对电力电子变压器提出了电能路由的概念：一是集成能源转换和存储设备；二是实现不同能源的组合传输，如电力和气态能源通过地下管道组合传输。能源路由器依托电力电子变压器实现不同能源载体的输入、输出、转换、存储，是能源生产、消费、传输基础设施的接口设备，应用于工厂、大型楼宇、城市和农村集中居住区、独立运行的电力系统（飞机、火车、轮船等）。

美国国家科学基金项目提出的 FREEDM 系统中将电力电子变压器比作未来能源网中的大脑和路由器，并被认为是构建未来能源互联网的基本模块。该项目由北卡莱罗纳州立大学主持，有 17 个科研院所和 30 余个工业伙伴共同参与，希望将电力电子技术和信息技术引入电力系统，实现能源互联网理念。FREEDM 面向高渗透率分布式电源并网，通过能量路由器接入中压配电网的多种负荷、储能设备及可再生能源转换成电能后可实现即插即用、故障快速检测和处理，FREEDM 系统结构和电力电子变压器样机如图 3-5 所示。

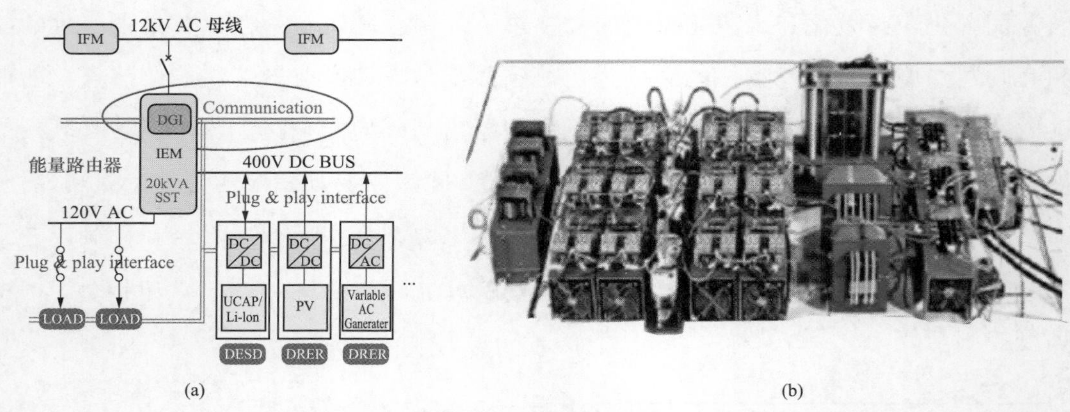

图 3-5 FREEDM 系统结构和电力电子变压器样机

（a）系统结构图；（b）电力电子变压器样机

日本在东部大地震引发的核电站事故和核泄漏灾难之后，开始大力寻求建立可抗自然灾害、充分应用地区可再生能源的电力供给机制。2011 年 9 月成立了“数字电网联盟”，倡导利用“数字电网路由器”统筹管理和调度一定区域范围的电力，将发电设备以及需求侧一定面积区域内的电力通过“电力路由器”进行统一调度。其实质是通过电力电子变压器联系两个交流电网，实现功率的双向流动，控制系统潮流，“电力路由器”样机如图 3-6 所示。“电力路由器”使现有的电网接入互联网，通过相当于互联网上地址的“IP 地址”进行电源或者发电站识别，从而通过“电力路由器”控制潮流流动。

图 3-6 日本数字电网联盟推出的“电力路由器”样机

中国将能源互联网列入中国战略性新兴产业，国家电网提出了全球能源互联网构想，清华大学成立了能源互联网创新研究院。中国电力科学研究院牵头承担国家电网公司科技项目“能源互联网技术架构研究”，着力构建未来能源互联网架构，依托该项目及相关技改项目支撑，搭建相应的能源互联网研究平台，提出了一种以电力电子变压器技术为基础，融合虚拟同步电机技术的能量路由器。提出的能量路由器实现了交直流混联微电网的接入，有利于不同形式的分布式能源消纳，如图 3-7 所示。

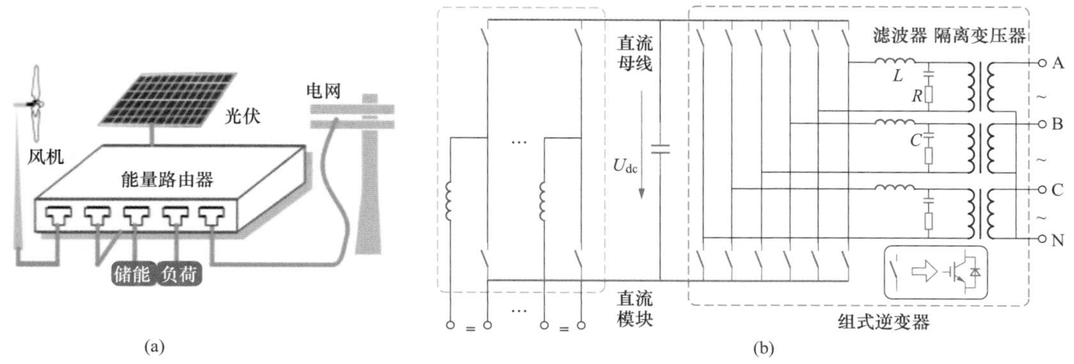

图 3-7　基于虚拟电机控制的能量路由器

（a）系统结构图；（b）电路拓扑

7．交直流混联微电网

近几年世界范围内的很多国家都已经将分布式发电项目的建设和研究提升到国家战略层面，欧洲很多国家的社会用电量的很大一部分比重来自于分布式发电。不可否定的是分布式发电也存在一些缺点，例如波动性大、不可控及具有很大的随机性等，这些缺点将会对电力系统的稳定运行产生不利的影响。而且在电力系统出现故障时，为了避免故障范围的进一步扩大，需要分布式电源马上退出运行，这将会影响分布式电源的使用效率。为了有效解决分布式发电与大电网之间的矛盾，微电网的概念被提出并得到了快速的发展。

现如今国内外研究比较多的微电网结构主要包括直流微电网、交流微电网及交直流混联微电网。直流微电网系统中风力发电系统、光伏发电系统、储能装置及负荷等装置均通过电力电子变换装置接入直流母线，然后以直流母线为中介通过电力电子逆变装置将分布式电源和负荷等装置接入交流网络。交流微电网系统中风力发电系统、光伏发电系统、储能装置及各级负荷等装置均通过各自电力电子变换装置接入交流母线，通常情况下交流母线和交流系统之间会有开关装置，通过控制这一开关装置可以使交流微电网运行于并网模式或者离网模式下。交直流混联微电网中既包含交流母线又包含直流母线，其综合了交流微电网和直流微电网的优势，可以满足电力网络中各类交流负荷和直流负荷的要求，具备较广泛的应用前景。与交流微电网和直流微电网结构进行比较，交直流混联微电网具有以下特点和优势：

（1）微电网中的光伏发电系统采用直流形式输出电能，风力发电系统采用交流形式输出电能，储能装置采用直流形式输出电能，交流负荷和直流负荷分别通过交流母线和直流母线接入微电网系统，这和单纯的交流微电网和直流微电网相比少了中间的变换环节，可以减少电力电子变换装置的使用。

（2）实际的用电设备中，像电风扇、空调、荧光灯等只能采取交流电的供电方式，而其他一些用电负荷，例如电脑、变频器、电动汽车及大多数的通信设备等都采取直流供电的供电方式，由此可见在单纯的交流微电网或者直流微电网中不能同时满足交流负荷和直流负荷的需求，通常需要使用电力电子变换装置实现电能的变换，这就造成了资源的浪费。而在交直流混联微电网中，由于同时具备交流和直流两种供电方式，因此在不需要电能变换的条件下可以同时满足系统中交流负荷和直流负荷的需求，这明显提高了整个系统的可靠性和经济性。

3.2 电力电子变压器组合方式

1．中压交流输入级 AC/DC 变换器拓扑

根据中压交流输入级的功能需求，中压交流级 AC/DC 变换器用于连接中压以上的配电网，并将中压三相交流电压整流为中压直流电或低压直流电。由于连接的电网电压较高，传统的两电平变换器或三电平变换器无法满足电压的要求，所以多电平变换器更多的被用于三级型电力电子变压器的中压交流级。目前，应用较为广泛的多电平变换器有二极管钳位型多电平变换器、飞跨电容型多电平变换器、级联 H 桥多电平变换器和模块化多电平变换器。

（1）二极管钳位多电平变换器。1980 年，日本长岗科技大学 A.Nabae 等人首次提出二极管钳位型变换器（diode clamped multilevel converter）拓扑结构，也称作中点钳位型（neutral point clamped，NPC）变换器拓扑结构，这是最早出现的多电平拓扑结构。P.M.Bhagwat 等人于 1983 年以二极管钳位三电平拓扑结构为基础，通过对电路结构进行深一步研究，提出了统一结构的二极管钳位多电平拓扑结构，使二极管钳位型变换器扩展到任意电平数。二极管钳位型多电平变换器拓扑结构如图 3-8 所示。这是一个五电平变换器，每相桥臂由 8 个 IGBT 开关器件串联构成，每 4 个 IGBT 开关器件同时处于导通或者关断状态。例如 A 相，（Sa1，Sa2）、（Sa2，Sa6）、（Sa3，Sa7）、（Sa4，Sa8）为工作状态互补的开关对，在一个导通的同时，另一个关断；反之亦然。根据各个开关状态的不同组合，

可以满足输出五种电平电压的要求。VD1、VD1′、VD2、VD2′、VD3、VD3′为钳位二极管。四个分压电容串联，且分压电容容值 $C_1=C_2=C_3=C_4$，因此 $U_{C1}=U_{C2}=U_{C3}=U_{C4}=U_{dc}/4$，每个电容只承受 1/4 的直流母线电压。

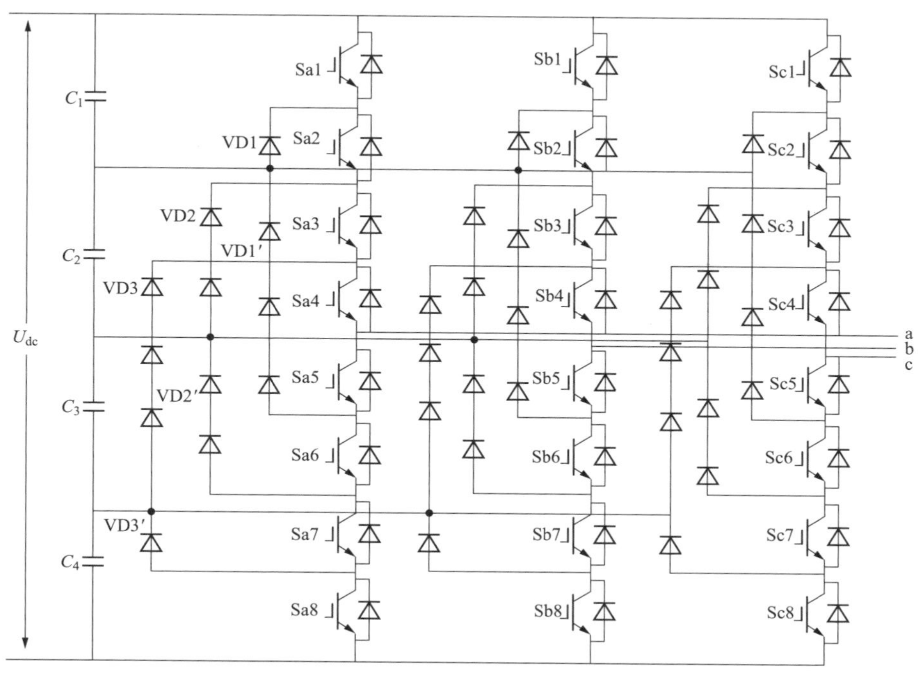

图 3-8 二极管钳位型多电平变换器拓扑结构

这种二极管钳位型结构变换器的主要优点是：有效地解决了 IGBT 功率开关器件串联均压的难题；降低了每个 IGBT 功率开关器件所承受的电压；省去了多重化变压器，减小了装置的体积，降低了生产成本；能够控制功率的双向流动；功率因数控制简单；通过采用不同的调制策略，能够降低功率器件的开关频率，减小开关损耗，提高工作效率；同时，随着电平数的增加，输出的谐波含量越少，电压 THD（总谐波失真）越小。因此，受到了世界各国学者、研究人员和工业界的广泛关注。

但是，由数学拓扑关系可知，对于输出 n 电平电压的这种拓扑结构，每个桥臂需要（n−1）个分压电容、2（n−1）个 IGBT 功率开关器件和（n−1）（n−2）个钳位二极管。随着 n 的增加，装置所需的二极管数量也将极大地增加，使控制更加复杂，给实际工程应用也增加了很大的难度。同时，当变换器工作在 PWM 方式时，钳位二极管的反向恢复问题也变得更加的突出；当变换器进行有功功率传输时，由于直流侧各个电容的充放电时间不同，会导致直流侧电容电压不平衡，使得输出电压 THD 变大，严重时会损坏装置，这是二极管钳

位型拓扑结构的关键问题。为了解决直流侧电容电压平衡的问题，各国学者在控制方法上做了大量的研究工作。根据一对冗余开关状态矢量在输出相同电压的同时，流过中性点的电流方向却是相反的这一特点，通过调节各个电容的充放电时间，可以达到理想的直流侧电容电压平衡的效果。

（2）飞跨电容型多电平变换器。为了解决二极管钳位型多电平变换器拓扑结构中，钳位二极管数量过多的问题，1992 年在第 23 届 IEEE PESC 国际会议上，法国学者 T.A. Meynard 和 H.Foch 首次提出飞跨电容型多电平换流器的拓扑结构。飞跨电容型多电平变换器拓扑结构如图 3-9 所示。这是一个五电平变换器，每相桥臂仍然由 8 个 IGBT 开关器件串联构成，每 4 个 IGBT 开关器件同时处于导通或者关断状态。例如 A 相，所有开关为工作状态互补的开关对，在一个导通的同时，另一个关断；反之亦然，根据各个开关状态的不同组合，可以满足输出五种电平电压的要求。四个分压电容串联，且分压电容容值相同，每个电容只承受 1/4 的直流母线电压。各钳位电容容值和电压相等。此电路采用的是跨接在 IGBT 开关器件之间的电容进行钳位，因此电路输出电压的合成较为灵活，可由多种不同的开关组合得到相同的输出电压。

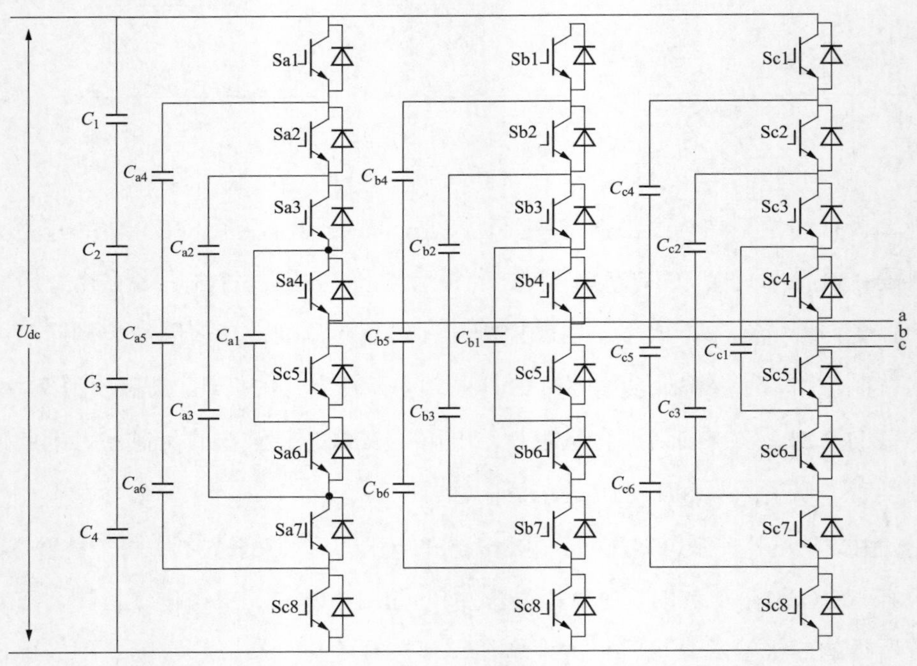

图 3-9　飞跨电容型多电平变换器拓扑结构

这种飞跨电容型结构变换器的主要优点是：电平数易扩展，开关状态选择灵活，这种灵活性也为飞跨电容型变换器的容错控制及直流侧电容电压平衡控制提供了方便；省

去了多重化变压器，减小了装置的体积，降低了生产成本；能够控制功率的双向流动；功率因数控制简单；通过采用不同的调制策略，能够降低功率器件的开关频率，减小开关损耗，提高工作效率；同时，随着电平数的增加，输出的谐波含量越少，电压 THD 越小。

相比于二极管钳位型结构变换器，飞跨电容型结构变换器节省了大量的钳位二极管，进而消除了由钳位二极管引起的反向电压恢复问题。然而，飞跨电容型结构在节省钳位二极管数量的同时，却增加了大量的钳位电容，由数学拓扑关系可知，对于输出 n 电平电压的这种拓扑结构，每个桥臂需要 2（n−1）个 IGBT 功率开关器件、（n−1）个分压电容和（n−1）（n−2）/2 个钳位电容。过多的电容会带来装置的体积增大、生产成本增加和封装困难等问题；而且每个电容都需要额外的预充电电路，增加了装置的控制难度。为了减少钳位电容的数量，Xiaomin Kou 等人通过改变钳位电容的电压比，使一种开关状态只对应一种电平，提出全二进制组合变换器结构，但这种情况下，开关状态没有冗余，使得直流侧电容电压平衡的难度加大。

（3）级联 H 桥多电平变换器。早在 1975 年，R.H.Baker 等人就对级联 H 桥多电平变换器（cascaded h-bridge multilevel converter，CHB）这种新型拓扑结构申请了专利，但随后，这种新型拓扑结构的优点并没有引起社会上足够的重视；直到 1988 年，在 PESC 国际会议上，M. Marchesoni 等人才首次在实际应用中采用这种结构，用以实现等离子体的稳定性要求；到了 1996 年，美国田纳西大学的 F.Z.Peng 等人才完整地将级联 H 桥多电平变换器拓扑结构提出来，并首次将该电路结构用于静止同步补偿器（STATCOM）中，同时验证了级联 H 桥 STATCOM 的工作原理和控制方法。级联 H 桥多电平变换器拓扑结构如图 3-10 所示。每相桥臂由多个 H 桥功率单元串联而成，每个功率单元的直流侧电容悬浮，且每个电容的电压相同，在 PWM 控制方式下，每个功率单元可输出三个电平的电压，即$+U_{dc}$、0 和$-U_{dc}$。当每一相中有 n 功率单元时，采用载波相移调制方法使每个 H 桥功率单元的输出电压相互移相一个角度后再进行叠加，使之形成 $2n+1$ 电平的阶梯波电压，H 桥单元数量 n 越大，阶梯波电压越接近正弦波电压。此外，除了图 3-10 所示的星形接法，还有三角形接法。

与二极管钳位型多电平变换器和飞跨电容型多电平变换器相比，级联 H 桥多电平变换器减少了大量的钳位二极管和钳位电容，简化了电路结构，由于没有了钳位器件的限制，更易通过级联方式增加电平数，实现中高压和大功率输出；而且模块化结构易于实现单元模块冗余，大大提高了装置的可靠性和容错性。

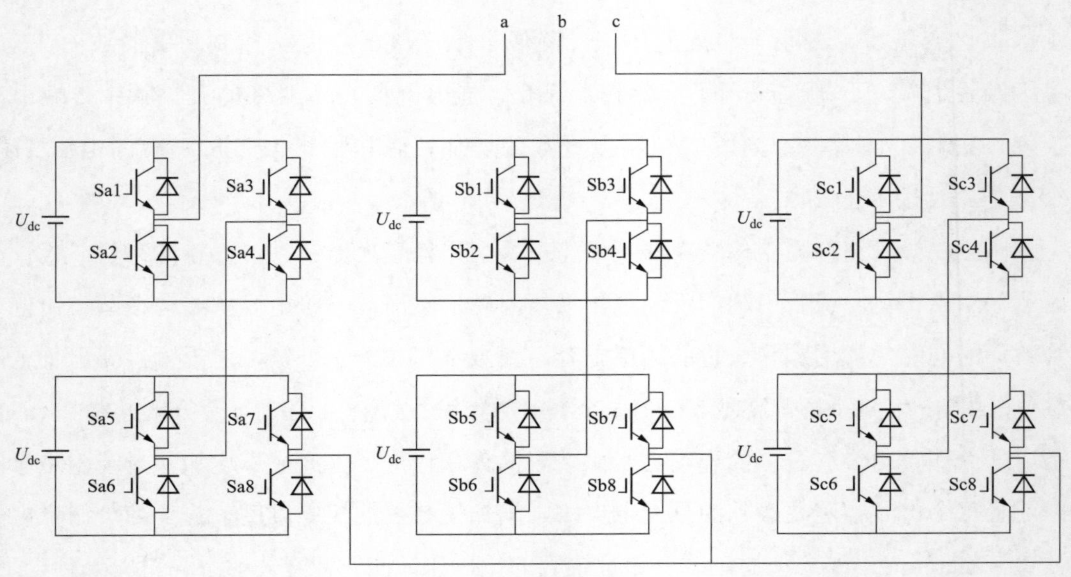

图 3-10　级联 H 桥多电平变换器拓扑结构

（4）模块化多电平变换器。2002 年，德国慕尼黑联邦国防军大学的研究人员，首次提出模块化多电平变换器（MMC）这一新型电路拓扑结构；2004 年，该大学的电力电子实验室成功研制 17 电平 2MW 的工业样机。图 3-11 为模块化多电平变换器拓扑结构。其中，图 3-11（a）为主电路拓扑，每相由上下两个桥臂组成，每个桥臂又由相同数量的子模块串联而成，子模块的结构如图 3-11（b）所示。该子模块为一个半桥型子模块，每个子模块

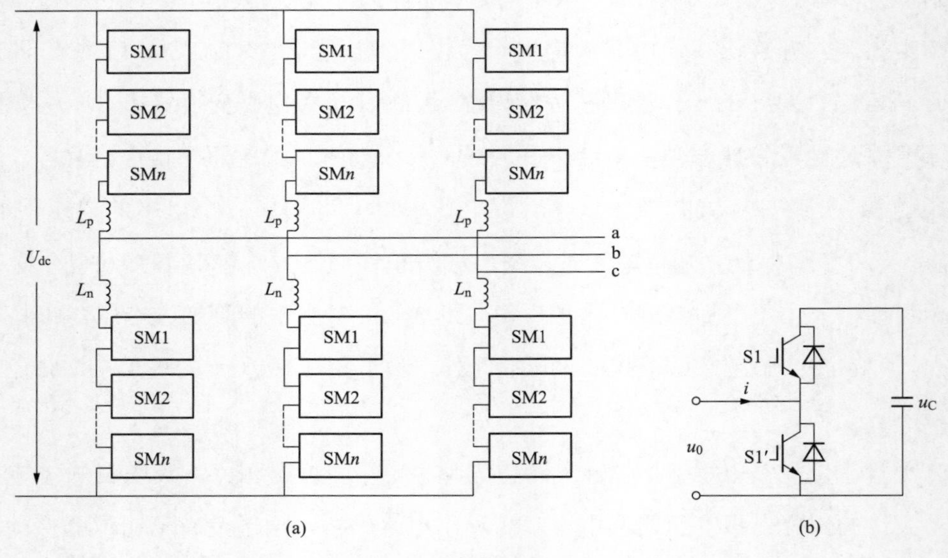

图 3-11　模块化多电平变换器拓扑结构

（a）MMC 主电路拓扑；（b）半桥型子模块

中，包含两个 IGBT 功率开关器件和一个悬浮直流电容，u_c 为子模块的输出电压，通过控制两个 IGBT 功率开关器件的开关状态，可以使输出电压在 0 和 U_0 之间切换。在每一相中，每个子模块的输出电压经过叠加，形成 n+1 电平的阶梯波电压，子模块的数量 n 越大，阶梯波电压越接近正弦波电压。

这种模块化多电平变换器的主要优点是：电平数容易扩展，且随着电平数的增加，变流器输出电压的谐波含量降低，电压的 THD 变小；子模块电路拓扑结构简单、规格相同，更容易实现子模块的相互级联，易向更高功率、高电压扩展；每个子模块的工作地位相同，存在多种冗余状态，提高了装置的容错能力；采用适当的调制策略，可以使较低的开关频率等效为较高的开关频率，降低了开关损耗，提高了装置的工作效率；另外，由于 MMC 具有公共的直流母线，因此可在整流和逆变两种状态下运行。

基于上述优点，MMC 被首次提出后，就受到了世界各国学者、研究人员和工业界的广泛关注。尤其在高压直流输电领域，被认为是最具潜力的拓扑结构。

2．直流输出级 DC/DC 变换器拓扑

根据直流输出级的功能需求，直流输出级 DC/DC 变换器分为隔离型和非隔离型变换器，用于提供中/低压直流输出端口，并能够实现能量的双向传输。而隔离型变换器还用于实现高压隔离。已发表的业界研究成果表明，双向 DC/DC 变换器（bidirectional DC/DC converter，BDC）的种类繁多，若按有无隔离功能分类可分为非隔离型和隔离型两类，非隔离型 BDC 有双向 Buck /Boost、双向 Buck-Boost、双向 Cuk 和双向 Zeta-Sepic 变换器。隔离型 BDC 又可按传统隔离型和输入端电路类型分类，按传统隔离型分类的 BDC 有双向反激、双向正激、双向推挽、双向半桥和双向全桥变换器五种类型；按输入端电路类型分类有电压源型和电流源型 BDC。若按基本单元拓展分类，相对应的拓扑结构有串联型、并联型、组合型和复合型 BDC，BDC 拓扑结构分类示意图如图 3-12 所示。

（1）非隔离型双向 DC/DC 变换器。

1）双向 Buck/Boost 变换器。双向 Buck/Boost 变换器是在单向 Buck 或 Boost 变换器基础上构成的，即在原功率管和二极管两端反并联一个二极管和一个功率管，如图 3-13 所示，它有三种工作模式，即 Boost 模式、Buck 模式、交替工作模式。

双向 Buck/Boost 变换器拓扑结构和控制策略相对简单，所需器件少，转换效率高，研究人员也已通过实验验证了该变换器具有较高的转换效率，Boost 模式下转换效率可达 90%，Buck 模式下可达 94%。但由于变换器固有结构限制，输入、输出电压转换比较小，因此，只适用于小功率、无须电气隔离的场合。

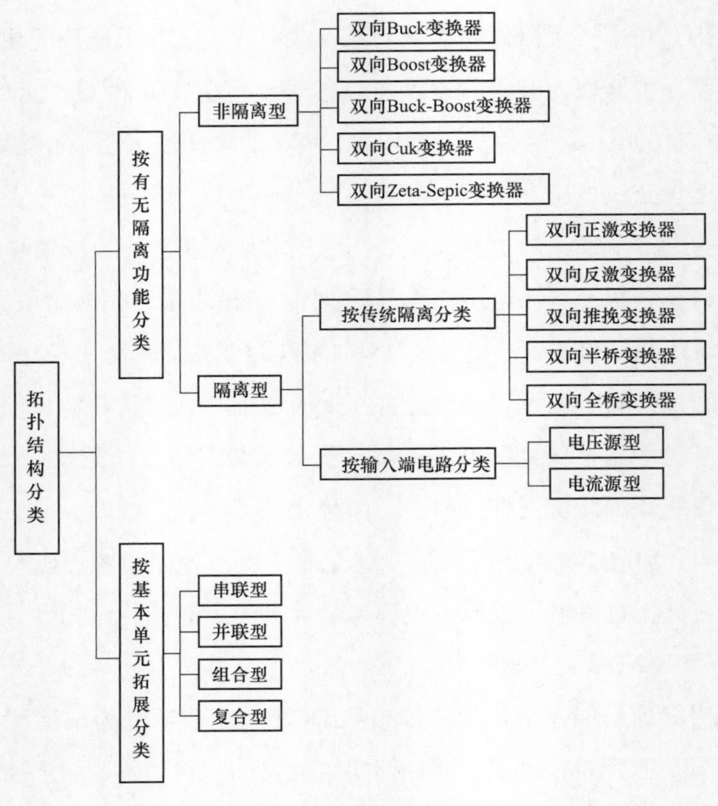

图 3-12　BDC 拓扑结构分类示意图

2）双向 Buck-Boost 变换器。双向 Buck-Boost 变换器是在单向 Buck-Boost 变换器原功率管上反并联一个二极管、原二极管上反并联一个功率管后构成的，拓扑结构如图 3-14 所示，它也有三种工作模式，若规定电流从 U_1 侧流向 U_2 侧是正向传输模式，则电感电流始终为正，反之为反向传输模式，为了保证电流的双向传输，S1 和 S2 不能同时导通，还有一种是交替工作模式，在一个周期内电流交替地在 U_1 和 U_2 之间流动，此时的开关模态与双向 Buck/Boost 变换器相同，平均能量传输方向取决于 i_L 的平均值，当 i_L 的平均值为正时，为正向传输，反之为反向传输。

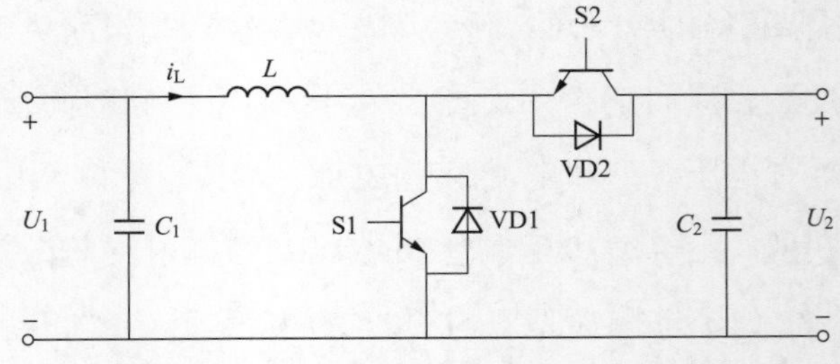

图 3-13　双向 Buck-Boost 变换器拓扑结构

与双向 Buck/Boost 变换器相比，双向 Buck-Boost 变换器在同一传输方向中既能实现升压也能实现降压，调压范围较宽，拓扑结构简单，控制与驱动电路易于设计，适用于小

功率场合。若应用在电动车电机驱动系统中，因其调压范围宽，当电源端电压大范围波动时，能保持输出端电压为最高电压，有利于保证电动汽车的动力性能，具有平衡电压的作用。

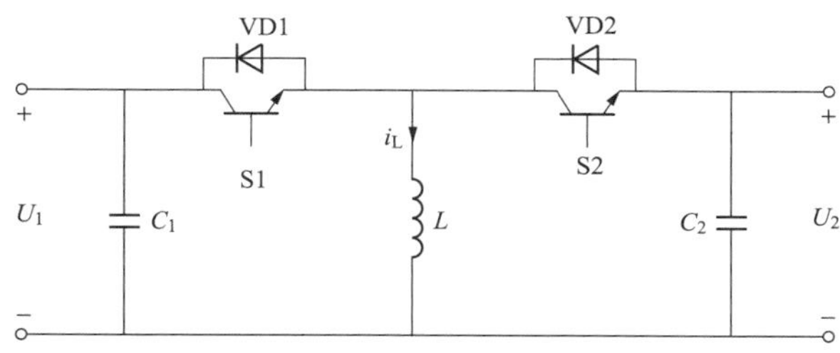

图 3-14 双向 Buck-Boost 变换器拓扑结构

3）双向 Cuk 变换器。双向 Cuk 变换器是在单向 Cuk 变换器原功率管 S1 上反并联一个二极管 VD1、原二极管 VD2 上反并联一个功率管 S2 后构成的，其拓扑结构如图 3-15 所示，它也有三种工作模式，即正向传输模式、反向传输模式和交替工作模式。交替工作模式时，在一个开关周期内，功率管和二极管依次流过电流，平均能量传输方向取决于 i_{L1} 和 i_{L2} 的平均值，若平均值为正，则传输方向是从 U_1 侧到 U_2 侧；若平均值为负，则传输方向相反。

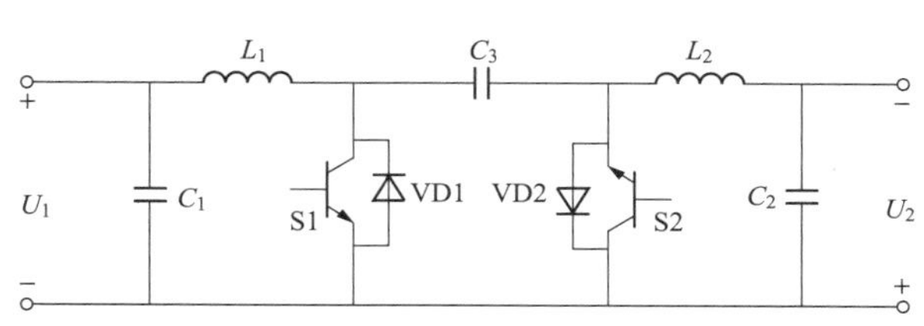

图 3-15 双向 Cuk 变换器拓扑结构

双向 Cuk 变换器的输入和输出端均有电感元件，能减小电流纹波，但其拓扑结构中没有前向通路，能量只能先通过电容 C_3 再传输到负载，因此增加了电路的复杂程度，能量传输效率低，不宜在大功率场合应用。

4）双向 Zeta-Sepic 变换器。Zeta、Sepic 变换器输入与输出的极性相同，由于 Zeta 构成 BDC 的拓扑结构与 Sepic 构成的 BDC 完全相同，故称为双向 Zeta-Sepic 变换器，其拓扑结构如图 3-16 所示，正向传输时等同于 Zeta 变换器，反向传输时等同于 Sepic 变换器，与双向 Cuk 变换器一样，在交替工作模式中，能量传输方向由两个电感的平均电流决定。双向 Zeta-Sepic 变换器拓扑结构相对复杂，能量传输效率较低，适用于小功率场合。

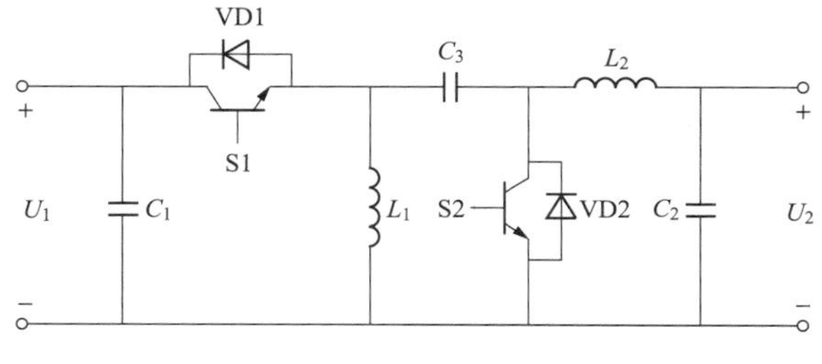

图 3-16 双向 Zeta-Sepic 变换器拓扑结构

（2）隔离型双向 DC/DC 变换器。

1）双向正激变换器。双向正激变换器是在单向正激变换器一次侧功率管两端并联二极管、二次侧两个二极管两端分别并联功率管后构成的，拓扑结构如图 3-17 所示，可工作在正向传输、反向传输和交替传输模式，在该拓扑结构中，S1、S2 及 S3 均工作在 PWM 控制模式下，S1、S2 同时导通和关断，并与 S3 互补工作。在单向正激变换器中，电流可工作在连续或断续状态下，而在双向正激变换器中，电流下降到零后便会形成反向电流，因此在交替工作模式中不存在电流断续工作状态。双向正激变换器工作原理简单，其控制和驱动电路易于设计，适用于中小功率场合，但所用的变压器处于单向励磁状态，利用率较低。

2）双向反激变换器。双向反激变换器是在单向反激变换器一次侧功率管上反并联一个二极管、二次侧二极管上反并联一个功率管后构成的，拓扑结构如图 3-18 所示，可工作在正向传输、反向传输和交替传输模式，同双向正激变换器一样，在交替模式下也不存在电流断续模式。

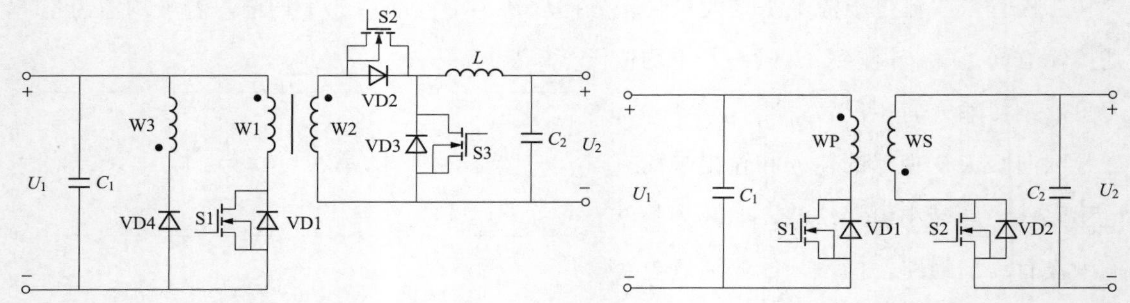

图 3-17　双向正激变换器拓扑结构　　　　图 3-18　双向反激变换器拓扑结构

双向反激变换器具有电气隔离、拓扑结构简单、成本低、双向传输等优点，适合于小功率场合，但相比于双向正激变换器，其变压器既要储能，又要实现电气隔离，因此功率器件可能承受较大的电压、电流应力，且变压器漏感上的能量不能通过线圈传输到二次侧，这些能量产生的电流会与功率管电容发生谐振，产生电压尖刺，可能会击穿功率管。

3）双向推挽变换器。在单向推挽变换器二次侧二极管两端分别反并联功率管就构成图 3-19 所示的双向推挽变换器，它能实现能量的双向传输和电感电流的交替工作。双向推挽变换器的变压器也存在漏感，功率管承受较大的电压和电流应力，不适用在环境恶劣的高压场所，但其功率等级比双向反激变换器高一些。

4）双向半桥变换器。在半桥变换器二次侧两个二极管上分别反并联功率管就构成了双向半桥变换器，拓扑结构如图 3-20 所示，也有三种工作模式，功率管均工作在 PWM 控制模式下，并采用移相控制 S1、S2 和 S3、S4 的驱动信号互补并留有死区时间，在一个周期内，双向半桥变换器共有 12 个工作模态。由于交替工作模式控制复杂，因此在实际场合中不常应用此工作模式。

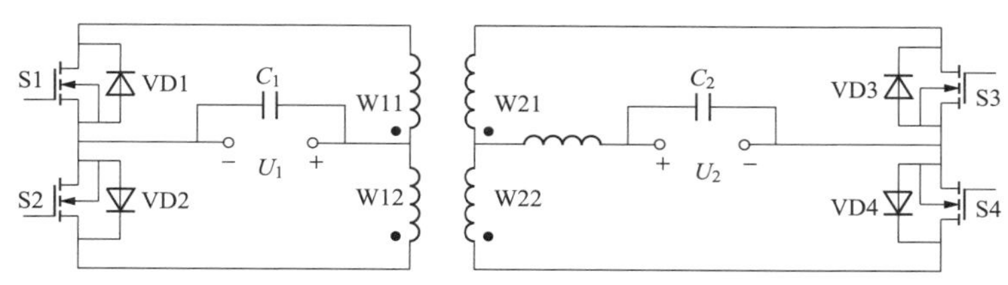

图 3-19　双向推挽变换器拓扑结构

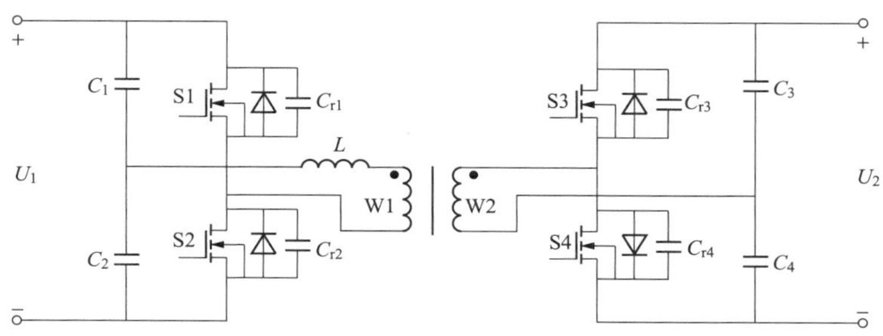

图 3-20　双向半桥变换器拓扑结构

双向半桥变换器拓扑结构简单，所需元器件较少，适用于中小功率场合，并能通过移相控制在不需要辅助元器件的情况下，实现所有开关器件的零电压开通，在一定程度上减少了开关损耗，但该拓扑所用的变压器处于单向励磁状态，变压器利用率较低，由于变换器是在移相控制模式下，因此不适用于调压范围较大的应用场合。

5）双向全桥变换器。在单向全桥变换器二次侧四个二极管上反并联四个功率管就构成了双向全桥变换器，拓扑结构如图 3-21 所示。与双向半桥变换器相比，双向全桥变换器结构复杂，所需器件较多，增加了产品的体积和设计成本，但功率器件的电压、电流应力较小，适用于功率等级较高的场合，若在双向全桥变换电路中加入钳位电路，则可保证功率管全部工作在软开关状态。

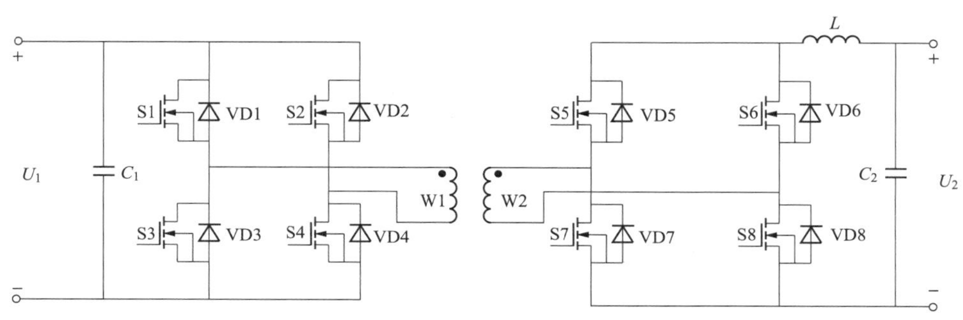

图 3-21　双向全桥变换器拓扑结构

6）电压源型 BDC。电压源型 BDC 通用结构如图 3-22 所示，在变压器两端各有一高频整流/逆变单元，以实现能量双向传输。

由于电压源型 BDC 的输入端不存在电感结构而只有储能电容，故不适用于输入端需较小电流纹波的场合，而适用于输入端需较小电压纹波的场合。常见的电压源型 BDC 为双向全桥变换器。

7）电流源型 BDC。电流源型 BDC 通用结构如图 3-23 所示，其输入端有电感元件，能够对输入电流进行滤波，适用于输入端电流纹波要求较高的场合。

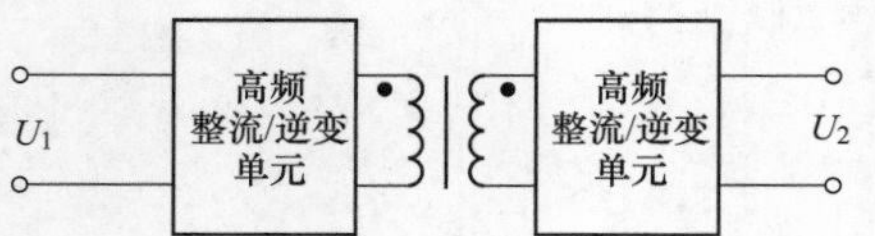

图 3-22　电压源型 BDC 通用结构

图 3-23　电流源型 BDC 通用结构

较为常见的电流源型 BDC 如图 3-24 所示，该拓扑结构一次侧为电流源型推挽电路，二次侧为半桥电路，常应用在中、小功率级的场合，其控制方法成熟、稳定性高，但推挽电路对变压器的设计制造工艺有着较高的要求，所以这种拓扑结构的设计也存在一定的难度。

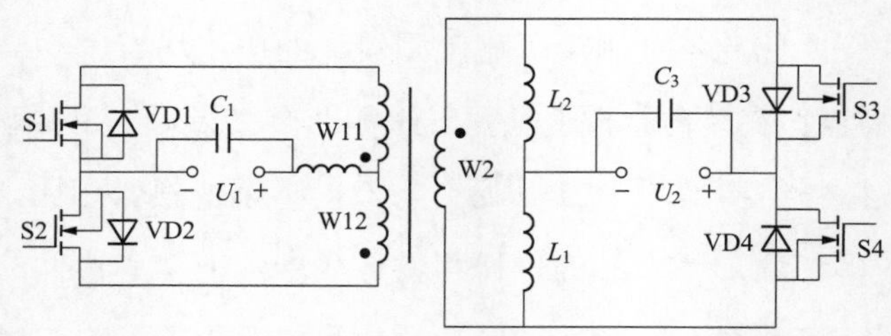

图 3-24　一次侧推挽，二次侧半桥式拓扑结构

8）移相式全桥变换器（又称移相式 DAB 变换器）。移相式 DAB 变换器最早被提出应用于航空电源领域，其基本拓扑结构如图 3-25 所示，主要由输入全桥变换器和输出全桥变换器及中高频变压器组成。

移相式 DAB 变换器由于具备电气隔离、功率双向流动、开关器件 ZVS 开通和功率密度高等优点，在电力电子变压器、直流微电网、电池充电、可再生能源发电等领域受到广泛关注。移相式 DAB 变换器的基本控制方法为单移相（SPS）控制，通过控制变压器一、二次侧的全桥变换器产生的方波电压（U_1 和 U_2）并改变这两个方波电压之间的移相角 φ 的大小和方向，来改变传输功率的大小和流向。SPS 控制法较为简单，易于实现，且传输

功率较大，但传统移相控制方法中，主要通过变压器漏感（或少量串联电感）传递能量，在输入、输出电压幅值不匹配时，变换器的功率环流和电流应力会大大增加，进而也增大了功率器件、磁性元件的损耗，降低了变换器效率。对此，许多学者致力于研究如何改善移相式 DAB 变换器的上述问题。

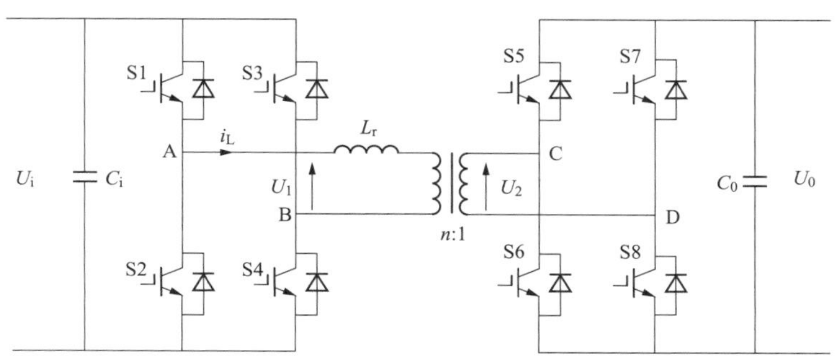

图 3-25　移相式 DAB 变换器拓扑结构

对于应用于电力电子变压器中的移相式 DAB 变换器，不但应对其性能优化展开研究，还需要考虑各功率单元的参数差异造成的各单元的功率均衡问题，避免造成其中某些单元承受较大的电压、电流应力，不利于系统的安全可靠运行。

9）谐振式全桥变换器。谐振式 DAB 变换器是另一类隔离型 DC/DC 变换器，其具备软开关、能量双向流动、高效率、高功率密度等优点，其作为电力电子变压器的隔离级 DC/DC 变换器将使系统的效率得到进一步优化。谐振式 DAB 变换器的拓扑结构如图 3-26 所示，它由输入全桥变换器、谐振网络（由 L_r、L_m 和 C_r 构成）、中高频变压器和输出全桥变换器组成。谐振式 DAB 变换器的基本工作原理是：输入全桥变换器采用 50%占空比的驱动信号进行控制，产生一个方波电压；输出全桥变换器进行不控整流，可以实现变压器一次侧开关器件的 ZVS 和二次侧开关器件的 ZCS，有效降低了开关损耗。

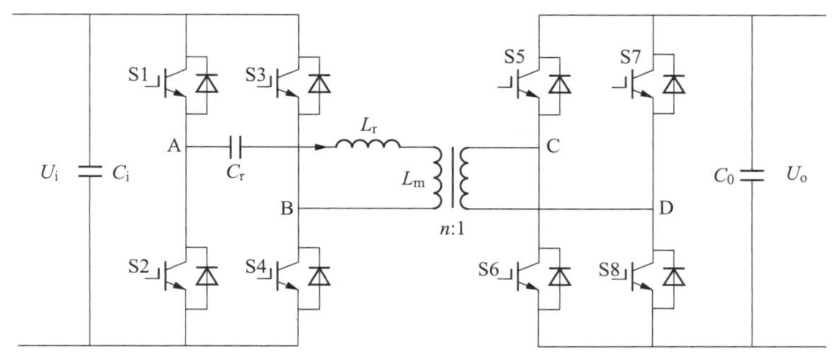

图 3-26　谐振式 DAB 变换器拓扑结构

目前对于LLC谐振变换器的研究主要集中在参数优化选择、变换器的启机过程及拓扑改进以实现功率双向流动等方面。对于LLC谐振变换器的参数设计，通常根据变换器的输入、输出电压及功率范围等讨论变换器的增益特性，采用基波近似法推导出变换器的增益特性曲线，然后进行合理的参数设计以满足设计目标。这种方法是将方波电压的基波分量进行近似替代来获得电压增益的表达式，其在实际应用中可能会引起较大误差。

常规的谐振式DAB变换器只能进行能量单向传递，而在电力电子变压器的应用中需要研究谐振式DAB变换器的能量双向流动控制策略及拓扑改进。于是国内外研究者提出了完全对称的双向LLC谐振型拓扑，即新型的双向CLLC谐振网络，如图3-27所示。

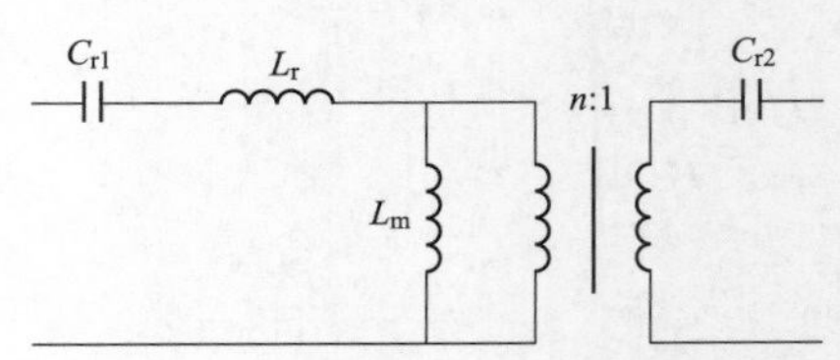

图3-27　双向CLLC谐振网络

双向谐振式DAB变换器的工作原理是正向和反向工作时构成两个不同的谐振网络，逆变桥采用变频控制，整流桥采用同步等宽整流控制，能实现逆变桥开关管的ZVS和整流桥开关管的ZCS。但二次侧谐振电容的增加使得变换器的工作特性被改变，在变换器的感性工作区出现了两个峰值增益点，因此变换器在变频运行时可能进入正反馈。目前关于双向谐振式DAB变换器拓扑的改进有：通过增加辅助电感或电容以使变换器反向工作时也具有良好的增益特性和软开关特性，但辅助电感和电容的增加不仅会增加成本和设计难度，还会改变变换器的工作特性。

对应用于电力电子变压器的谐振式DAB变换器，同样由于多功率单元可能存在的参数差异，会造成各变换器的功率不均衡。对于应用LLC谐振变换器的电力电子变压器，目前对其功率平衡控制的研究较少。采用两级控制方法，即前级高压侧变换器实现中间直流侧电压、隔离级DC/DC变换器实现均流控制，可实现电力电子变压器的功率平衡。这种方法存在输入电流品质下降的弊端，有必要研究新的功率平衡控制策略以保证系统的安全可靠运行。

（3）基本单元拓展构成的拓扑结构。

1）串联型BDC。串联型拓扑结构是由多个基本变换单元串联组成的，其通用表现形式如图3-28所示，它能够解决传统BDC普遍存在的开关管应力大和开关损耗严重等问题，适合在大功率、高增益场合。

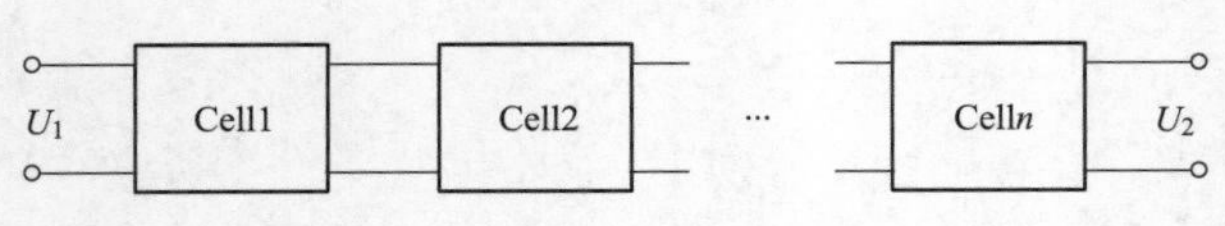

图3-28　串联型拓扑结构通用表现形式

具有代表性的拓扑结构为图3-29所示的正极性输出双向Buck-Boost变换器，也称串联型双向Buck-Boost变换器。相比于双向 Buck-Boost 变换器，串联型双向 Buck-Boost 变换器输入、输出为同极性，更适用于电动车电机驱动系统，但它使用的开关和二极管器件较多，且升压模式下必须同时导通两个功率管，功率管不能工作在软开关模式下，开关通态损耗较大。

2）并联型 BDC。并联型拓扑结构是由多个基本变换单元并联组成的，其通用表现形式如图 3-30 所示，这种结构的功率等级较高，但随着并联单元数量的增多，设计成本及体积也会随之增加，控制方法也会越来越困难。

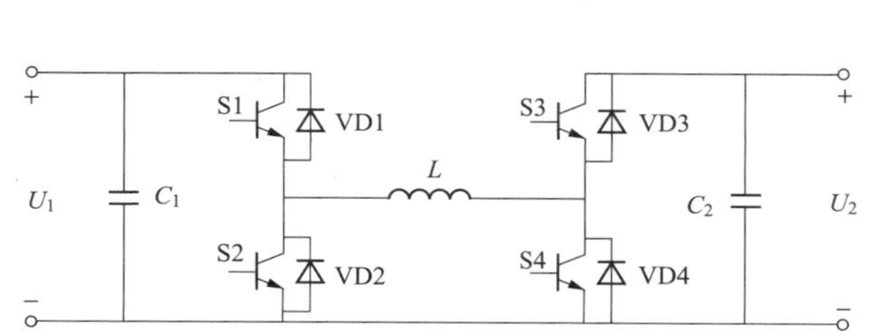

图 3-29 串联型双向 Buck-Boost 变换器

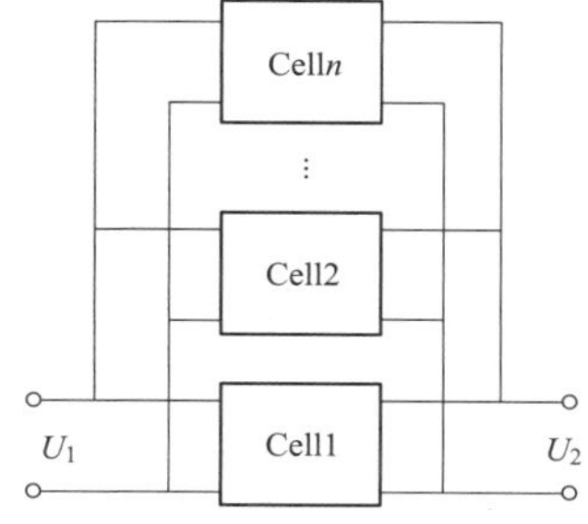

图 3-30 并联型拓扑结构通用表现形式

具有代表性的拓扑结构为图 3-31 所示的非隔离型三相双向 Buck/Boost 变换器拓扑结构，它由相移为 120°的三个单相双向 Buck/Boost 变换器并联组成，该拓扑结构采用了多重化技术，降低了输出电流纹波，减少了电路器件的电流应力，其功率等级可达到几十千瓦，甚至上百千瓦。

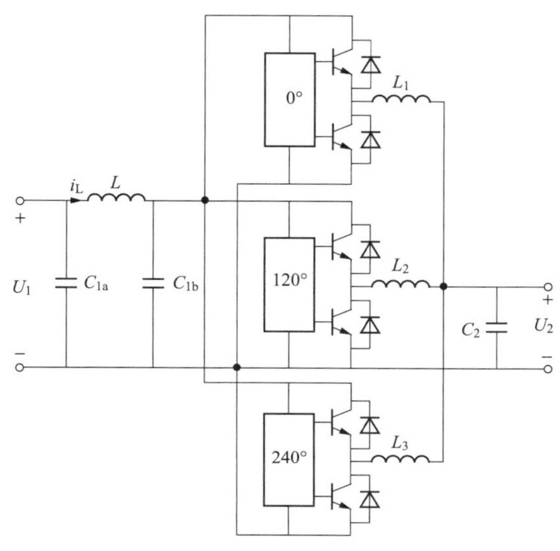

图 3-31 三相双向 Buck/Boost 变换器拓扑结构

3）组合型 BDC。组合型拓扑结构通用表现形式如图 3-32 所示，其中 Cell1 为非隔离型 BDC，Cell2 和 Cell3 组合为隔离型 BDC。

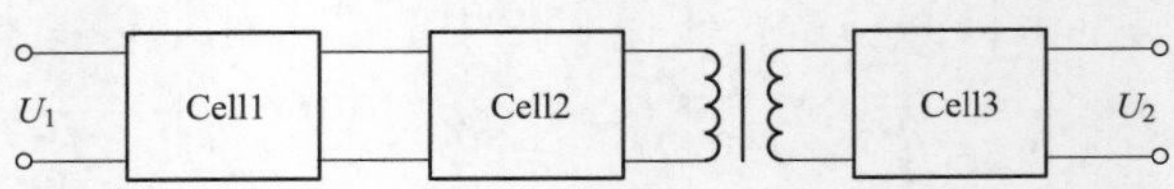

图 3-32　组合型拓扑结构通用表现形式

在非隔离型 BDC 中，由于 Buck-Boost 的电感在两个功率管中间，其输入、输出电流纹波较大，不适用于组合型拓扑结构；双向 Cuk 变换器的输入和输出均为电流源型，电流纹波较小，适用于组合型拓扑结构。双向 Cuk 和双向半桥变换器可组成为图 3-33 所示的组合型 BDC，它能减小功率器件的电压、电流应力，同时也可降低变换器的损耗，提高输入、输出变换比和转换效率，具有更好的工作特性，适用于大功率场合。

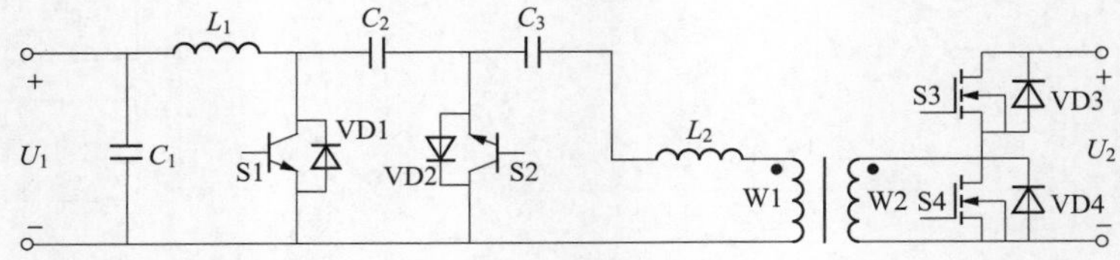

图 3-33　组合型 BDC

4）复合型 BDC。复合型 BDC 能将不同等级的输入源接入到同一条直流母线上，其通用表现形式如图 3-34 所示，该结构可提高输入、输出电压变换比，但控制方法是这一类型拓扑结构的难点。

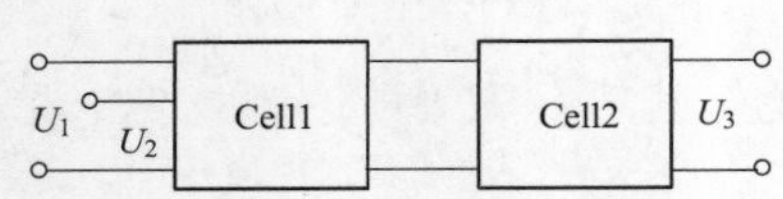

图 3-34　复合型拓扑结构通用表现形式

一种常见的复合型 BDC 拓扑结构如图 3-35 所示，它是基于双向半桥拓扑的隔离型多输入 BDC，其中 L_1 为变压器漏感，U_1 和 U_2 为两个电压等级的输入源，U_1 可通过双向 Buck/Boost 电路对 U_2 进行充、放电，能量也可通过变压器进行双向传输，其优点为输入端可以接入电压脉动较小的燃料电池或蓄电池，并能实现软开关技术等。

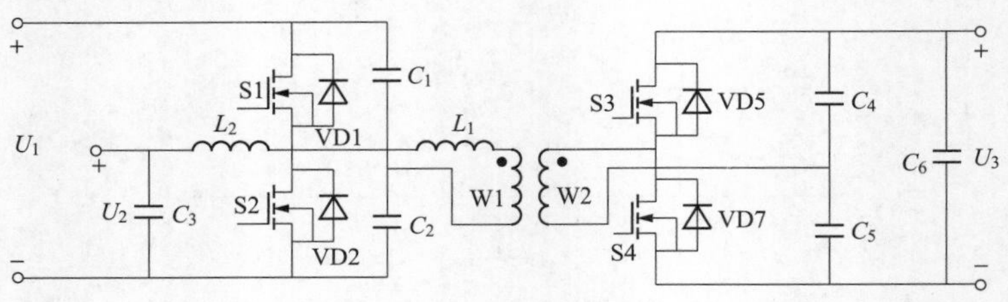

图 3-35　多输入复合型 BDC 拓扑结构

3．低压交流输出级 DC/AC 变换器拓扑

根据低压交流输出级的功能需求，低压交流输出级 DC/AC 变换器用于连接低压配电

网或直接给低压交流负载供电。当连接低压配电网时，该 DC/AC 变换器应具备离网运行和并网运行两种模式相互切换的功能。目前，应用较为广泛的有传统三相全桥型双向变换器、双向 DC/AC 矩阵式变换器、双向 Z 源变换器。

（1）传统三相全桥型双向变换器。传统三相全桥型双向变换器由于技术成熟、控制易于实现、设备稳定可靠，已经在实际工程中得到了大量的应用，所以也非常适用于电力电子变压器的低压交流输出级的功能需求。该全桥型拓扑结构工作在逆变模式时，通常采用单极性控制实现全桥逆变，单极性调制桥臂输出为三态电平变化使谐波含量小、波形质量提高、滤波器体积减小。全桥型拓扑结构工作在整流模式时，为 PWM 整流器，相比传统整流桥结构，少一个二极管管压降，因此损耗降低。具体拓扑结构如图 3-36 所示。

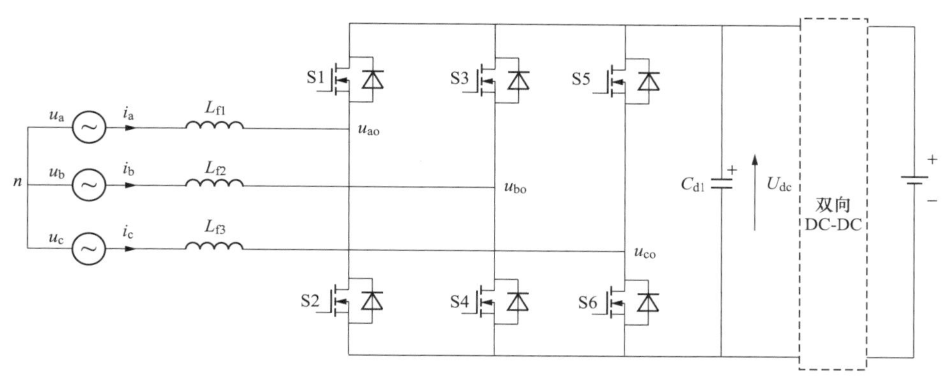

图 3-36 传统三相全桥型双向变换器拓扑结构

（2）双向 DC/AC 矩阵式变换器。除了传统三相全桥型双向变换器之外，研究人员对具有输出功率因数可控、正弦输入输出电流、四象限运行及无须储能大电容单元的矩阵式变换器进行了研究，双向 DC/AC 矩阵式变换器如图 3-37 所示。

传统三相全桥型双向变换器工作在逆变模式时为三相 Buck 型逆变器，交流侧电压只能降不能升；而矩阵式双向变换器工作在逆变模式时为三相 Boost 型逆变器，可实现交流侧升压。双向 DC/AC 矩阵式变换器相比传统三相全桥型双向变换器，主桥臂上的开关管数量增加一倍，控制相对复杂，所以双向 DC/AC 矩阵式变换器的研究工作主要是针对其控制策略开展。

（3）双向 Z 源变换器。为解决传统桥式逆变器同一桥臂开关管的直通隐患问题，提高变换器的可靠性，解决传统电压型、电流型逆变器存在的不足和局限性，可采用 Z 源逆变器，其拓扑结构如图 3-38 所示。

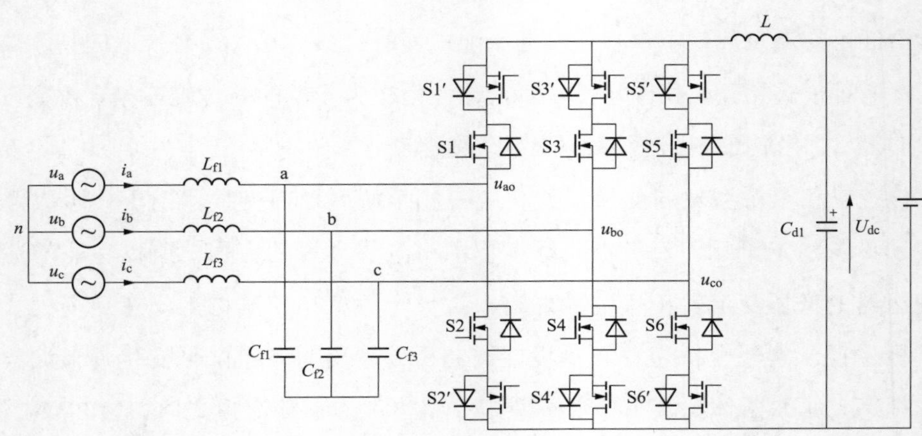

图 3-37　双向 DC/AC 矩阵式变换器拓扑结构

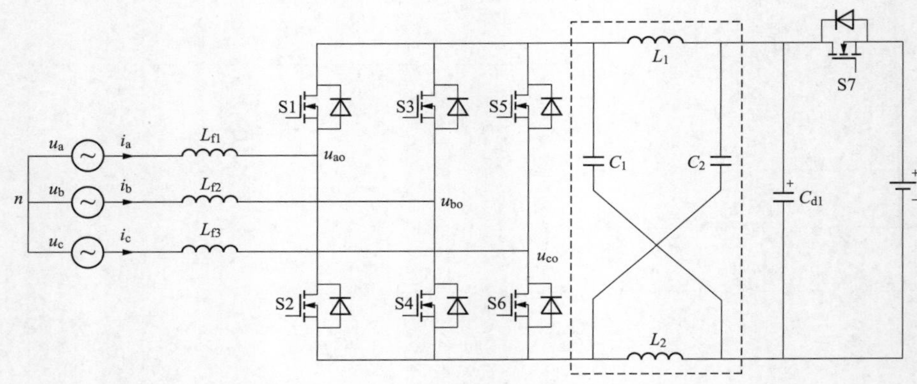

图 3-38　双向 Z 源变换器拓扑结构

Z 源逆变器具备升降压功能，可适应输入直流电压大范围变化，允许同一桥臂直通工作，大大提高了逆变器的可靠性。Z 源网络与单相逆变器结合构成单相 Z 源逆变器，双向功率流的 Z 源变换器不但能够实现逆变电压的升降，而且有效提高了传统全桥型双向变流器的可靠性，无死区时间设定改善了变换器输出波形质量。但该变换器需增加 Z 源网络，变换器的无源器件使用数量增加、体积增大，且变换器存在附加的 Z 源网络损耗。

3.3　电力电子变压器优化设计

电力电子变压器的运行效率是影响交直流混联配电系统中综合能源利用效率的重要技术指标，对电力电子变压器在电网中推广应用具有重要意义，本节重点围绕电力电子变压器的运行效率指标，从电力电子变压器的电路拓扑优化设计、高效率运行控制方面开展研究工作，形成电力电子变压器高效率优化设计方法，对大功率电力电子变压器在交直流混

联配电系统中应用提供理论基础与实践指导。

结合所提出的多端口电力电子变压器拓扑，考虑到系统主要由级联H桥（cascaded H-bridge，CHB）型电力电子变压器主体（CHB和DAB构成）及由低压直流母线所扩展形成的DC-DC变换器和DC-AC变换器组成，需针对各环节运行损耗进行初步分析与计算，分析结果如图3-39所示，其中CHB变换器所占比重为30%，DAB变换器所占比重为50%，DC-DC变换器所占比重为10%，DC-AC变换器所占比重为10%，不难发现，DAB变换器在系统运行效率提升方面占据重要地位。

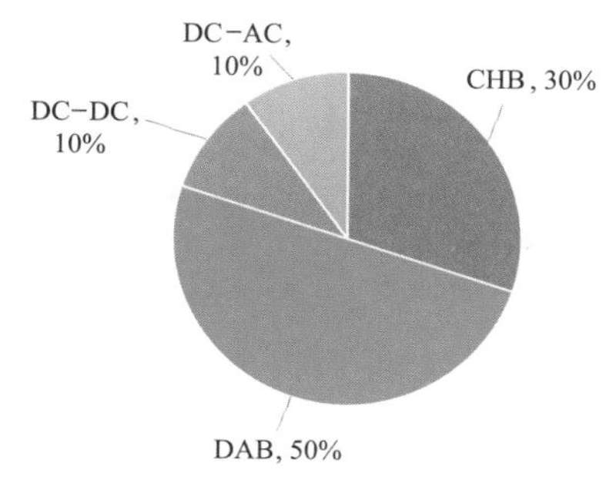

图3-39　满功率条件下四端口电力电子变压器各环节损耗比重

目前，成熟应用的高压大功率DAB可以分为移相型和谐振型两种。移相型DAB一般通过移相控制可实现部分功率器件的ZVS。移相控制方式通常包括单移相、双重移相和三重移相。单移相为传统的控制方式，使高低压侧H桥输出相位存有差别的方波电压，该种控制方式相对简单，输出电压可通过闭环控制实现恒定，但是，在该种控制方式下，开关器件无法实现全负载范围内的软开关，主要表现在轻载工作条件下，由于移相角度相对较小，一般较难实现ZVS。为减小单移相方式下DAB内部的无功环流，研究人员提出了双重移相和三重移相控制方式，通过增加H桥的可控自由度可减小无功环流，但该方式对触发脉冲精度要求较高，以20kHz控制方波为例，需要在半周期（25μs）内对触发脉冲宽度进行百纳秒级别调节，对控制保护系统提出了较高的要求。

谐振型DAB包括LC型、LLC型及CLLC型等不同类型的高频链滤波器，一般采用开环方式控制，容易实现宽载荷范围下的ZVS或ZCS运行，开关损耗低。但是，谐振型DAB应用于交流-直流变换型PET时，高频链交流电流应力相对增大，导通损耗较大。

不同类型DAB性能对比结果见表3-1。

表3-1　不同类型DAB性能对比结果

类型	移　相　式	谐　振　式
开关过程	部分工况ZVS，开关损耗大	全软开关，开关损耗小
导通过程	导通损耗相对较小	电流经过高频调制，导通损耗大

结合硅基功率半导体器件和宽禁带半导体器件的损耗特性，同时利用软开关技术进一步优化电力电子变压器损耗。以本电力电子变压器中使用的1200V/600A规格的Si-IGBT为例，选择FF600R12ME4（1200V/600A）IGBT和3只目前成熟商用的电流最大的SiC-MOSFET

产品 FF6MR12W2M1（1200V/200A，通态电阻 6mΩ）的损耗特性进行对比。

经过计算对比，在 150℃结温条件下，以 600V 电压、200A 电流工况计算其导通、单次开关损耗结果如下：

结合 Si-IGBT 和 SiC-Mosfet 损耗特性，以及移相型 DAB 和谐振型 DAB 的损耗特征，可以发现，移相型 DAB 使用 SiC-Mosfet 在效率方面能获得更大的效益，而谐振型 DAB 使用 SiC-Mosfet 器件在效率提升方面收益相对较弱。另外，由于 SiC 器件栅极氧化层的缺陷，可能会损坏 SiC Mosfet 器件，问题在于，到目前为止没有有效的手段检测发现这些缺陷，因为一定比例的器件一直存在潜在的“风险”，器件可能在使用很短时间后损坏。综合考虑经济性和可靠性，该项目采用成熟的 Si-IGBT 器件，并结合谐振型 DAB 的软开关技术，来实现 PET 的高效率运行。

FF600R12ME4 和 FF6MR12W2M1 及其导通、开关损耗曲线和柱状图如图 3-40 和图 3-41 所示。

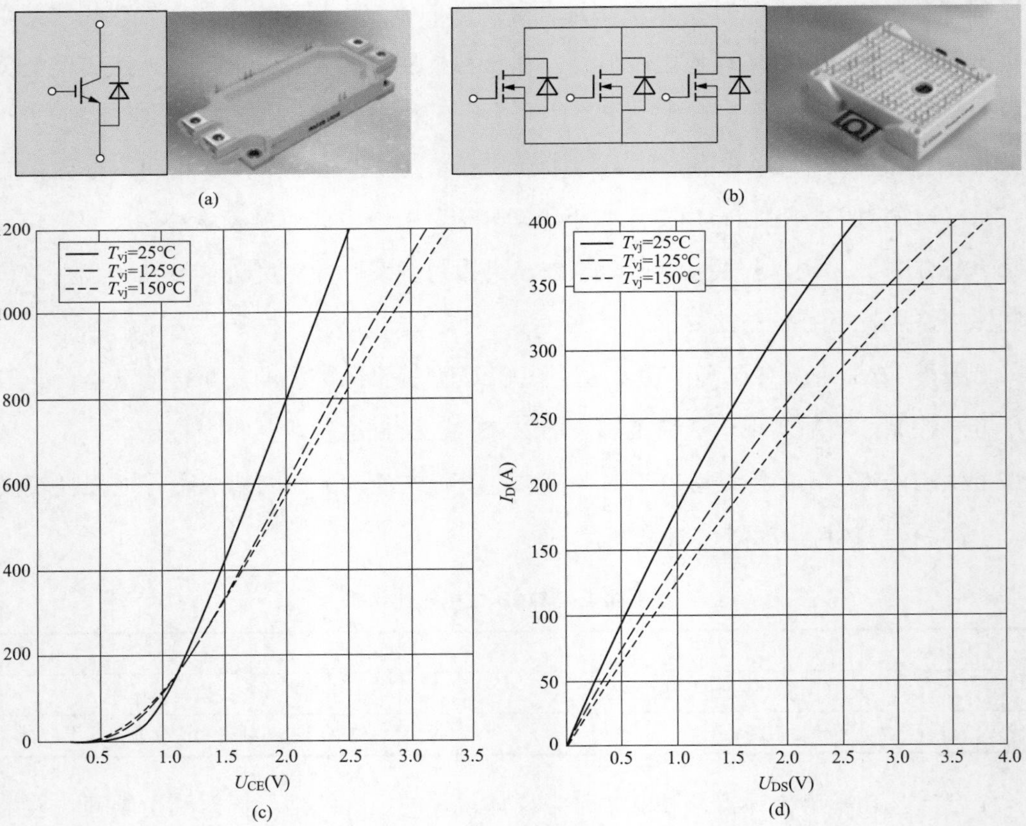

(a)

(b)

(c)

(d)

图 3-40　FF600R12ME4 和 FF6MR12W2M1 及其导通、开关损耗曲线（一）

（a）FF600R12ME4；（b）FF6MR12W2M1；（c）FF600R12ME4 导通损耗曲线；（d）FF6MR12W2M1 导通损耗曲线

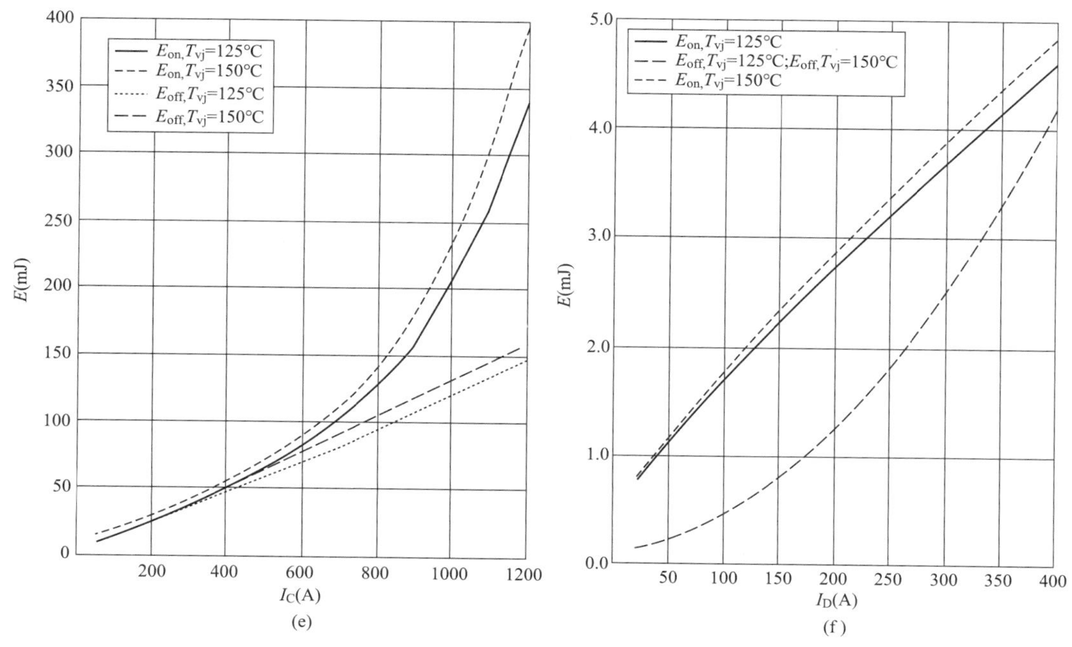

图 3-40　FF600R12ME4 和 FF6MR12W2M1 及其导通、开关损耗曲线（二）

（e）FF600R12ME4 开关损耗曲线；（f）FF6MR12W2M1 开关损耗曲线

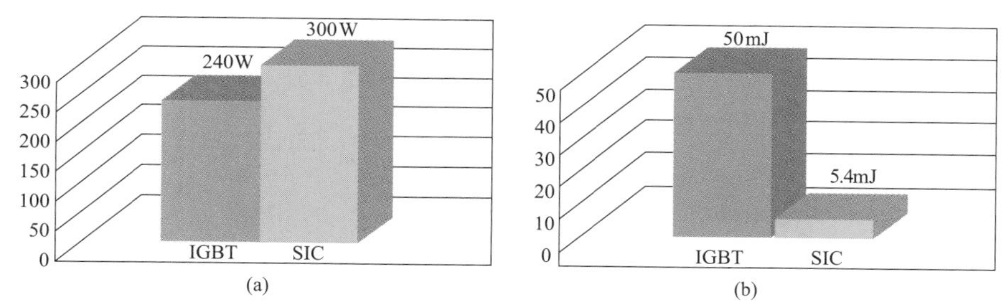

图 3-41　FF600R12ME4 和 FF6MR12W2M1 及其导通、开关损耗柱状图

（a）导通损耗；（b）开关损耗

图 3-42 所示为典型的谐振型 DAB 拓扑结构，其中高频链滤波器为 LLC 结构，其中 L_r 为高频变压器漏感，L_e 为高频变压器励磁电感，L_r、L_e 和串联谐振电容 C_{rp} 均折算到变压器一次侧。当励磁电抗较大时可以忽略励磁电流，近似于 LC 型 DAB。定义一次侧、二次侧高频交流电流 i_p 和 i_s 如图 3-42 中箭头方向所示。针对谐振型 DAB，传统方法采用同步控制，即高低压侧 H 桥输出相位相同的占空比为 50%的方波电压，可以实现开通和关断过程的 ZCS。但是现有研究结合实验数据指出，由于大功率 Si-IGBT 的 N-层的大量电荷需要长期的载流子复合过程进行释放，ZCS 过程中仍然会有较大的开通和关断损耗。针对这一问题，相关学者对谐振型 DAB 的工作方式进行了一些改进，如图 3-43 所示，一种方式是

延长上下管触发信号之间的死区时间 T_D，增加 IGBT 中载流子复合的时间，更多的释放 IGBT 中积累的电荷，从而减小开关损耗。但这种方法使得有效功率传输时间减少，因而电流应力增加，导通损耗相应增大。另一种方式是在关断时刻主动硬开关，使得 IGBT 能快速释放积累的电荷，开通过程损耗较小。此外，通过增加励磁电流的方法也能实现同样的效果，在关断时刻为硬关断，而在开通时刻则可以实现 ZVS，开通损耗小，但励磁电流也增加了导通损耗。

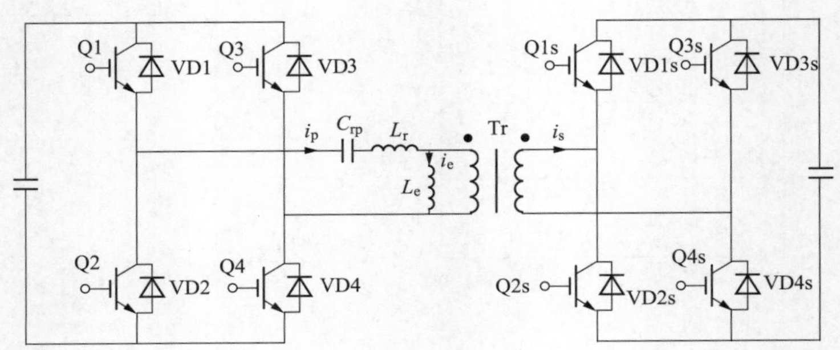

图 3-42　谐振型 DAB 拓扑结构

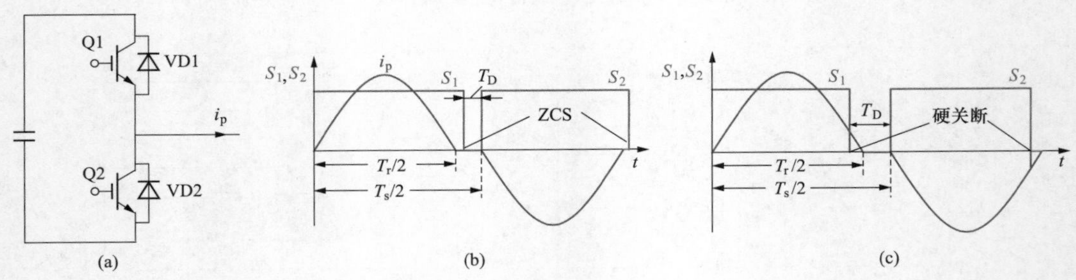

图 3-43　谐振型 DAB 改善软开关特性的方法

（a）单个桥臂；（b）增加死区时间；（c）主动硬关断方法

本书结合谐振型 DAB 软开关特性，优化配置励磁电抗和死区时间，结合实验测试的方法，实现 DAB 电路的零电流关断和零电压开通，在几乎不增加导通损耗的条件下进一步减小了器件的开关损耗，提高了 DAB 的运行效率。

首先介绍该项目中采用的 DAB 效率测试方法。由于 DAB 电路中 IGBT 高频下运行特性受层叠母排杂散参数的影响较大，因此在 DAB 电路结构设计中采用低杂散电感设计。在对 IGBT 的 U_{ce} 和 i_C 进行直接在线测试的过程中，需要改造层叠母排，从而不可避免地会影响层叠母排的杂散参数，进一步影响 IGBT 的开关状态。基于此，该项目搭建了一个功率模块对拖测试平台，可直接通过在传输同样功率条件下测量的损耗值来估算 DAB 效

率，测试平台电路拓扑和实物如图 3-44 所示。

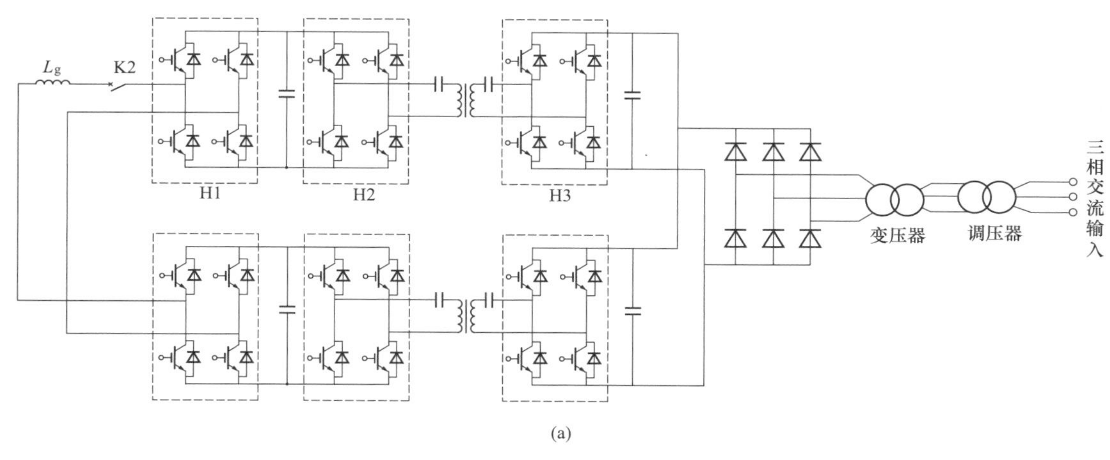

(a)

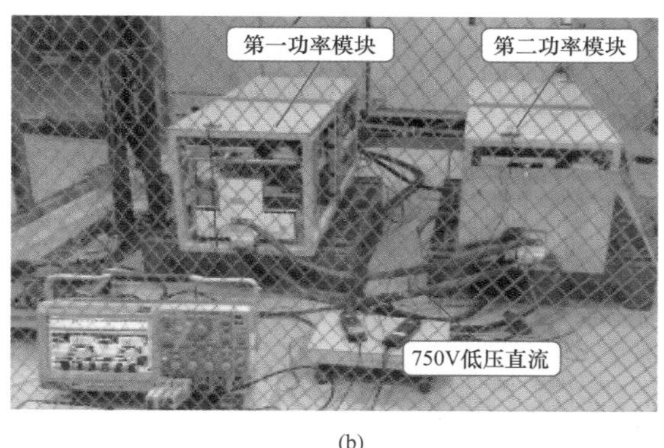

(b)

图 3-44　功率模块对拖测试平台电路拓扑和实物

（a）功率模块对拖测试平台电路拓扑；（b）功率模块对拖测试平台

然后，可改变 DAB 的励磁电感及死区时间，通过测量功率模块的损耗来分析不同参数下的损耗情况。

（1）改变励磁电抗。如图 3-45 所示，LLC 型 DAB 典型电流在关断时刻不为零，为硬关断。而在开通时刻通过励磁电流流入对应的二极管中，使得开通为 ZVS，开通损耗小。但是励磁电流增加了电流应力和导通损耗。

通过采用在高频变压器一次侧并联一个电感的方法来改变高频变压器的励磁电抗，分别做了两组设计。

1）一次侧励磁电抗 L_e=40mH。图 3-46 为励磁电抗 L_e=40mH 情况下单个 DAB 在额定工况下的电压电流波形。其中，CH2 通道红色曲线为变压器一次电压 U_{tp}，CH3 通道绿色曲线为变压器二次电流 i_p，CH4 通道粉色曲线为变压器二次电流 i_s。a 时刻为一次侧第一桥臂上管关断时刻，b 时刻为一次侧第一桥臂下管开通时刻。

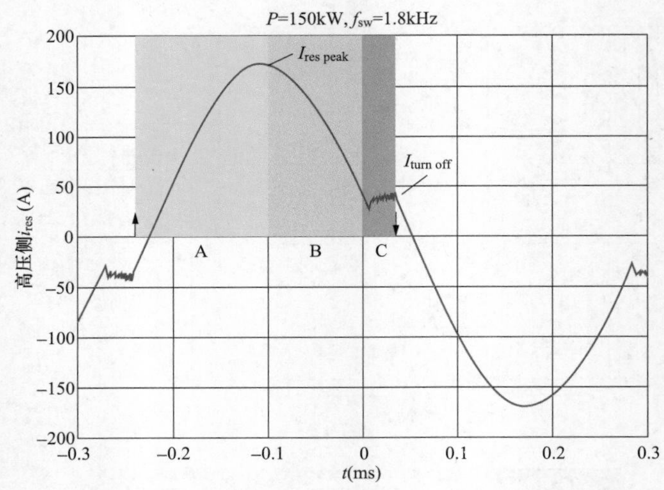

图 3-45　LLC 型 DAB 典型电流波形

P—传输功率；f_{sw}—开关频率；$I_{res\ peak}$—谐振电流峰值（影响导通损耗）；$I_{turn\ off}$—关断电流值（影响开关损耗）

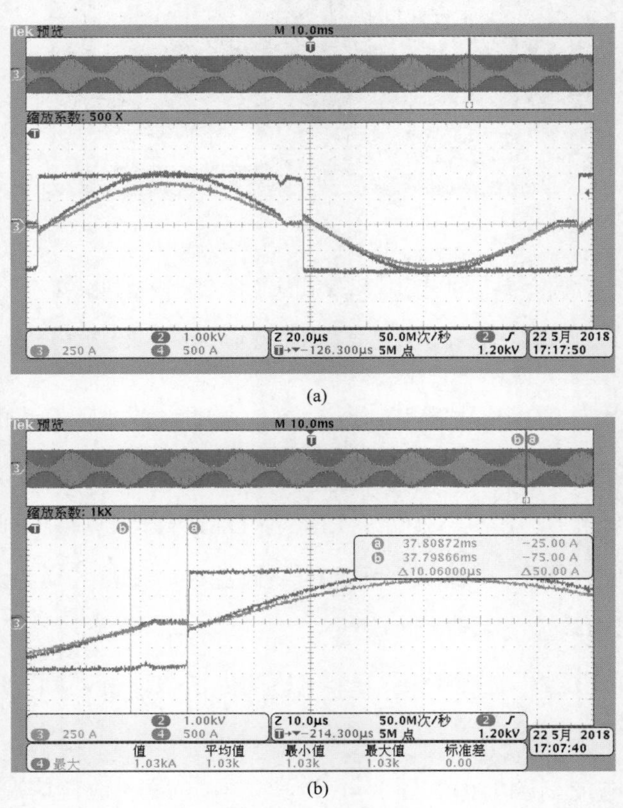

图 3-46　励磁电抗 L_e=40mH 情况下单个 DAB 在额定工况下的电压电流波形（一）

（a）一个方波周期内；（b）开关前后波形

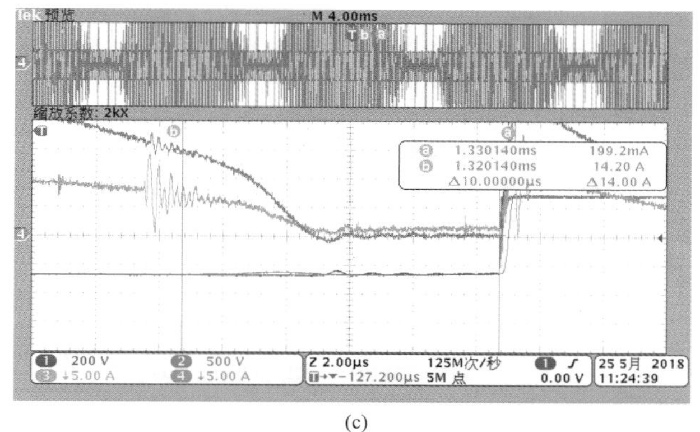

(c)

图 3-46 励磁电抗 L_e=40mH 情况下单个 DAB 在额定工况下的电压电流波形（二）

（c）开关前后波形（放大）

从图 3-46 中可以看出，在 b 时刻，电压 U_{tp} 为负，电流 i_p 和 i_s 均为负，电流经过 Q2，此时关断为硬关断；而在开通 a 时刻，电流 i_p 和 i_s 为负，此时电压反向，电流此时经过 VD1，开通过程为 ZVS。

2）一次侧励磁电抗 L_e=20mH。在 1）的基础上，减小一次侧励磁电抗至 20mH，励磁电流增加一倍。

经过与 1）的试验结果对比，从图 3-47 不难看出，在 a 时刻，电流 $i_p<0$，电流经过 VD1，此时关断为 ZCS，而在开通 b 时刻之前，由于励磁电流的作用，二次电流经过 VD2s，引起交流电压反向。在 b 时刻，开通过程为 ZVS。这种工况下开关损耗明显减小。同时由于励磁电流较小，并未显著增加导通损耗。由于开通过程 ZVS，关断过程 ZCS，因而可以显著减小开关损耗。

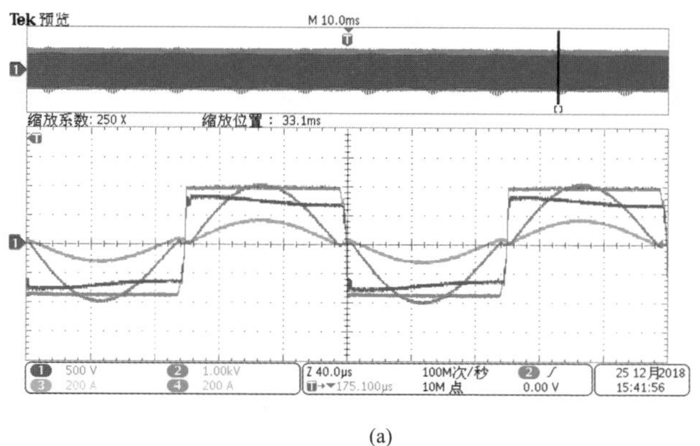

(a)

图 3-47 励磁电抗 L_e=20mH 情况下单个 DAB 在额定工况下的电压电流波形（一）

（a）一个方波周期内

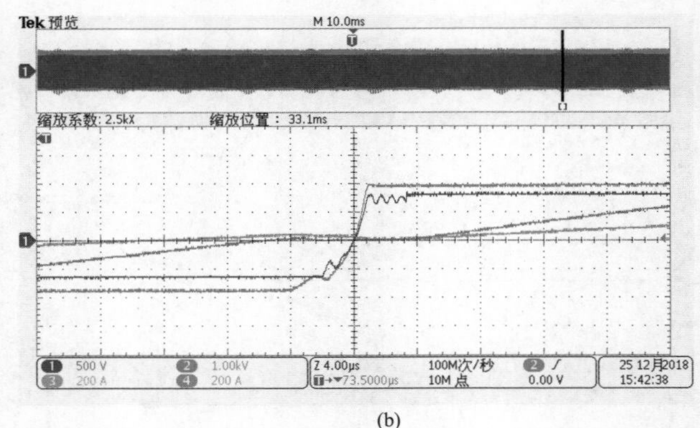

(b)

图 3-47　励磁电抗 L_e=20mH 情况下单个 DAB 在额定工况下的电压电流波形（二）

（b）上管关断时刻

经过模块对拖试验测试，损耗计算结果见表 3-2。

表 3-2　　　　损 耗 计 算 结 果

励磁电抗	L_e=40mH	L_e=20mH
损耗 P_{loss}（W）	7572	6931

经过试验计算损耗比较，减小励磁电抗 L_e 至 20mH 后，损耗有所降低。然而继续减小励磁电抗对开关损耗减小收益不明显。因此 DAB 中采用励磁电抗设计值为 20mH。

（2）改变死区时间。通过改变死区时间，增加 IGBT 中载流子复合程度，可改善开关过程中的损耗特性。以下对几组死区时间下的损耗情况进行对比分析。

1）死区时间 T_d=5μs。如图 3-48（a）所示，在游标 b 处，上管开关时刻电流存在小的鼓包现象并不为零，$i_p>0$，同时 $U_{tp}>0$，即开通过程存在损耗；如图 3-48（b）所示，在游标 a 处，上管关断时刻电流 $i_p>0$，同时 $U_{tp}>0$，即关断过程存在损耗。

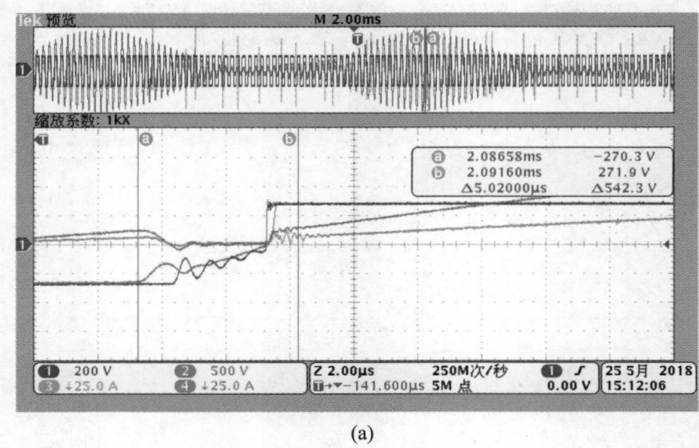

(a)

图 3-48　单个 DAB 死区时间 6μs 下波形（一）

（a）上管开通时刻

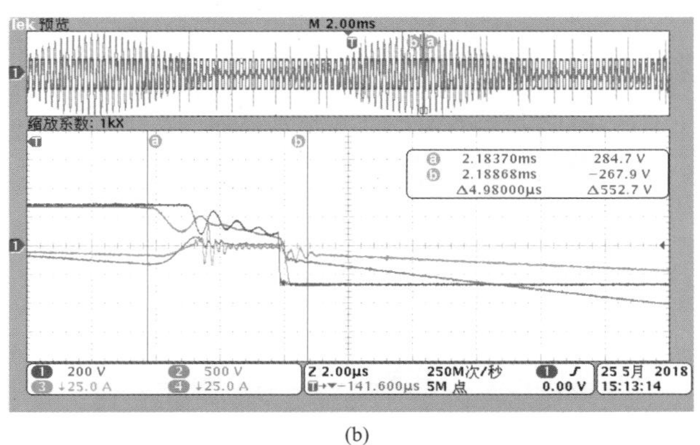

(b)

图 3-48 单个 DAB 死区时间 6μs 下波形（二）

（b）上管关断时刻

2）死区时间 T_d=8μs。如图 3-49（a）所示，在游标 b 处，上管开关时刻电流存在小的鼓包现象并不为零，$i_p>0$，同时 $U_{tp}>0$，即开通过程存在损耗；如图 3-49（b）所示，在

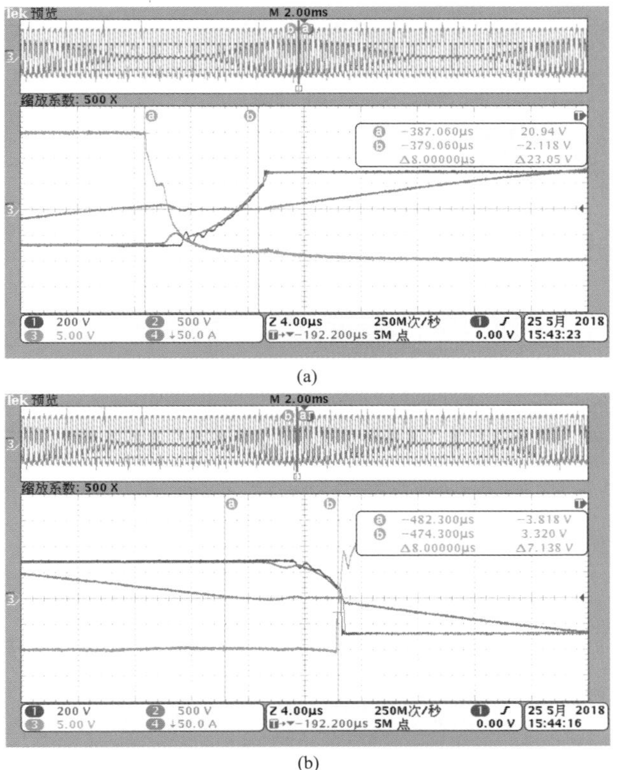

(a)

(b)

图 3-49 单个 DAB 死区时间 8μs 下波形

（a）上管开通时刻；（b）上管关断时刻

游标 a 处，上管关断时刻电流 $i_p>0$，同时 $U_{tp}>0$，即关断过程存在损耗。但是电流鼓包现象与死区时间 6μs 时相比相对削弱。

3）死区时间 $T_{d=}10\mu s$。如图 3-50（a）所示，在游标 b 处，上管开关时刻电流存在小的鼓包现象并不为零，$i_p>0$，同时 $U_{tp}>0$，即开通过程存在损耗；如图 3-50（b）所示，在游标 a 处，上管关断时刻电流 $i_p>0$，同时 $U_{tp}>0$，即关断过程存在损耗。但是电流鼓包现象与死区时间 6μs 时相比进一步削弱。

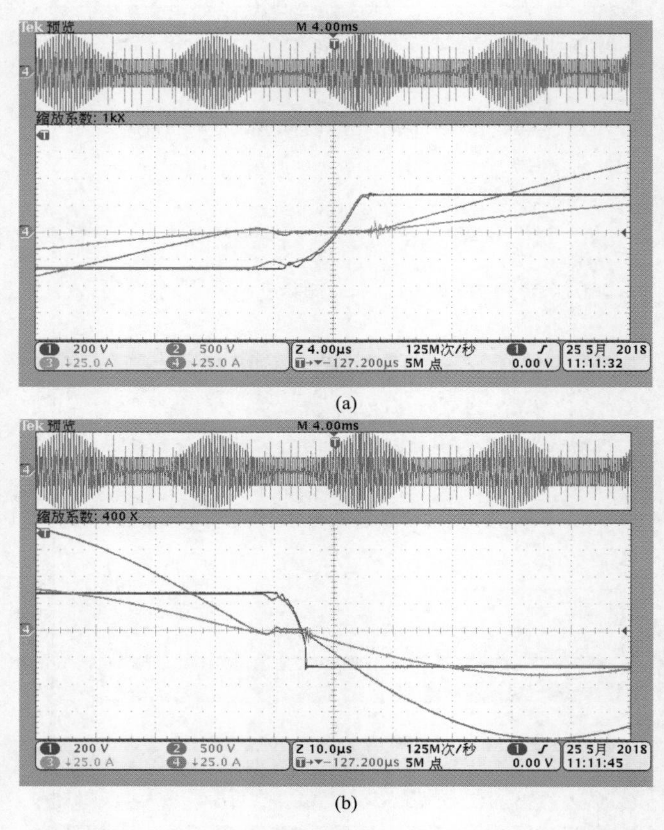

(a)

(b)

图 3-50　单个 DAB 死区时间 10μs 下波形

（a）上管开通时刻；（b）上管关断时刻

4）死区时间 T_d=15μs。如图 3-51（a）所示，在游标 b 处，上管开关时刻电流几乎为零，即开通过程几乎不存在损耗；如图 3-51（b）所示，在游标 a 处，上管关断时刻电流几乎为零，即开通过程几乎不存在损耗。通过功率模块对拖测试平台计算相关测试损耗，计算结果见表 3-3。测试结果表明，通过增加死区时间可以有效减小系统开关损耗。

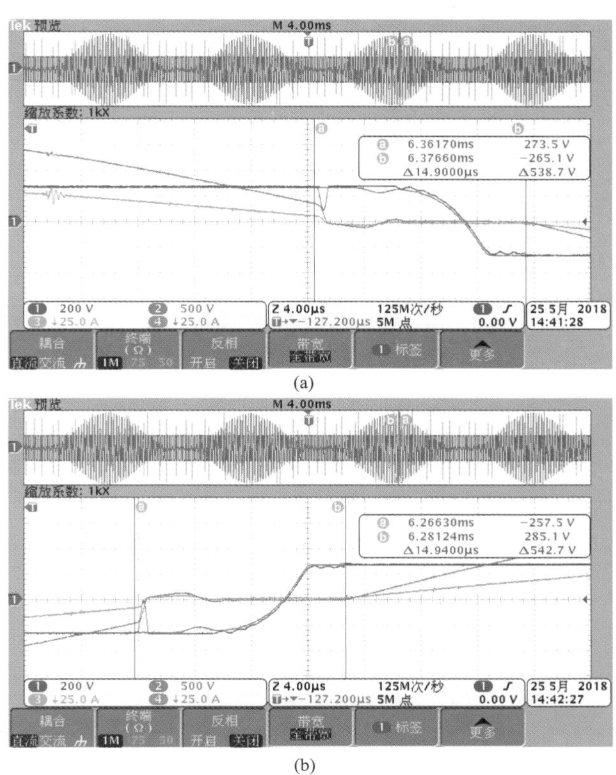

(a)

(b)

图 3-51 单个 DAB 死区时间 15μs 下波形

（a）上管开通时刻；（b）上管关断时刻

表 3-3　　功率模块对拖测试平台计算相关测试损耗

死区时间	6μs	8μs	10μs	15μs
损耗 P_{loss}（W）	8268	7572	6931	6820

如图 3-39 所示，在系统运行损耗中 CHB 变换器占比也相对较大，通过优化 CHB 开关频率，在满足实际系统谐振畸变率指标的基础上，可进一步提升系统运行效率。电力电子变压器的电路结构主要包含 36 个 PET 功率模块。其中，每个 PET 功率模块由级联 H 桥 CHB 和 DAB 组成。由于 DAB 中的高频变压器、谐振电容等参数目前已经确定，其开关频率及开关损耗已经基本固定。此处主要针对 10kV 高压交流侧 CHB 的开关频率进行分析，以对 PET 整机的损耗进行优化。

在 PET 功率模块的 CHB 部分和 DAB 一次侧的 IGBT 采用 5SND 0500N330300，其电压、电流的标称值分别为 3300V 和 500A，DAB 二次侧的 IGBT 采用 FF600R12ME4C_B11，其电压、电流的标称值分别为 1200V 和 600A。

在损耗计算模型中，分别针对 5SND 0500N330300 和 FF600R12ME4C_B11 两种器件的 IGBT 导通损耗、二极管导通损耗、IGBT 开关损耗及二极管反向恢复损耗做分段线性拟合。根据每个仿真步长开关器件的脉冲信号和电流大小计算其能量损耗，并除以相应的时间得到每个模块开关器件损耗的总功率。此外三相桥臂电抗器的损耗每台按 5kW 计算，子模块中高频变压器损耗均按系统容量的 8‰计算（除冗余模块外）。

在仿真计算过程中，将±375V 直流端口与 380V 交流端口均置于空载状态，±750V 直流端口分别置于带纯电阻负载与能量回馈两种状态，每种工况上、下 750V 端口各分配 1.5MW 有功功率。此外，每个冗余状态的 PET 功率模块 CHB 部分无开关动作（令相应 CHB 的 IGBT 一直开通或关断，使冗余模块处于“旁路”状态），而其 DAB 则按谐振方式处于空载运行。仿真中，为了保证 10kV 交流侧的电流 THD 维持在 2.0%～2.2%之间，在改变 CHB 开关频率的同时，也相应调整了 10kV 交流侧滤波用桥臂电抗器的大小。

当非冗余状态的功率模块的 CHB 侧 H 桥开关频率依次选取 300～800Hz 时，各模块在稳态运行中±750V 侧带纯电阻负载和能量回馈工况下系统总损耗效率、THD 数据见表 3-4 和表 3-5。

由表 3-4 和表 3-5 可知：所有工况下网侧电流 THD 均不大于 2.2%，通过降低 CHB 侧 H 桥的开关频率，可使得 H 桥开关损耗逐渐降低，但同时会增大网侧电流的畸变率。此外，由于高压侧二极管的导通损耗以及反向恢复损耗低于 IGBT 的导通及开关损耗，工作于能量回馈工况下的 PET 系统效率会高于工作在带纯电阻负载工况下的系统效率。

系统稳态运行时，网侧电流稳定在额定值附近，并且三相电流完全对称，即不存在负序分量，谐波含量较低，电能质量较高。此外随着 CHB 侧 H 桥开关频率的提高，电流的畸变率逐渐降低，均小于 2.2%。

表 3-4　PET 系统总损耗、效率、THD 数据汇总表（±750V 侧带纯电阻负载工况）

CHB 侧 H 桥开关频率（Hz）		800	700	600	500	400	300
运行模块损耗（W）	H 桥损耗	1155	1010	927	790	708	576
	DAB 一次侧损耗	1395	1432	1439	1447	1459	1466
	DAB 二次侧损耗	408	409	406	415	411	423
	变压器损耗	800	800	800	800	800	800
冗余模块损耗（W）	H 桥损耗	214	214	214	214	214	214
	DAB 一次侧损耗	1356	1356	1356	1356	1356	1356
冗余模块损耗（W）	DAB 二次侧损耗	63	63	63	63	63	63
	变压器损耗	0	0	0	0	0	0

续表

CHB 侧 H 桥开关频率	800	700	600	500	400	300
桥臂电抗器损耗（kW）	7（两台三相桥臂电抗器总损耗）					
主功率电路总损耗（kW）	129.54	126.33	123.96	120.36	118.14	114.75
系统效率	95.68%	95.79%	95.87%	95.99%	96.06%	96.18%
网侧电流 THD（桥臂电感值）	1.34%（10mH）	2.06%（11mH）	2.02%（12mH）	1.95%（12mH）	1.93%（14mH）	2.01%（24mH）

表 3-5　PET 系统总损耗、效率、THD 数据汇总表（±750V 侧能量回馈工况）

CHB 侧 H 桥开关频率		800	700	600	500	400	300
运行模块损耗（W）	H 桥损耗	1130	1035	935	820	725	620
	DAB 一次侧损耗	897	880	890	902	930	970
	DAB 二次侧损耗	446	450	445	450	455	460
	变压器损耗	800	800	800	800	800	800
冗余模块损耗（W）	H 桥损耗	210	210	210	210	210	210
	DAB 一次侧损耗	611	611	611	611	611	611
	DAB 二次侧损耗	111	111	111	111	111	111
	变压器损耗	0	0	0	0	0	0
桥臂电抗器损耗（kW）		7（两台三相桥臂电抗器总损耗）					
主功率电路总损耗/（kW）		110.78	107.54	104.69	101.75	99.89	98.09
系统效率		96.31%	96.41%	96.51%	96.60%	96.67%	96.73%
网侧电流 THD（桥臂电感值）		1.43%（10mH）	2.1%（10.5mH）	2.03%（12mH）	1.86%（12mH）	2.03%（14mH）	2.11%（22mH）

4 电力电子变压器控制与保护

4.1 电力电子变压器控制策略

交直流混联配电系统中电力电子变压器采用分层分布式控制策略，按照时间尺度从小到大，可将控制策略分为：

（1）系统级控制策略。通过与配电网自动化系统交互，实现多端口协调优化并网、交直流能源整合、能量分配、信息交互及智能控制的深度融合。具体涵盖 PET 启停控制、PET 各端口运行模式管理、各端口能量管理及潮流优化调度等功能。

（2）变流器级控制策略。实现 PET 各端口的暂态/稳态电气性能的综合控制功能。具体包括与系统级进行信息交互，根据系统级调度指令对 PET 各端口的电压或功率等电气量进行控制与监测，实施多种运行模式间的平滑切换控制，实现各端口连接设备无扰接入等。

（3）功率单元级控制策略。实现对 PET 内部功率变换单元的控制与监测保护功能。具体包括对功率单元中开关电路的调制技术、子模块运行状态信息监控及冗余子模块的快速投切控制等。

PET 的四个端口具备多种运行方式，实现端口能量的集中控制较为困难。PET 样机以±750V 直流母线为能量汇集的枢纽，将其余三个端口按照能量传输通道进行区域划分，分别为 10kV 正极分区、10kV 负极分区、380V 交流分区、375V 正极分区、375V 负极分区。在每个分区中，以其端口的电压/功率控制为目标，采用独立分布式控制策略调节端口电气特性。图 4-1 所示为 PET 样机简化电路模型及其控制分区划分示意图，图中以单个相单元代表 PET 的正极和负极变换器，以 Buck 电路代表 PET 的±375V 端口电路，以三相逆变器代表 380V 交流端口电路。其中，10kV 交流正负极的两个分区由于能量传输容量最大，并集成±750V 直流母线的电压和功率控制，为主要控制分区。以下将对 10kV 交流分区、375V 直流分区和 380V 交流分区的控制策略进行介绍，正极和负极分区的控制策略无本质区别，因而不做分别介绍。

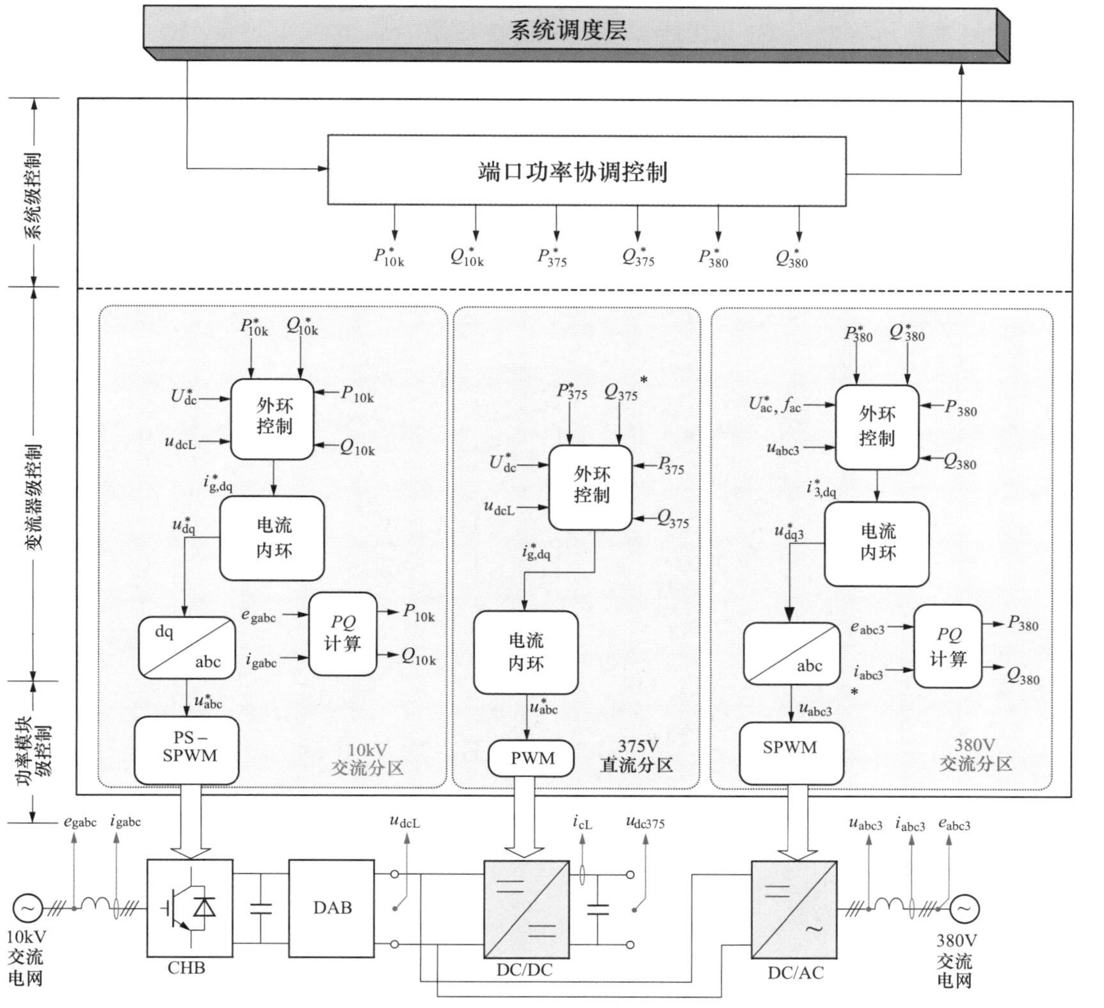

图 4-1 PET 样机简化电路模型及其控制分区划分示意图

（1）10kV 交流分区控制策略。PET 的 10kV 侧交流端口仅可运行在并网模式下，根据 750V 直流端口开关状态的不同，该分区具备两种运行方式，分别为联合并网运行方式和交并直离运行方式。

a）联合并网运行方式。在 PET 的 10kV 交流和 750V 直流端口均并网的模式下，直流侧端口电压由直流电网提供，控制器仅需要控制 PET 的 10kV 交流侧并网功率。

b）交并直离运行方式。在 PET 的 10kV 交流端口并网、750V 直流端口离网的模式下，控制器除了控制 10kV 交流侧的并网功率以外，还需要控制 750V 直流侧的电压。

通过分析 LC 串联谐振型 DAB 电路的工作特性，建立了平均值等效模型。在此基础上，结合 CHB 电路和 LC 串联谐振型 DAB 电路的平均值等效模型，可以建立包含 N 个子模块的相单元的平均值等效模型，如图 4-2 所示。图中后缀 j=a、b、c 代表 a、b、c 三相电路的变量，eg 和 ig 分别表示 10kV 交流电网的电压和电流，u_{cl} 为±750V 侧端口直流电压。DAB 电路采用平均值建模方法，在高频变压器一、二次侧匝数比为 n 的情况下，可设定 DAB 高压侧、低压侧的直流电流满足 i_{dhk}：i_{dlk}=1:n，（k=1，2，…，N），L_{eqk} 和 r_{eqk} 分别为第 k 个 DAB 电路的等效电感和等效电阻。CHB 采用载波相移调制，各模块调制比设定为 m_{ck}，各子模块中的 CHB 在交流侧等效为 $m_{ck}u_{chk}$ 的电压源，在直流侧等效为 $m_{ck}i_g$ 的电流源。

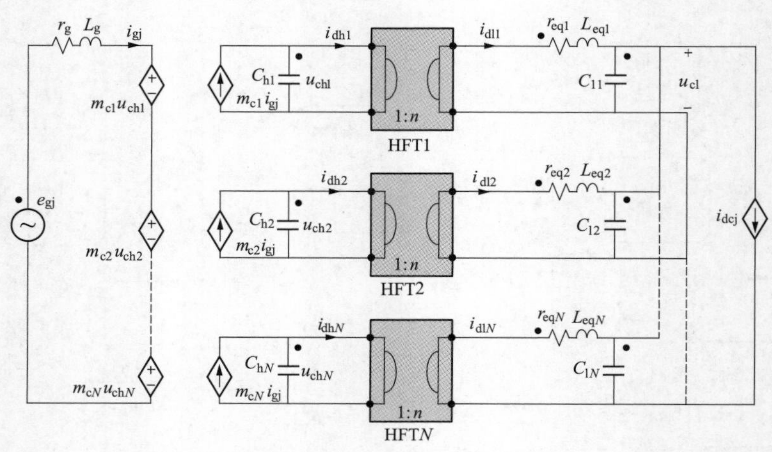

图 4-2　PET 平均值等效模型图

PET 内部电能传输过程较复杂，从端口控制角度主要考虑端口电压和功率之间的运行特性。忽略线路中的损耗、子模块间参数的差异性，750V 直流端口的有功功率通过 3N 个子模块传输到交流侧，每一个子模块通过 DAB 传输的有功功率可以表示为

$$p_{dab} = u_{chk} i_{dhk} = u_{cl} i_{dlk} \tag{4-1}$$

在三相电路中

$$\frac{C_{lk}}{3N}\frac{du_{cl}}{dt} = 3Np_{dab} - i_{dc} \tag{4-2}$$

PET 交流侧从三相电网中吸收的有功功率可以表示为

$$p_{ac} = \frac{3}{2}(e_{gd}i_{gd} + e_{gq}i_{gq}) \tag{4-3}$$

式（4-2）和式（4-3）所示方程可类比于两电平换流器，因而可以采用两相同步旋转坐标系下的电流、电压控制方法。

在式（4-1）联合并网运行方式中，PET 的 750V 直流端口电压由外部接入的直流电网或电源提供，仅需对 10kV 交流侧的功率进行控制。在同步旋转坐标系下，采用交流网侧电流单闭环控制策略，如图 4-3 所示。

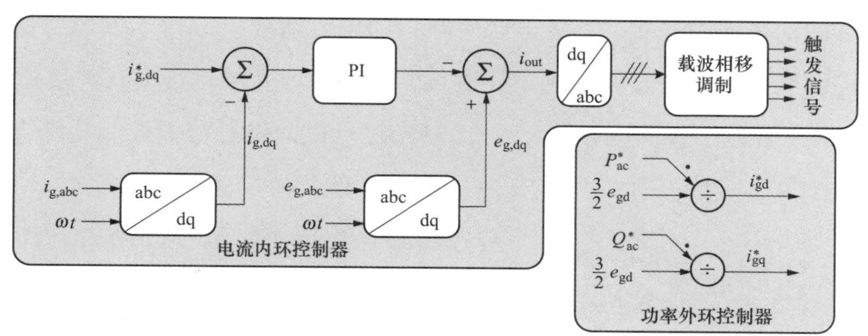

图 4-3　10kV 交流侧电流内环控制框图

图中，P_{ac}*和 Q_{ac}*分别为 10kV 交流端口的有功功率和无功功率的指令值，进而可以计算出交流侧有功、无功电流参考值 i_{gd}*和 i_{gq}*，并作为电流环 PI 控制器的输入，电网侧电压 e_{gd} 和 e_{gq} 作为前馈项可改善控制器动态性能。控制器输出 i_{out} 经过 dq 反变换后作为 CHB 的三相交流参考波，通过载波相移调制后生成 CHB 的触发信号。

在交并直离运行方式中，PET 的控制目标包括 750V 直流侧的电压和 10kV 交流侧的功率。与联合并网运行方式的控制策略相比，仅需要将有功功率外环控制器更换为直流电压外环控制器，如图 4-4 所示，通过系统预设的直流电压参考值 u_{dc}*与直流母线电压 u_{cl} 进行闭环控制生成有功电流参考值 i_{gd}*。

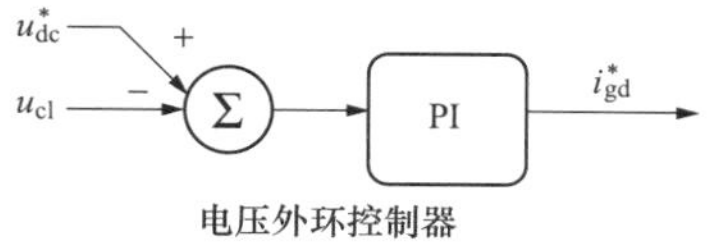

u^*_{dc}　+　u_{cl}　−　Σ　PI　i^*_{gd}

电压外环控制器

图 4-4　10kV 交流侧电压外环控制框图

（2）380V 交流分区控制策略。在 PET 中，380V 交流分区存在离网运行和并网运行两种工作模式，同时接受系统级控制指令进行工作模式的切换。380V 交流分区三相逆变器的直流侧连接于 PET 的−750V 直流母线上。仅当−750V 直流母线电压建立后，三相逆变器方可进行输出控制。在并网运行模式下，380V 交流分区采用 PQ 控制方式对交流侧的功率进行控制。根据系统调度指令输出功率 P_{cref}、Q_{cref} 指令计算出 i_{cdref} 和 i_{cqref}，采用同步旋转坐标系下的电感电流单闭环控制策略。

在离网运行模式下采用 V/F 方式对交流侧输出电压进行闭环控制。U_{dref} 和 U_{qref} 取自系统预设值，采用外环电容电压、内环电感电流的双闭环控制策略。

（3）375V 直流分区控制策略。PET 中的 375V 直流分区也存在离网运行和并网运行两种工作模式。375V 直流分区包含两台 Buck 型 DC-DC 变换器，其高压直流侧分别连接到±750V 直流母线的正、负极，需要 750V 直流母线电压建立后具备运行条件。在并网运行工作方式下，Buck 电路处于电流控制模式；在离网方式下，Buck 电路处于电压控制模式。

（4）分区间功率协调控制。在各分区对端口的电压或功率进行分布式控制的基础上，需要在系统控制层面建立分区间的协调控制策略，对各分区的运行方式、启停顺序及端口功率运行区间进行协调控制与综合优化。PET样机的四个端口运行工况多样化，考虑各端口潮流均可双向流动，在某些工况下，无法实现四个端口全工作在额定容量下，因此，必须考虑以各分区中电力电子变换器的额定容量为约束条件，对不同运行方式下多端口有功功率运行区间进行限制。图4-5所示为PET样机四个端口有功功率传输示例，图中后缀p表示正极，n表示负极。定义10kV交流端口功率 P_{10k}、±375V直流端口功率 P_{375}、380V交流端口功率 P_{380} 以流入PET设备方向为正，±750V直流端口功率 P_{750} 以流出PET设备为正。忽略PET内部损耗，则有

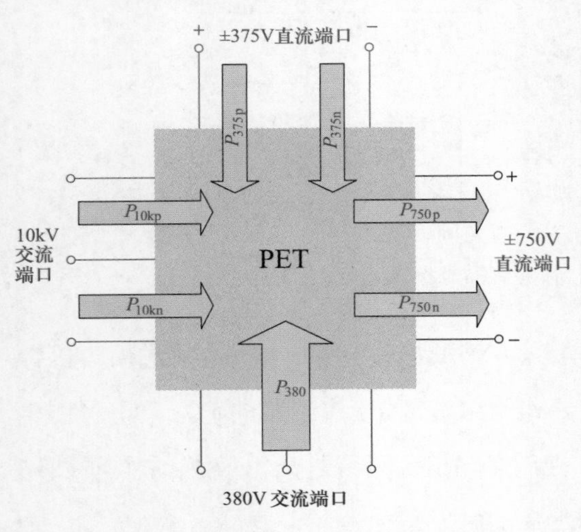

图4-5 PET样机四个端口有功功率流向

$$\begin{cases} P_{750p} = P_{10kp} + P_{375p} \\ P_{750n} = P_{10kn} + P_{375n} + P_{380} \end{cases} \tag{4-4}$$

各分区的控制保护策略可以保证10kV交流、±375V直流及380V交流端口的功率不超过该端口设计容量。由式（4-4）可知，P_{750p} 由10kV正极端口与375V正极端口有功功率之和决定，P_{750n} 则由10kV负极端口、375V负极端口与380V交流端口有功功率之和决定。因此，端口协调控制中的约束条件包括：

$$\begin{cases} -1.5\text{MW} \leqslant P_{750p}, P_{750n} \leqslant 1.5\text{MW} \\ -1.5\text{MVA} \leqslant S_{10kp}, S_{10kn} \leqslant 1.5\text{MVA} \\ -0.5\text{MVA} \leqslant S_{380} \leqslant 0.5\text{MVA} \\ -0.15\text{MW} \leqslant P_{375p}, P_{375n} \leqslant 0.15\text{MW} \end{cases} \tag{4-5}$$

式中：S_{10k}、S_{380} 分别表示10kV交流端口及380V交流端口的视在功率，交流端口对其视在功率进行约束。

因此，各端口的功率分配需满足式（4-5）的约束条件，由此可得到PET的正极端口功率分配范围和负极端口功率分配范围，分别如图4-6和图4-7所示。

由图4-6和图4-7不难看出，在某些工况下PET的四个端口无法同时在额定容量下运

行，需要通过系统级协调控制对各端口容量进行优化配置。

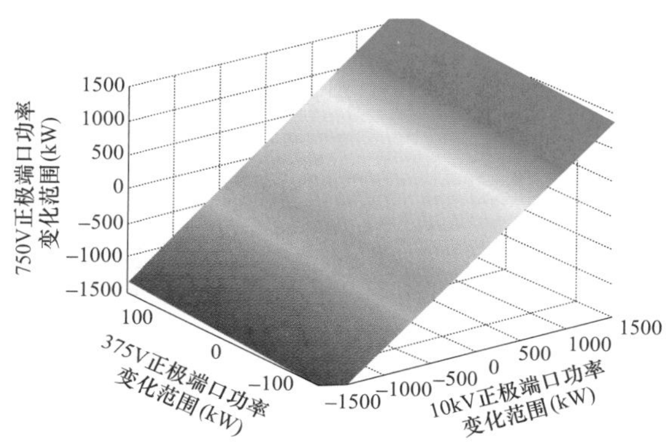

图 4-6　PET 正极端口功率分配范围

（1）广义电压下垂控制。PET 直流端口所连接直流网络中，直流电压的稳定与否直接关系着系统能否正常运行以及交流侧输出电压的稳定性，多个换流站（端口）之间协调控制的关键也在于直流电压的控制。对单个换流站来讲，其直流侧控制方式主要有定有功功率控制、定电压控制和下垂控制。其中定功率控制的换流站受端、送端功率恒定，根据电压变化量调整输入、输出电流；下垂控制无须互联通信，可就地控制实现多个换流站之间的协调运行，但不能保证直流电压稳定在一个固定值；定电压控制能够使某一个换流站的直流电压稳定在一个设定值，且承担整个网络的功率平衡任务。对整个直流网络来讲，考虑网络中的功率平衡，由于直流网络中直流电压直接反映了直流有功功率的状况，所以必须对直流电压进行控制。目前，网络直流侧控制策略主要包括：①定直流电压控制，也称主从控制；②电压偏差控制，也称电压裕度控制；③电压下垂控制。三种控制方式的原理如下：

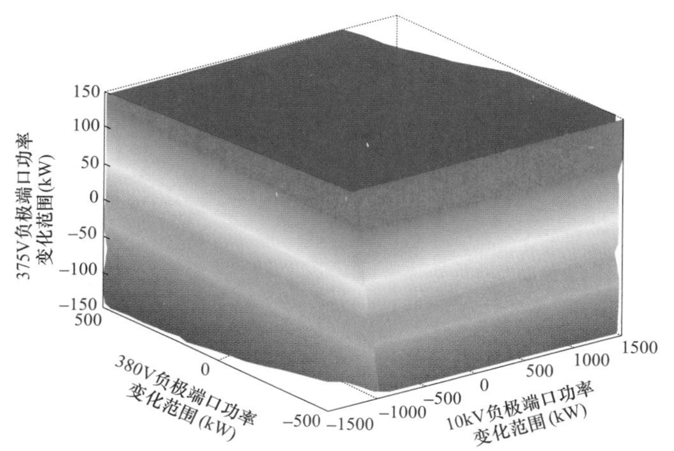

图 4-7　PET 负极端口功率分配范围

1）主从控制。主从控制策略中，通常有一个换流站（主站）运行在定直流电压模式，维持整个系统的直流电压恒定，充当直流网络的功率平衡节点；其余换流站（从站）运行在定有功功率模式。主站通过控制直流电压恒定，使输入系统的功率等于系统输出功率与系统损耗之和。这类控制方式的主要弊端在于整个系统的稳定运行依赖于直流电压控制节点（主站），一旦主站发生故障或退出运行，整个直流系统也将随之停运，如图 4-8（a）所示。

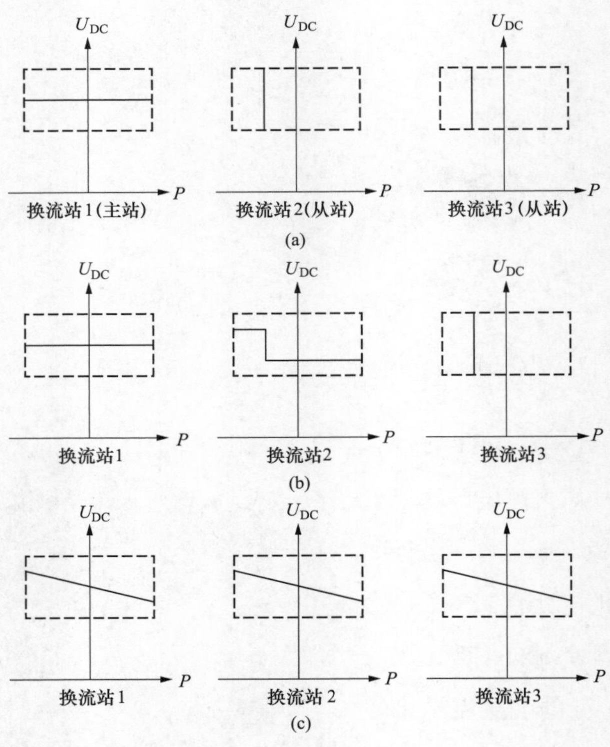

图 4-8　多换流站直流侧三种控制方式

（a）主从控制；（b）电压裕度控制；（c）电压下垂控制

2）电压裕度控制。电压裕度控制模式下，当主换流站发生故障或功率超限而无法继续维持直流电压恒定时，另一个换流站将切换至定直流电压控制模式并运行于新的直流电压参考值，如图 4-8（b）所示。这种控制策略无须站间通信，但备用换流站在由定功率控制切换到定电压控制时会有振荡。

3）电压下垂控制。电压下垂控制方式下，电压调节和功率分配由多个换流站共同承担，根据换流站 *I-V* 或 *P-V* 特性曲线斜率，决定该节点对功率分配和电压调节的能力，最终结果使得网络功率达到平衡。当某一个换流站故障或退出运行后，系统剩余部分将继续维持正常运行，如图 4-8（c）所示。下垂控制相比主从控制可靠性更高且没有电压裕度控制的振荡问题。因此，为保证直流系统运行的安全稳定运行，电压下垂控制是基于电压源换流器的多端高压直流输电系统（VSC-MTDC）控制方式发展的重要趋势。

主从控制、电压裕度控制和电压下垂控制的区别实质在于各换流站的 *P-V*（或 *I-V*）特

性曲线斜率不同，主从控制、电压裕度控制中的定电压控制、定功率控制都可以看成是一种特殊的电压下垂控制，主从控制策略中，主站和从站的 P-V 特性曲线也可表示为 $P_k=kU_k$，其中主站采用定直流电压控制，斜率 $k_s=0$；从站采用定有功功率控制，斜率 $k_m=+\infty$。电压裕度控制本质上是具有备用主换流站的主从控制，其 P-V（或 I-V）关系与主从控制是相同的。因此，类似于数学中直线的通用表达式，这里可以将这三种控制方式通过不同的系数整合到一起，便可以构建一种广义的电压下垂控制方式，其原理如图 4-9 所示。

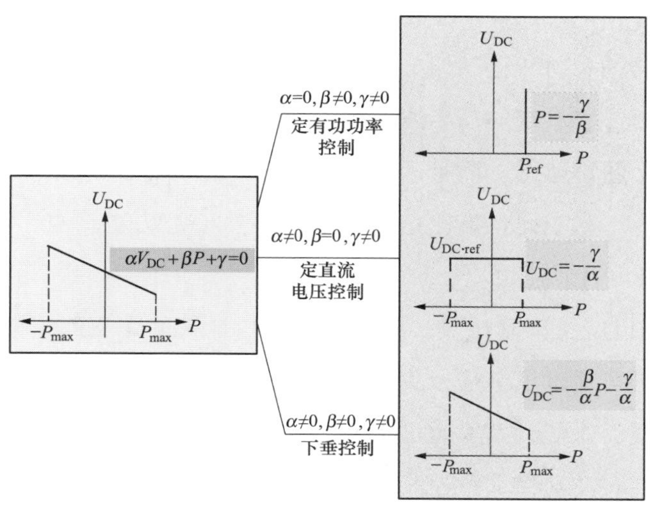

图 4-9　广义下垂控制原理

本书将前面提到的三种控制方式中的定电压控制、下垂控制、定功率控制整合到一起也用直角坐标系下的一条直线表示（直线的通用表达式），该直线即为所提的 GVD（群速度色散）的特性曲线。图中，α、β、γ 为 GVD 下垂特性曲线的系数，曲线表达式为 $\alpha U_{DC}+\beta P+\gamma=0$，根据 α、β、γ 的不同取值情况确定不同的控制方式。如通过设置 $\alpha\neq0$，$\beta=0$，$\gamma\neq0$，可得斜率为零、表达式为 $U_{DC}=-\dfrac{\gamma}{\alpha}$ 的下垂控制，实现定直流电压控制；通过设置 $\alpha=0$，$\beta\neq0$，$\gamma\neq0$，可得斜率为无穷大、表达式为 $P=-\dfrac{\gamma}{\beta}$ 的下垂控制，实现定有功功率控制；将参数设置为 $\alpha\neq0$，$\beta\neq0$，$\gamma\neq0$，即可得表达式为 $U_{DC}=-\dfrac{\beta}{\alpha}P-\dfrac{\gamma}{\alpha}$ 的普通下垂控制方式。所提出的广义下垂控制模型中，通过对系数 α、β、γ 的合理取值即可同时实现定直流电压控制、定有功功率控制和下垂控制，从而将这三种常用的控制方式恰当地描述为一个统一的整体，易于实现分析和理论研究广义下垂控制。

（2）广义频率下垂控制。

1）传统交流微电网频率下垂控制。从功能上来说，微电网与大电网非常相似，通过采用一些特殊方法，如加入虚拟阻抗、改变控制参数等也可实现有功和无功的解耦，进而可采用频率—有功功率的下垂控制方式来实现逆变器输出功率的调节，保证系统频率、电压的稳定，其原理如图 4-10 所示。

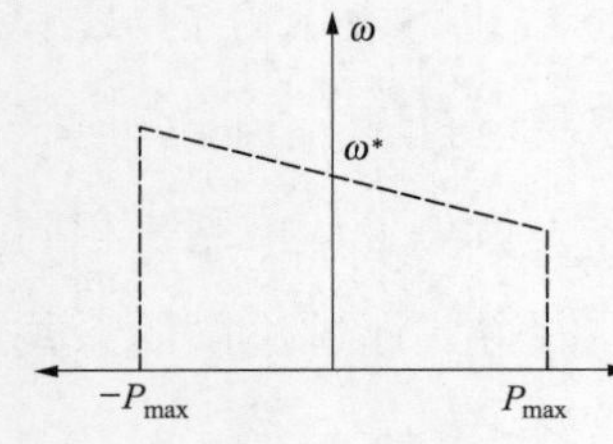

图 4-10　频率下垂控制

下垂控制虽然能实现频率稳定和功率合理分配，但它是一种有差控制，控制后系统频率仍会有一定偏差。单纯通过下垂控制来完成对逆变器的有功和无功调节，会对逆变器的输出电压和幅值有所影响，尤其是下垂系数选取不当时，若系统的功率波动使逆变器运行点偏离功率基值点较大，则系统的频率和电压有可能会超出范围。而且，在某些特殊情况下需要定频率或定功率控制时仅靠下垂控制也无法实现。基于此，类比直流端口，拟引入交流端口广义下垂控制方法以实现频率的不同控制要求。

2）PET 交流端口广义下垂控制。PET 交流端口连接的是交流配电网，当交流系统频率发生变化时，PET 可通过调节注入到交流系统的有功功率参与频率控制。系统频率控制的主要目的是维持交流系统频率稳定，主要通过频率—有功功率斜率控制方式实现。这里在交流微电网频率—有功功率下垂控制的基础上，加入定频率控制、定交流有功功率控制，合成广义的频率下垂控制，其原理与直流端口的电压—有功功率广义下垂控制方式类似，具体实现如图 4-11 所示。

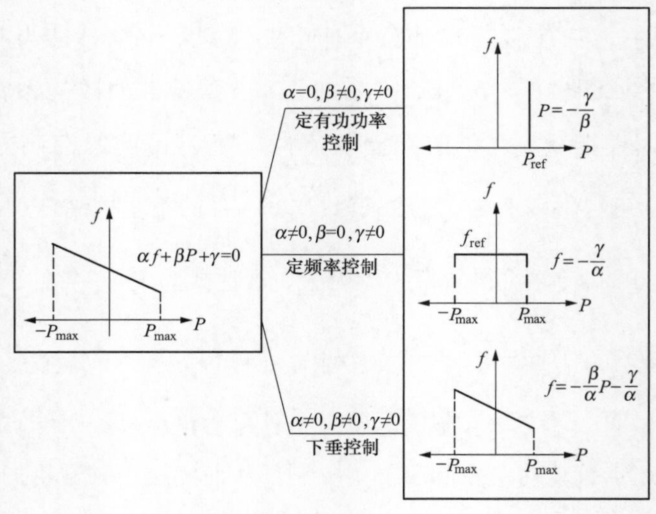

图 4-11　交流端口广义下垂控制

广义频率下垂控制特性表达式如下：

$$\alpha f+\beta P+\gamma=0 \tag{4-6}$$

式中：α、β、γ 为控制系数；f、P 分别为交流端口的频率和有功功率。

类比直流端口广义电压下垂控制，有：

a）设置 $\alpha\neq 0$，β=0，$\gamma\neq 0$，可得斜率为零的下垂控制，实现定频率控制，$f=-\dfrac{\gamma}{\alpha}$；

b）设置 α=0，$\beta\neq 0$，$\gamma\neq 0$，可得斜率为无穷大的下垂控制，实现定有功功率控制，$P=-\dfrac{\gamma}{\beta}$；

c）设置 $\alpha\neq 0$，$\beta\neq 0$，$\gamma\neq 0$，可得斜率为 $-\dfrac{\beta}{\alpha}$ $P=-\dfrac{\gamma}{\alpha}$ 的普通下垂控制方式。

（3）广义交直流下垂控制。对多端口电力电子变压器来讲，同时含有多个交流端口和直流端口，考虑对其直流端口采用直流电压—有功功率的广义下垂控制方式，对交流端口采用交流频率—有功功率的广义下垂控制方式，并研究交流和直流端口控制方式之间的联系，进而推导出更通用的适合于同时含交直流情况的广义下垂控制方式。

广义交直流下垂控制特性为

$$\begin{bmatrix}\alpha_{\mathrm{d}} & \\ & \alpha_{\mathrm{a}}\end{bmatrix}\begin{bmatrix}U_{\mathrm{d}}\\ f\end{bmatrix}+\begin{bmatrix}\beta_{\mathrm{d}} & \\ & \beta_{\mathrm{a}}\end{bmatrix}\begin{bmatrix}P_{\mathrm{d}}\\ P_{\mathrm{a}}\end{bmatrix}+\begin{bmatrix}\gamma_{\mathrm{d}}\\ \gamma_{\mathrm{a}}\end{bmatrix}=0 \tag{4-7}$$

当存在电压、频率偏差时，由式（4-7）整理可得

$$\alpha_{\mathrm{d}}\Delta U_{\mathrm{d}}+\beta_{\mathrm{d}}\Delta P_{\mathrm{d}}=0 \tag{4-8}$$

$$\alpha_{\mathrm{a}}\Delta f+\beta_{\mathrm{a}}\Delta P_{\mathrm{a}}=0 \tag{4-9}$$

忽略 PET 本身损耗，由 PET 自身功率平衡关系有

$$\Delta P_{\mathrm{a}}+\Delta P_{\mathrm{d}}=0 \tag{4-10}$$

由式（4-8）～式（4-10）化简可得

$$\alpha_{\mathrm{a}}\beta_{\mathrm{d}}\Delta f+\alpha_{\mathrm{d}}\beta_{\mathrm{a}}\Delta U=0 \tag{4-11}$$

进一步可推导出直流电压和交流频率的关系如下：

$$\Delta f=-\frac{\alpha_{\mathrm{d}}\beta_{\mathrm{a}}}{\alpha_{\mathrm{a}}\beta_{\mathrm{d}}}\Delta U=-\frac{\dfrac{\alpha_{\mathrm{d}}}{\beta_{\mathrm{d}}}}{\dfrac{\alpha_{\mathrm{a}}}{\beta_{\mathrm{a}}}}\Delta U \tag{4-12}$$

对多端口 PET 来讲，与主网相连的端口认为其频率保持恒定，不对其进行控制，则对其他交直流端口可推导出如下关系：

$$\Delta f = \sum_{i \in N_d} m_i \Delta U_{dc.i} \tag{4-13}$$

$$m_i = \frac{\dfrac{\alpha_{d.i}}{\beta_{d.i}}}{\sum_{i \in N_a} \dfrac{\alpha_{a.i}}{\beta_{a.i}}} \tag{4-14}$$

式中：m_i 可看成是 PET 各端口间电压和频率的耦合系数；N_d 为所有直流端口数量；N_a 为所有交流端口数量。

式（4-12）可看成是 $\Delta f - \Delta U$ 下垂控制关系，将 PET 交流频率和直流端口电压联系到了一起，实现交直流端口间的相互支持。如任何直流端口电压的变化即会产生相应的交流频率的变化，同样，任何交流频率的变化也会引起直流电压的变化，进而由 GVDC（电网电压下垂控制）或 GVFC（电网电压定值控制）对端口功率进行控制。

式（4-6）～式（4-12）构成了 PET 广义交直流下垂控制方式，实现对 PET 各端口功率的合理分配及对直流端口电压、交流端口频率的控制。

4.2 电力电子变压器保护配置

4.2.1 电力电子变压器保护设计原则

故障保护及其相关设备的配置能够保证多功能电力电子变压器中所有变换器、区域或与其相关的设备都能得到功能全面的保护。既包括交流保护，也包括直流保护。对于交流保护，既能用于整流运行，也能用于逆变运行。

所有跳闸回路上的触点都采用动合触点，报警回路触点一般也采用动合触点。系统故障保护的设计综合考虑交、直流系统运行及其设备应力的所有方面，并结合控制策略进行最优设计，使系统在成本与系统故障暂态性能上达到最佳平衡。在系统保护的各项功能中，直流系统保护的运行时序设为最快。

所配置的保护均有各自准确的保护算法和跳闸、报警判据，在软、硬件设计中有足够的灵活性，以优化交、直流系统所要求的所有保护功能定值。保护定值的选取能够满足在所有运行状态下所有直流保护之间的正确配合。

保护程序的设计避免了使用断路器和隔离开关辅助触点位置状态量作为选择计算方法和定值的判据，直接使用了能反映运行方式特征且不易受外界影响的模拟量作为判据。

系统故障保护配置内置故障录波功能，录波的范围包括输入模拟量、开关量和保护计

算数字量等。对于重要的保护动作信号，采用硬触点的方式送监控系统。

系统故障保护（包括硬件、软件）采用先进的、标准的微处理器和数字信号处理器。系统保护的结构便于维护和检修。软件可视化程度高、界面友好，便于管理和维护。

每一保护跳闸供给断路器的跳闸线圈。所有断路器的跳、合闸线圈都分别配置跳、合闸回路的监视回路。对于每个有跳闸锁定要求的保护，其跳闸信号及显示和标志均采用手动复归，从而保证了其保护继电器的动作电压在任何恶劣环境下不会导致保护误动或拒动。

4.2.2 电力电子变压器保护策略

为提高电力电子变压器运行可靠性，需要对各端口制定相应的保护策略，主要涉及以下几个方面：

a）10kV 交流端口保护；

b）380V 交流端口保护；

c）±750V 直流端口保护；

d）±375V 直流端口保护；

e）功率模块保护。

具体端口类型和保护内容见表 4-1。

表 4-1　　电力电子变压器端口类型和保护内容

端口类型	保护内容
10kV 交流端口	10kV 交流电压欠电压保护
	10kV 交流电压过电压保护
	10kV 交流端口短路保护
	10kV 交流端口过负荷保护
	10kV 交流端口相序保护
380V 交流端口	380V 交流电压欠电压保护
	380V 交流电压过电压保护
	380V 交流端口短路保护
	380V 交流端口过负荷保护
±750V 直流端口	±750V 直流电压欠电压保护
	±750V 直流电压过电压保护
	±750V 直流端口短路保护
	±750V 直流端口过负荷保护

续表

端口类型	保护内容
±375 直流端口	±375V 直流电压欠电压保护
	±375V 直流电压过电压保护
	±375V 直流端口短路保护
	±375V 直流端口过负荷保护
功率模块保护	功率模块过电压保护
	功率模块过温保护
	功率模块综合故障字保护

5 含电力电子变压器的交直流混联可再生能源系统

5.1 交直流混联可再生能源系统背景

配电网处于电力系统的末端，直接面向电力用户，承担着电能分配、供给电力消费、服务客户的重任。随着新能源、新材料及电力电子技术的快速发展与广泛应用，用户对供电质量、可靠性及运行效率等要求日益提高，现有交流配电网正面临用电需求定制化和多样化、分布式发电接入规模化、潮流协调控制复杂化等多方面的巨大挑战。主要体现在：

（1）配电网中用电设备的形态和数量发生了显著的变化，电动汽车、储能设备、LED（发光二极管）照明等直流用电设备广泛使用，要求配电网能够适应更少转换环节的直流接入方式，以提高接入效率。

（2）分布式电源的波动性和间歇性、电动汽车快速充电的冲击负荷等影响配电网的正常运行，要求配电网能够实现馈线互济，并具有很强的潮流调控功能，提高配电网运行灵活性，减少分布式电源、电动汽车等对配电网的影响。

（3）用户对电能质量和供电可靠性的要求日益提高，但是随着分布式电源和电力电子装置大量接入电网，网络中的谐波、谐振、电压波动等问题越来越严重，这就要求配电网具备综合治理能力；同时，为了进一步提高供电可靠性，要求配电网具备灵活的转供能力，甚至具备一定的不间断转供能力。

针对以上规模化分布式电源、电动汽车及直流负荷等对配电网带来的新需求和新挑战，目前研究的主要方案包括储能、主动配电网及虚拟电厂等，这些思路和方案仍是基于现有网络结构，通过采用先进的储能、信息和控制技术，实现配电网运行能力和经济性的提升。但是，受现有配电网网架结构限制，这些方案难以进一步在可再生能源功率波动分担、潮流灵活控制、供电可靠性提升等方面发挥更大的作用。

从结构上改变目前配电网的联络和供电方式是一种新的方案，通过引入具有高度可控性和灵活性的柔性直流技术，构成交直流混联配电系统，能够较好地解决交流配电网目前面临的以上问题，是未来配电网的发展方向和战略选择。因此，目前交直流混联配电系统已成为国内外研究的热点。

传统交流配电网的网架结构已经非常成熟，国内外均有相关结构标准和案例。我国交流配电网中，高压配电网网架结构主要有链式、环网和辐射状结构；中压配电网网架结构主要有双环式、单环式、多分段适度联络和辐射状结构；低压配电网一般采用辐射状结构。

通过在传统交流配电系统中接入各类电力电子设备可以构成交直流混联配电系统，由于电力电子变压器具有多种交流和直流端口，因此在传统交流配电网拓扑的基础上，可以根据不同 PET 直流端口的连接方式构建不同的交直流混联配电网可行结构。

交直流配电系统的混联形态主要有两种：一种是交流子网与直流子网基本相互独立，只通过高压侧或低压侧交流母线耦合；另一种则是直流子网与交流子网多端互联。具体的交直流混联电网一般均是这两种形态之一或是组合。

对于第一种形态，具体可以分为三种类型：

（1）中压交流电网通过电力电子变压器不同端口连接低压交流子网、低压直流子网，在高压侧交流母线耦合，典型形态如图 5-1（a）所示；

（2）中压交流电网通过中压柔直换流器连接中压直流子网，通过普通变压器连接低压交流子网，典型形态如图 5-1（b）所示；

（3）中压交流电网首先通过交流变压器降压，再通过低压双向变流器连接中压直流子网，并与低压交流子网在低压侧耦合，典型形态如图 5-1（c）所示。

对于第二种多端互联的混联形态，交直流系统之间通过互联变流站进行连接，整体的运行控制有赖于各种电力电子变换器，包含承担交直流系统之间潮流控制的互联变流站，以及完成不同直流电压等级转换的 DC/DC 变换器。该类型交直流混联配电结构不但可以提供可靠的直流供电以保障多类型直流负载、发电设备的接入，提高使用效率，而且可以利用互联变流站控制交直流之间及不同交流线路之间的潮流，从而优化系统运行，相互支撑电压，提升整体的供电能力、供电效率及分布式发电接入能力。其典型形态如图 5-2 所示，该形态直流子网和交流子网均在同一电压级别，可以同为中压，也可以同为低压。部分简化结构中，直流子网可以简化为多端背靠背换流器，内部共直流母线。

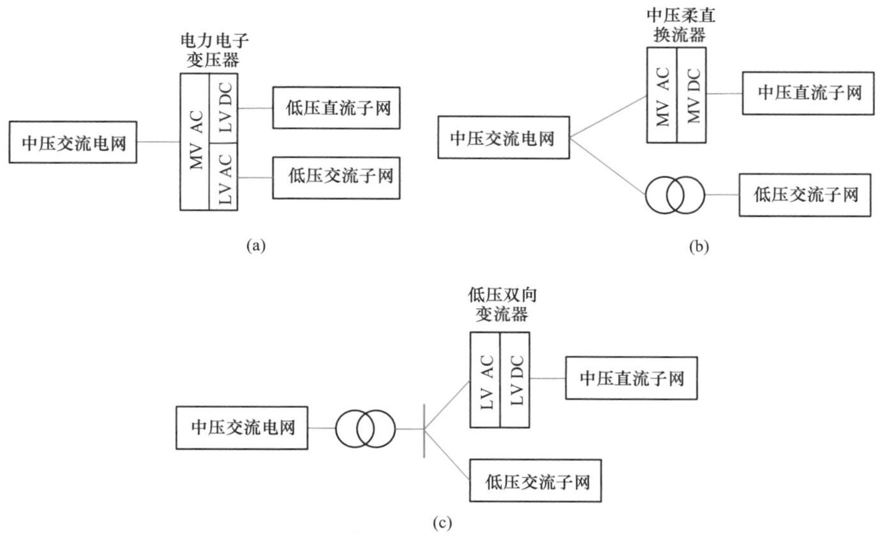

图 5-1　交流子网与直流子网相互独立的混联形态

（a）基于电力电子变压器形态；（b）基于中压柔直换流器形态；（c）基于低压双向变流器形态

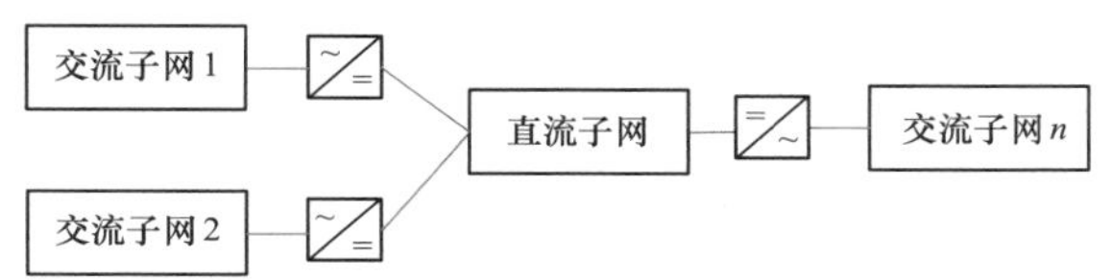

图 5-2　交流子网与直流子网多端互联的混联形态

从形态具体到结构，提出了手拉手型、星形、多端并供、环形等结构，如图 5-3 所示。

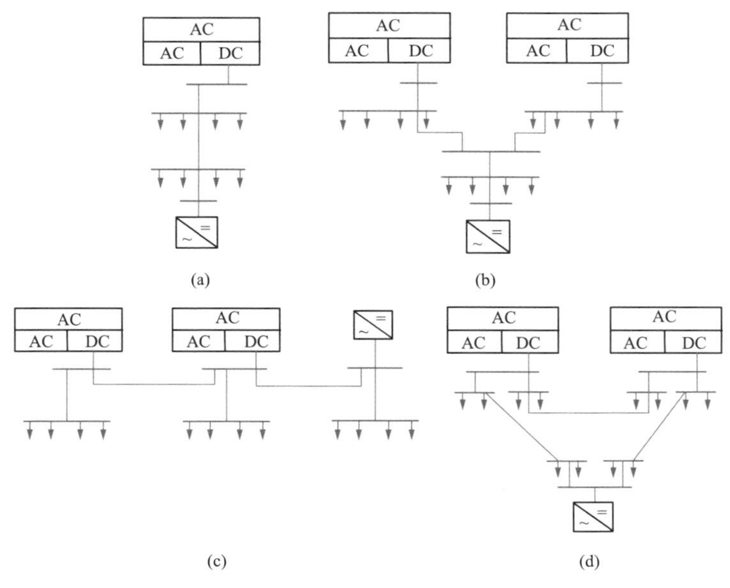

图 5-3　交直流混联结构

（a）手拉手型；（b）星形；（c）多端并供；（d）环形

从总体上看，直流基本结构互联相对交流互联更加容易，甚至能跨电压互联成环，并能够基于基本结构形成更加复杂的结构；相同拓扑结构如果构建设备不同，其配置成本、供电能力、运行经济性、扩展能力会有较大不同；不同拓扑结构和构建设备配置方案对应不同的应用需求和应用场景。

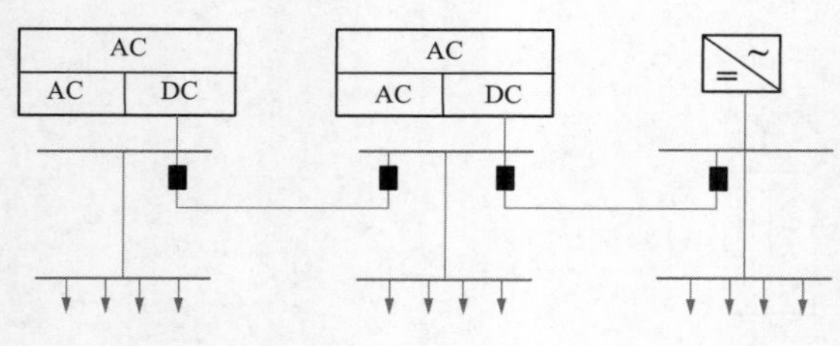

图 5-4　直流断路器互联方案

（1）对并供结构构建。相邻直流子网之间通过直流线路互联并供，形成网状结构，这样多个子网之间可以互相传输功率，主要包括基于直流断路器互联和基于直流断路器+DC/DC混合互联方案，如图 5-4 和图 5-5 所示。

对于基于直流断路器互联方案，主要优点在于低压直流断路器产品成熟、配置简单、损耗低；各子网电压必须一致。主要缺点在于需要判断是子网故障还是联络线故障，联络线故障时两侧断路器需要通信配合保证同时跳开，保护协调难度较高，不利于故障恢复；另外扩展升级需要提升断路器容量。

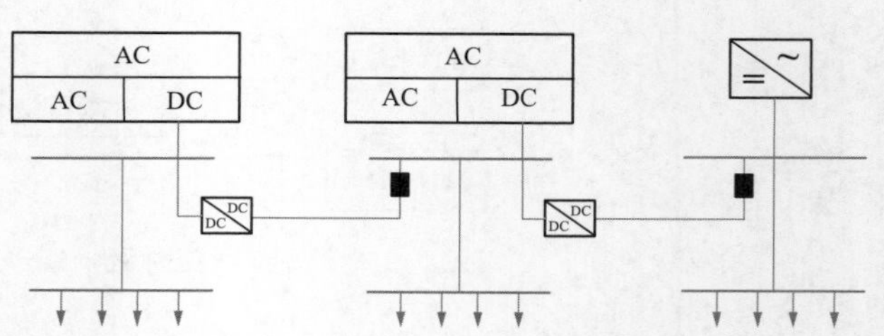

图 5-5　直流断路器+DC/DC 混合互联

对于基于直流断路器+DC/DC 混合互联方案，直流故障隔离容易，不需要复杂的通信和保护控制；每个直流断路器仅需承担本子网故障电流，系统其他部分在故障期间能够维持正常工作；升级扩展容易；可满足不同电压等级子网互联。主要缺点在于成本相对高，损耗相对大。

（2）对星形结构构建。相邻直流子网之间通过直流线路连接到某一公共节点，形成星形结构，这样多个子网之间可以互相传输功率，主要包括基于断路器和基于 DC-hub 两类，如图 5-6 所示。

对于基于断路器方案，所有子网通过直流断路器汇集到中间母线上，形成星形网络。主要优点在于低压直流断路器产品成熟、配置简单、保护控制无须通信、损耗低；但是各子网电压必须一致，每个直流断路器将会承受来自 $n-1$ 个互联子网的直流故障电流，且直接导致系统难以升级扩展接入线路和子网。

对于基于 DC-hub 方案，所有子网汇集到中间的 DC-hub（多端口 DC/DC 变换器）上，形成星形网络。可以无限制扩展，每个子网可以有不同的电压等级，且可以自由交换功率，任意子网故障可以快速隔离；主要缺点在于成本高，损耗大，功率流经 DC-Hub 至少会有 2%损耗，且当 DC-hub 本身故障时，整个系统都将无法工作。

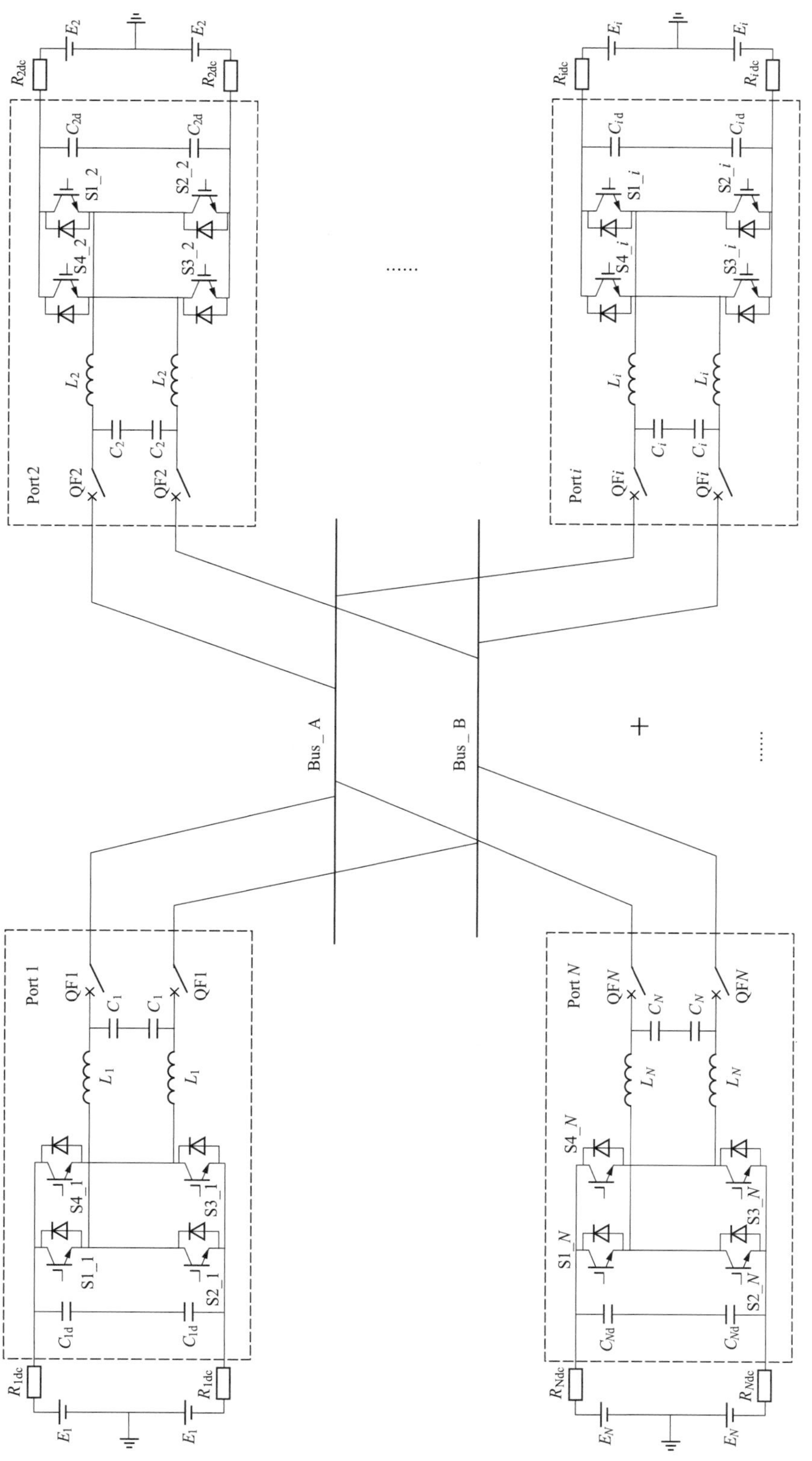

图 5-6 基于 DC-hub 的星形结构

（3）对环型结构构建。环形结构扩容较复杂，需要对现有结构进行较大改变，现有的直流断路器也需要全部进行更换。优点在于任一直流线路故障后，只有一条直流线路退出运行，其他部分能够以开环结构继续运行。系统不会存在功率损失，所有电力电子变压器都可以正常工作。

下面以包含三个电力电子变压器的交直流混联系统为例开展研究。基于上述分析，可得三个电力电子变压器构建的交直流混联系统结构如图 5-7 所示。

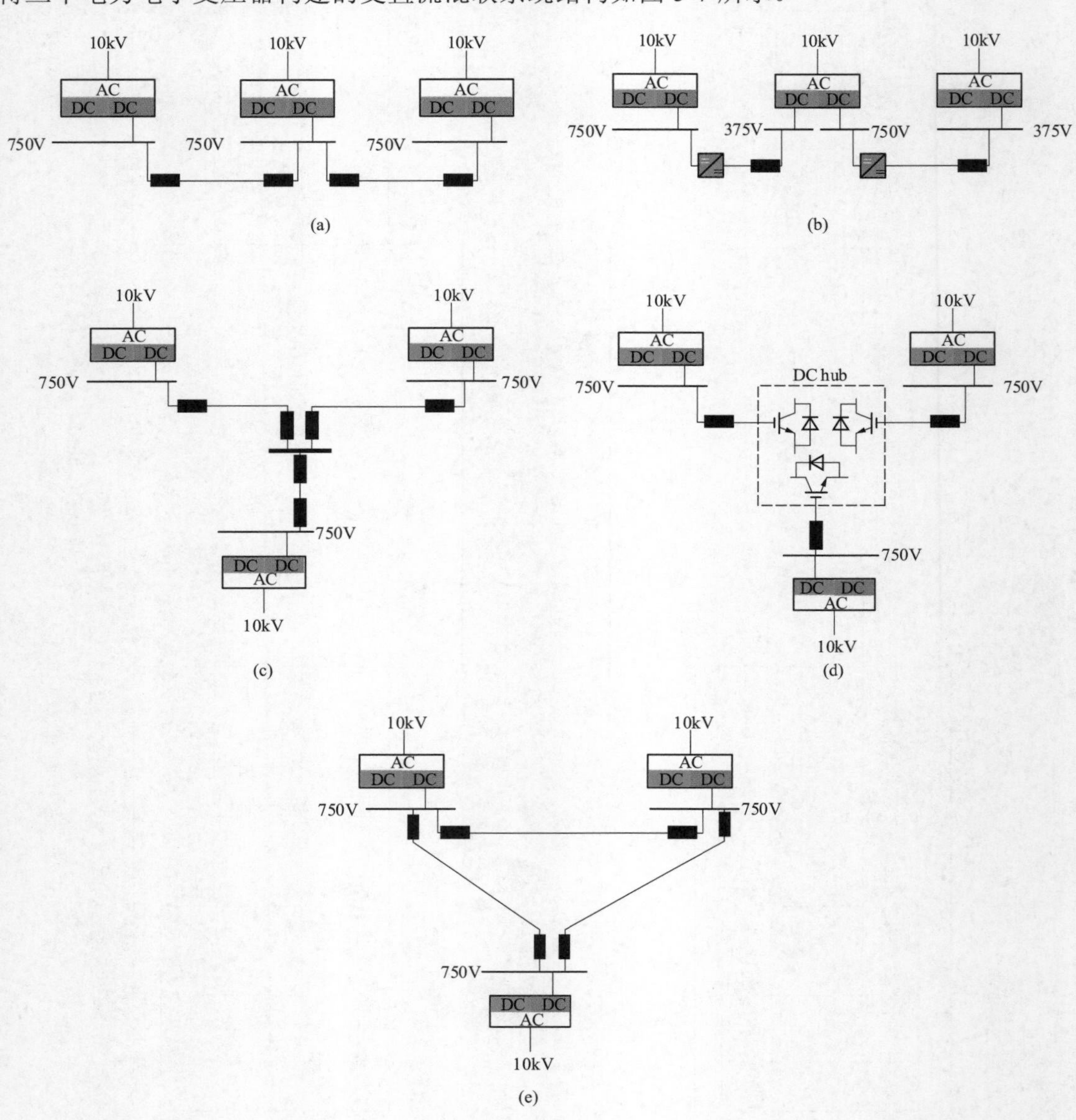

图 5-7　交直流混联系统结构

（a）同电压等级多端并供；（b）不同电压等级多端并供；（c）星形；（d）含 DC hub 星形；（e）环形

图 5-7（a）为多端并供结构，三个交流配电网通过电力电子变压器的同电压等级的直流端口与直流断路器互联，构成交直流混联配电网。图 5-7（b）与图 5-7（a）的不同之处在于三个电力电子变压器的不同电压等级的直流端口通过直流线路互联，需要加入 DC/DC 变换器来统一电压等级。采用 DC/DC 变换器将三条不同电压等级的直流线路相连，直流线路电压等级为±375V 和±750V。图 5-7（c）为星形结构，三个电力电子变压器通过公共连接点互联，构成辐射形直流网络，每条直流线路两端配置直流断路器。图 5-7（d）在图 5-7（c）的基础上，将不同电压等级的直流线路通过 DC hub 互联，实现了三个电力电子变压器直流线路之间的隔离，每条直流线路仅需要在靠近电力电子变压器的一端配置直流断路器。图 5-7（e）利用环形结构实现三个电力电子变压器的互联，三条直流线路电压等级相同，每条直流线路两端配置直流断路器。

5.2 含电力电子变压器的交直流混联系统

分布式电源的大规模并网对电力系统灵活接入和有效调控带来新的挑战和更高要求，基于电力电子变压器构建的交直流混联系统可以实现分布式电源在大范围的互联互济，成为新的发展趋势。为了协调分散在不同网络分布式电源有功出力，实现交直流网络的互补运行问题，提出含 PET 的交直流混合配电网互补优化模型。分析 PET 的拓扑结构，建立计及损耗特性的多端口 PET 稳态模型，以适用于交直流混联配电网；低压交流侧为三相不对称系统，分析 PET 的三相不平衡抑制机理，然后建立以有功网损最小为目标的函数，考虑三相不平衡度约束的优化模型，提升系统的经济性和可靠性，实现直流对交流的有功支撑。此外，含 PET 的交直流网络相互耦合在一起，采用目标级联分析法建立含 PET 的交直流网络分解互补优化模型，对耦合变量和局部变量进行解耦协调控制，实现了交直流网络的相互协调互补优化。

5.2.1 交直流混联系统电力电子变压器

1．电力电子变压器工作原理

随着智能电网的不断开发和建设，更多的分布式发电系统需要有效、可靠地融入电力系统中，用户对供电的可靠性、灵活性与电网对负荷的品质也都提出了更高的要求。随着大功率电力电子技术的不断发展，一种基于电力电子变换技术的新型变压器——电力电子变压器得以在电网中广泛应用。其结构原理如图 5-8 所示。

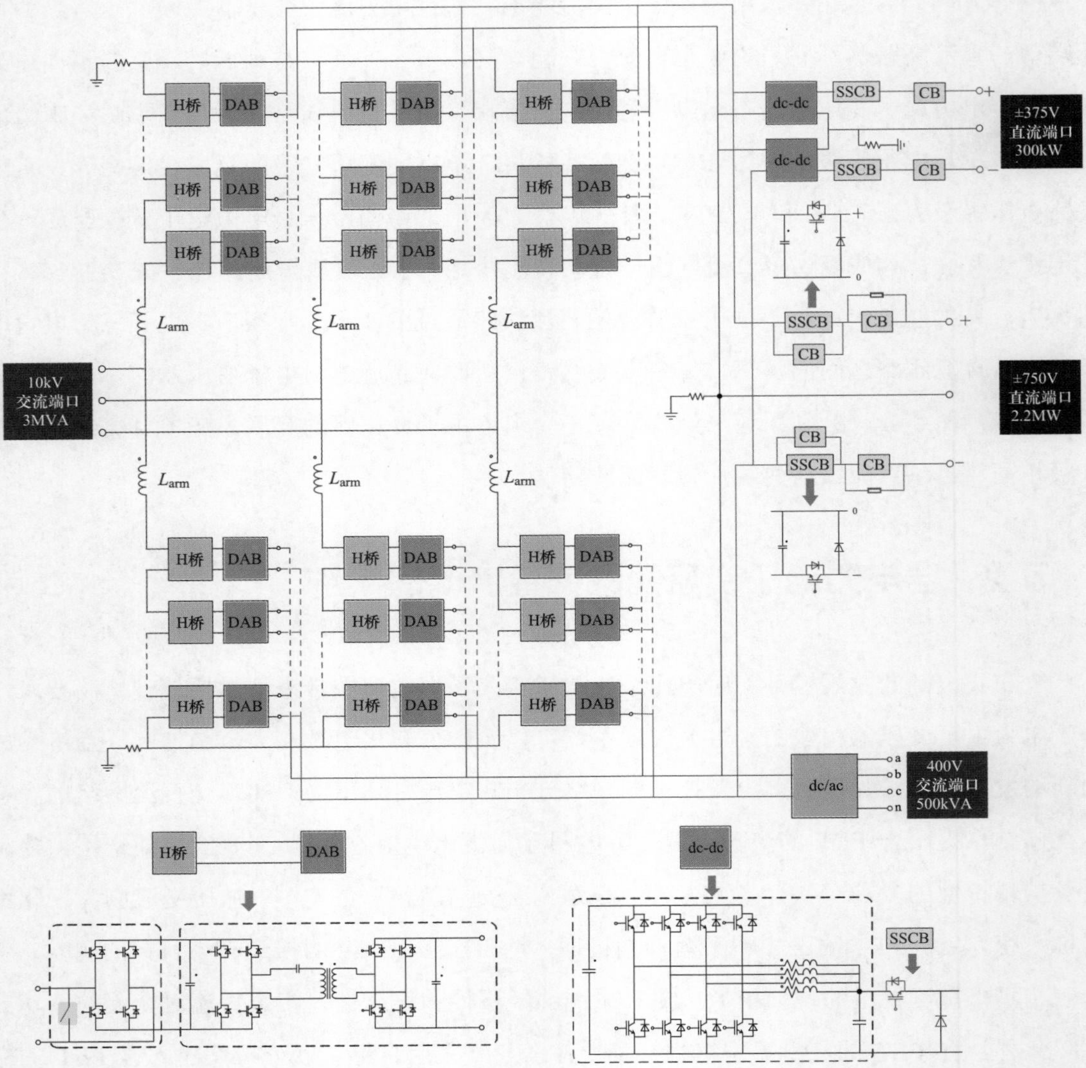

图 5-8　电力电子变压器电路结构原理图

本书采用级联 H 桥（CHB）型 PET，CHB 型 PET 是四级型交直流电力电子变压器，CHB 型 PET 在各相高压交流侧由多单元 H 桥变换器级联构成，用于将高压交流转换为高压直流，中间隔离型 DC-DC 变换环节，一般可采用 DAB 实现，用于将高压直流变换为低压直流，H 桥单元和 DAB 环节通过高压侧直流母线电容连接，构成 CHB 型 PET 的功率模块。各功率模块在输出侧并联形成低压直流端口。

2．电力电子变压器控制策略

为了在电力电子变压器运行时稳定直流侧电压，同时实现其交流侧在受控功率因数条件下的正弦电流控制，必须对 CHB 环节加以控制。CHB 环节的控制策略包括 H 桥的控制策略和 DAB 的控制策略，目前，H 桥主要的控制策略有双环控制、滞环控制、重复控制、无差拍控制等，其中应用最广、研究最成熟的控制策略是 PWM 整流桥采用电压、电流双闭环控制策略，此处控制策略也采用双环控制策略，并引入 PI 调节器解耦输入电流，如图 5-9 所示。电压外环的作用主要是保证输出直流电压恒定，并给出 d 轴的内环电流参考值 i_{dref}；电流内环的作用主要是按照电压外环输出的电流指令进行电流控制。DAB 的控制策略有单移相控制、双移相控制及开环控制等，此处采用的是开环控制策略，即变压器一、二次侧 DC/DC 变换器均为占空比为 50%的方波电压。

3．电力电子变压器等效建模

基于电力电子变压器的详细模型，将建立电力电子变压器的等效模型，等效思路主要包括两部分：

1）保证控制环节和 PET 器件参数不变，从而保证仿真的精确性。

2）简化高频开关和高频变压器，从而减少计算量，提高计算速度。

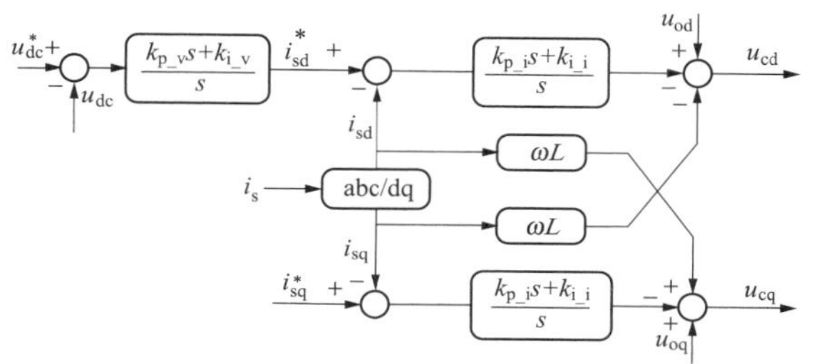

图 5-9 电力电子变压器 CHB 环节 H 桥控制策略

u_{dc}^*—H 桥直流母线电压参考值；u_{dc}—H 桥直流母线电压实际值；k_{p_v}、k_{i_v}—电压外环 PI 参数；i_s—网侧电流；i_{sd}^*、i_{sd}、i_{sq}^*、i_{sq}—分别为经 dq 变换后、d、q 轴电流的参考值及实际值；k_{p_i}、k_{i_i}—电流内环 PI 参数；u_{od}、u_{oq}—前馈电压值；u_{cd}、u_{cq}—电容电压 d、q 轴控制量

电力电子变压器等效模型拓扑图如图 5-10 所示。

从图 5-10 可以看到，电力电子变压器的等效模型主要包括 CHB 环节和逆变级及 375～750V 的 DC-DC 环节。DC-DC 环节模型已经很成熟，接下来重点介绍 CHB 环节和逆变环节的等效过程。

（1）CHB 等效策略。

1）保留双环结构的控制部分；

2）采用平均等效模块计算代替整流桥；

3）将计算所得信号 U_d 通过受控电压源的形式连接在电路中；

4）利用功率测量反馈等效负载的形式建立起直流侧与交流侧的电气关联。

CHB 环节中单个 H 桥–DAB 环节等效模型如图 5-11 所示，利用单个 H 桥–DAB 环节等效模型可以得到 CHB 环节整体的等效模型。

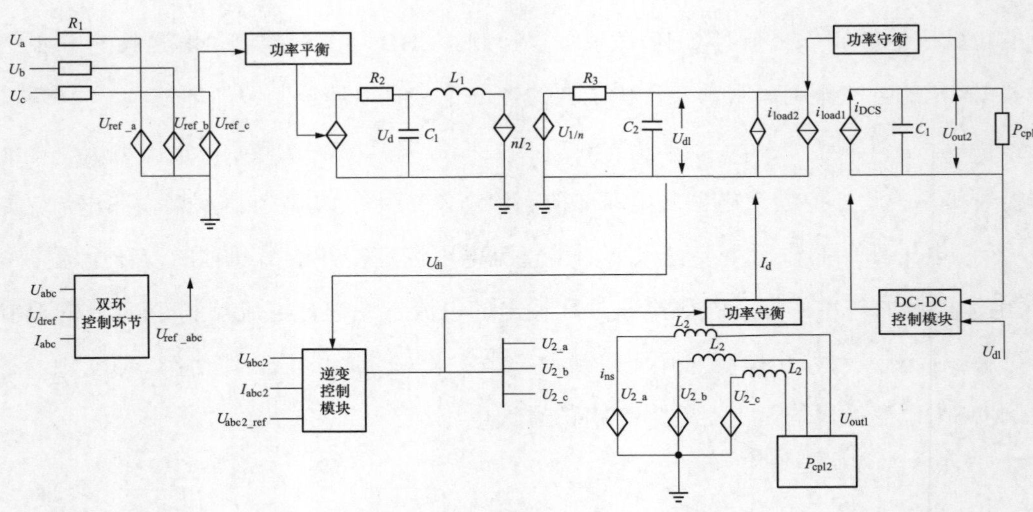

图 5-10　电力电子变压器等效模型拓扑图

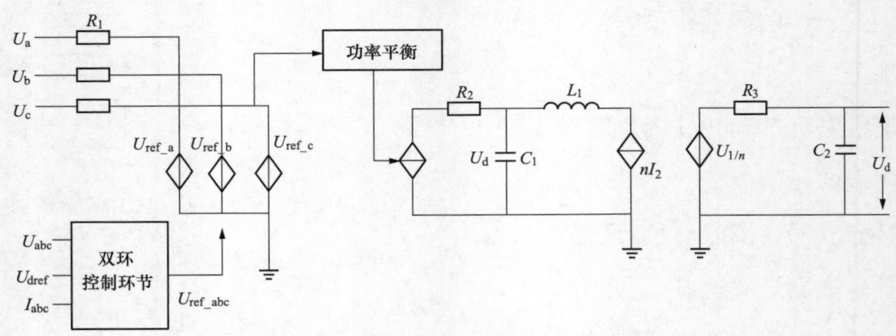

图 5-11　单个 H 桥–DAB 环节等效模型

（2）逆变级等效策略。

1）控制策略不变，控制模块一致；

2）消去高频逆变桥，采用等效逆变模块计算得到输出交流电压值；

3）将计算所得电压值以受控电压源的形式作为交流输出。

逆变级等效模型拓扑结构如图 5-12 所示。

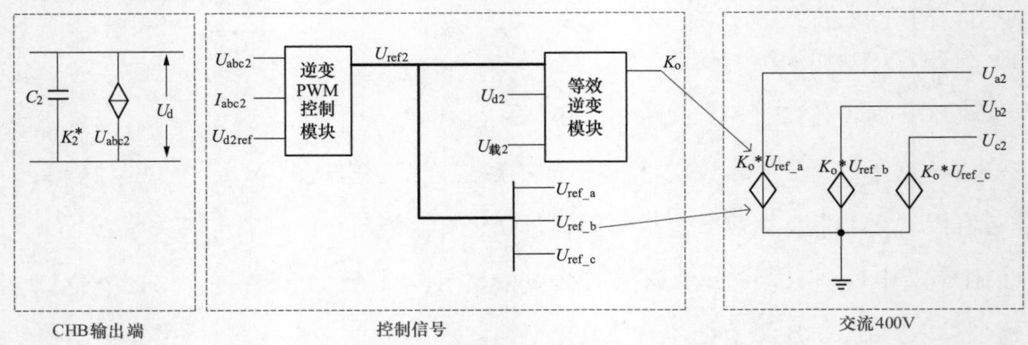

图 5-12　逆变级等效模型拓扑结构

通过对每一个环节的等效处理，可以得到整体的电力电子变压器等效模型，利用 simulink 搭建相应的仿真模型，进行仿真验证。

5.2.2 含电力电子变压器的交直流混联系统运行能力分析

1. 负荷供电能力分析

配电网最大供电能力（total supply capability，TSC），是指配电网在满足各种运行约束条件下能够供应的最大负荷，是电网技术经济评价体系中的一个重要指标。其应用主要在两个方面：一个是在规划阶段，通过 TSC 指标制订电网的升级、改造、扩建计划；另一个是在运行阶段，评估当前运行状态的裕度，以便进行更好的方式安排。交直流混联配电网是未来配电网的一个重要发展方向，对其最大供电能力的准确计算是十分必要的。

目前对配电网最大供电能力的研究主要集中在交流配电网 TSC 的计算上，其计算方法主要分为解析法和模型法两类。解析法物理意义明确，计算过程简单，但对实际电网的描述不够精细，并且约束比较简单，得到的 TSC 只精确到主变压器的负荷，无法得到馈线负荷，结果不够精确。模型法包括线性规划法和非线性规划法。线性规划方法将 TSC 计算建模视为线性规划问题，未考虑通过潮流计算确定的电网节点电压和网损等约束，所得结果不够精确。非线性规划方法通过潮流计算，能够考虑电压及网损等约束，所得结果相比线性规划方法更加准确。因此，最终结果准确与否与模型的构建关系很大。因为主变压器所带负荷包含网络损耗，并非电网所带负荷，所以以总负荷最大为目标函数的模型得到的结果相比以主变压器总负荷最大为目标函数的模型更加准确；精确描述各变电站主变压器之间馈线联络关系的模型相比只描述各变电站是否存在联络的模型，得到的结果更加精确。

对交直流混联配电网的 TSC 研究较少，目前所见研究只考虑柔性配电网，用柔性开关设备替代交流馈线之间的联络开关，所研究柔性配电网并未考虑直流负荷。

（1）*N*−1 准则。*N*−1 准则是配电系统规划和运行中的重要准则，*N*−1 安全性定义为：当配电网在某个工作点时任意一个独立元件发生故障或检修退出，能够迅速将故障隔离，并对所有非故障段用户恢复供电，此时所有元件包括负荷且所有节点满足允许电压偏移约束。若在某个工作点下满足上述条件，则称为配电网在该工作点是 *N*−1 安全的，否则是不安全的。

馈线出口故障是最严重的情况，目前交流配电网规划中 *N*−1 校验主要选择在最大负荷情况下的馈线出口和变电站主变压器故障两种场景。对于交直流配电网，*N*−1 校验还应考虑换流站、电力电子变压器 AC 端口和 PET 故障的情况。

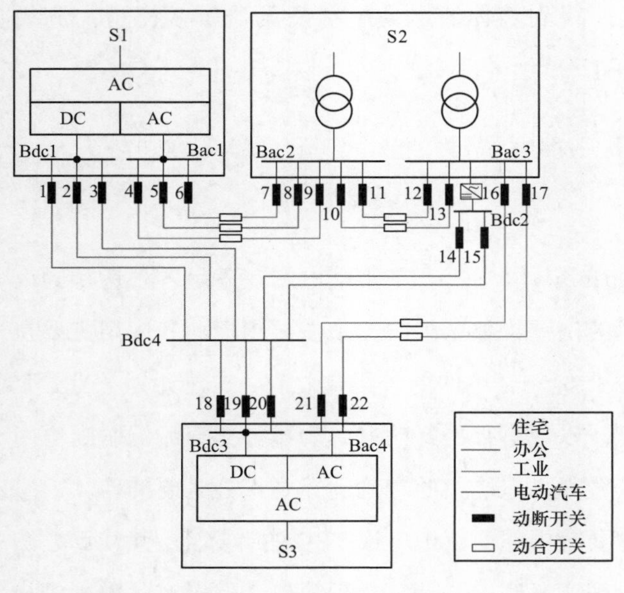

图 5-13　交直流配电网结构

给定交直流配电网结构如图 5-13 所示，该配电网有 3 个变电站，其中两个为含电力电子变压器的变电站，1 个为传统变电站。各交流馈线之间存在联络开关，直流馈线连接到一条公共直流母线上，构成星形结构。以图 5-13 的结构为例分析馈线 $N-1$ 的负荷转带、换流站和 PET 的 AC 端口 $N-1$ 的负荷转带和主变压器 $N-1$ 的负荷转带情况。

1）馈线 $N-1$ 的负荷转带。交流馈线发生 $N-1$ 故障时，在图 5-13 中馈线 4 发生 $N-1$ 故障，则馈线 4 的出口常闭开关断开，馈线 4 与馈线 9 之间的联络开关闭合，将馈线 4 的负荷转带到馈线 9；直流馈线发生 $N-1$ 故障时，若图 5-13 中馈线 1 发生 $N-1$ 故障，则馈线 1 的出口常闭开关断开，其负荷转带到其他互联的直流馈线。

2）换流站和 PET 的 AC 端口 $N-1$ 的负荷转带。换流站发生 $N-1$ 故障时，若图 5-13 中 S2 的第二个主变压器所连换流站发生 $N-1$ 故障，则馈线 14、15 的出口常闭开关断开，其负荷转带到其他互联的直流馈线；PET 的 AC 端口发生 $N-1$ 故障时，若图 5-13 中 S1 的 PET 的 AC 端口发生 $N-1$ 故障，则馈线 4、5、6 出口常闭开关断开，对应联络开关闭合，所带负荷转带到馈线 7、8、9。

3）主变压器 $N-1$ 的负荷转带。传统主变压器发生 $N-1$ 故障时，若图 5-13 中 S2 的第一个主变压器发生 $N-1$ 故障，则馈线 7、8、9、10、11 的出口常闭开关断开，对应联络开关闭合，其负荷分别转带到馈线 4、5、6、12、13；PET 发生 $N-1$ 故障时，若图 5-13 中 S3 的 PET 发生 $N-1$ 故障，则馈线 18、19、20 的出口常闭开关断开，其负荷转带到其他互联的直流馈线，馈线 21、22 出口常闭开关断开，对应联络开关闭合，负荷转带到馈线 16、17。

（2）最大供电能力模型。配电网 TSC 计算模型中一般以电网所带总负荷最大为目标函数。在电网结构一定的情况下，各变压器负载率的均衡度在一定程度上会影响系统的可靠性，因此在配电网的实际运行中一般都有负荷均衡度方面的要求，各变电站中主变压器负载率的均衡有利于保证整个配电网的可靠性。提出以电网负荷总和最大、各主变压器负载

率方差最小同时作为优化目标的多目标优化模型。在约束方面主要考虑N−1静态安全约束，包括主变压器容量、线路容量、VSC容量、PET端口容量、PET容量和电压等约束。所提模型同时考虑了不同类型的负荷，保证了在达到最大供电能力时，负荷按运行曲线变化的电网在全天其他时刻也满足N−1约束。

2．潮流控制能力分析

（1）设备短空潮流控制能力。为提升控制精度，多端直流配电网通常采用主从控制，由VSC或PET控制直流母线电压。在大扰动情况下，设备直流输出端口的潮流控制能力相比于小扰动情况下，要更为保守。为保证系统在复杂动态情况下的安全运行，避免潮流越限导致系统崩溃，在设计系统的潮流运行时，应将设备在大扰动下极限的潮流控制能力作为潮流约束的条件之一。

1）VSC控制直流母线电压。首先分析VSC的静态有功功率极限，影响系统能够提供最大功率的因素主要有两个：一是交流侧稳态矢量关系的限制；二是交流侧电阻的限制。

（a）交流侧稳态矢量关系限制。单位功率因数运行时，交流电流矢量I方向与电网电动势矢量E相同，VSC交流侧电压矢量V与I和E满足以下关系：

$$V^2=(\omega L_1 I)^2+(E-R_1 I)^2 \tag{5-1}$$

$$|V|=M u_{\mathrm{dc}}$$

式中：M为调制方式对直流电压的最大利用率。

若为SPWM调制方式，则M=0.707，将系统参数代入式（5-1）即可得到由稳态矢量关系限制的有功电流极限值。

（b）交流侧电阻限制。交流侧等效电阻R_1会限制系统能够提供的最大有功功率，将交流侧电阻视为理想电源的内阻，则由电路理论可知，系统能提供的最大有功功率为$u_{\mathrm{sd}}^2/4R_1$。

下面分析考虑系统大扰动状况时，VSC端口的最大潮流控制能力。由于恒功率负载具有负阻抗特性，在大扰动状况下，其对系统的影响比恒阻抗负载及恒电流负载要明显的多，因此，考虑系统中负载均为恒功率负载的极端情况。

VSC通常采用双闭环控制，内环为电流控制环，外环为电压控制环。对于电流内环，采用PI控制，当PI参数设置较为合理时，电流内环可近似等效为一阶惯性环节。为提高电流的响应速度和抗干扰能力，电流内环的时间常数设置为系统采样时间的15～20倍，此时，电流内环可近似等效为一阶惯性环节，且时间常数较大，可进一步等效为1，即近似地认为电流内环可以无延迟跟踪外环给出的电流参考值。

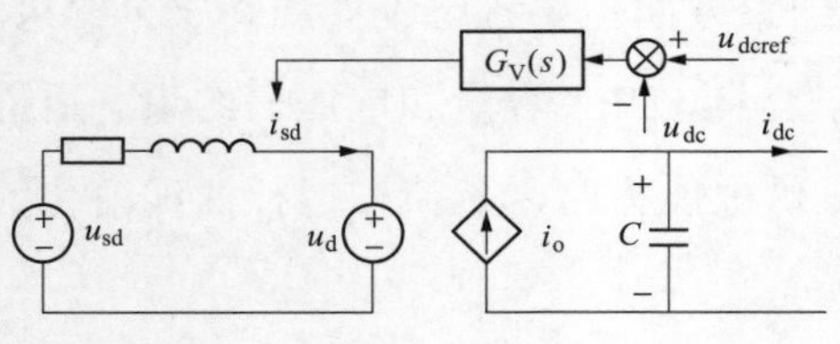

图 5-14　VSC 简化模型

VSC 电压外环采用定直流电压控制和定无功功率控制，此处设置 VSC 运行在单位功率因数状态，即无功功率为 0，i_{sq} 为 0，即 q 轴电路不向直流侧传递功率。基于上述分析，并网 VSC 可简化为如图 5-14 所示的模型，图中 i_{dc} 为等效直流负载电流。

VSC 带恒功率负载的混合势函数为

$$P(i,v) = -\int_0^{u_{dc}} i_o \mathrm{d}u + \int_0^{u_{dc}} \frac{P_{CPL}}{u}\mathrm{d}u \tag{5-2}$$

基于混合势函数理论，VSC 带恒功率负载的大扰动稳定判据为

$$\begin{cases} \mu_1 = \dfrac{1}{\sqrt{L}} A_{ii}(i) \dfrac{1}{\sqrt{L}} = 0 \\ \mu_2 = \dfrac{1}{\sqrt{C}} B_{vv}(v) \dfrac{1}{\sqrt{C}} = \dfrac{1}{C}\left(\dfrac{-\partial i_o}{\partial u_{dc}} + \dfrac{1}{R_L} - \dfrac{P_{CPL}}{u_{dc}^2} \right) \\ \quad = \dfrac{3}{2C} \dfrac{(u_{sd} - 2R_1 i_{sd})k_{vp} - L_1 k_{vi} i_{sd}}{u_{dcref}} - \dfrac{P_{CPL}}{Cu_{dc}^2} \\ \mu_1 + \mu_2 > 0 \end{cases} \tag{5-3}$$

式中：L_1、R_1 分别为 VSC 交流侧等效连接电抗和等效电阻；P_{CPL} 为恒功率负载功率值；u_s 为 d 轴电网电压；i_{sq} 为 d 轴电流；k_{vp} 和 k_{vi} 分别为电压环比例参数和积分参数；u_{dcref} 为直流母线电压参考值。

根据式（5-3），可得 VSC 的最大可控有功功率为

$$P_{CPL\_max} = \frac{3u_{dc}^2}{2} \frac{(u_{sd} - 2R_1 i_{sd})k_{vp} - L_1 k_{vi} i_{sd}}{u_{dcref}} \tag{5-4}$$

分析式（5-4）可知，在固定的电网物理参数和控制参数下，设备的端口对应着一个最大的潮流控制能力。

2）PET 控制直流母线电压。常见的移相型 DAB 拓扑示意图如图 5-15 所示。

DAB 采用单移相控制，通过调节高频变压器一、二次侧两个 H 桥的相位差（移相角）来控制 DAB 的功率大小和方向，间接调节二次输出电压的大小，其中移相角采用 PI 控制器，控制器数学模型为

$$d_\varphi = k_p(U_{2ref} - U_2) + k_i \int (U_{2ref} - U_2)\mathrm{d}t \tag{5-5}$$

对于 DAB，忽略高频变压器损耗及开关损耗，在一个开关周期内，DAB 传递的有功功率为

$$P_{\text{DAB}}=\frac{U_1U_2}{2nfL_{\text{r}}}d_{\varphi}(1-d_{\vec{\varphi}}) \tag{5-6}$$

式中：n 为高频变压器变比；f 为 DAB 开关频率；d_{φ} 为移相占空比；L_{r} 为变压器漏感。

DAB 是典型的输入、输出功率守恒的二端口拓扑，在忽略损耗的前提下，可等效为回转器模型，DAB 接负载的回转器模型如图 5-16 所示。

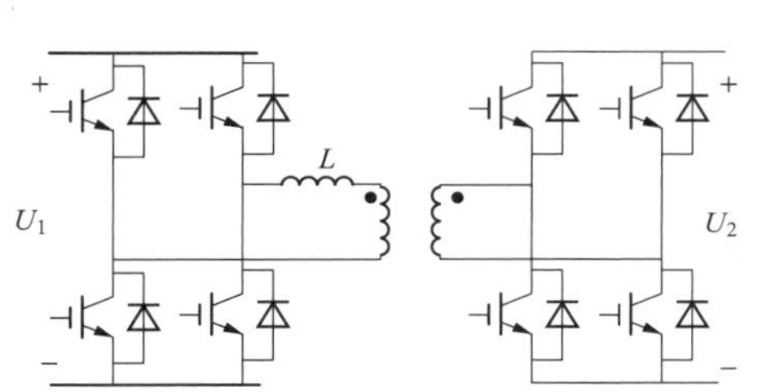

图 5-15　DAB 拓扑示意图

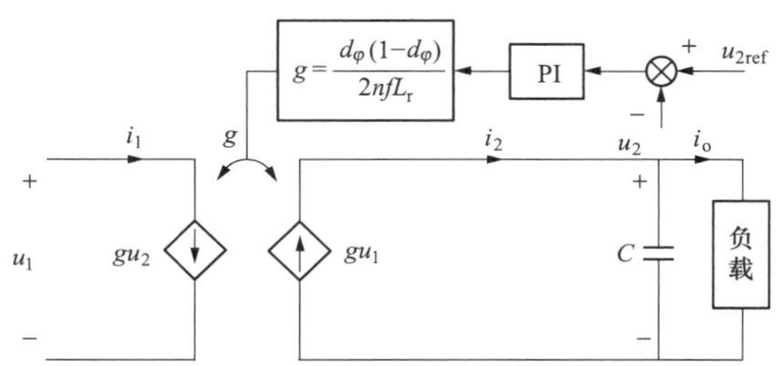

图 5-16　DAB 接负载的回转器模型

上述系统的混合势函数为

$$P(i,u)=-\int_{0}^{u_{\text{dc}}}gu_1\text{d}u+\int_{\Gamma}\frac{P_{\text{CPL}}}{u}\text{d}u \tag{5-7}$$

得到系统的稳定性判据为

$$\begin{cases}\mu_1=L^{-1/2}A_{ii}(i)L^{-1/2}=0\\ \mu_2=\dfrac{1}{\sqrt{C}}B_{\text{vv}}(v)\dfrac{1}{\sqrt{C}}=-\dfrac{1}{C}\dfrac{\partial gu_1}{\partial u_{\text{dc}}}-\dfrac{P_{\text{CPL}}}{Cu_{\text{dc}}^2}\\ \quad=\dfrac{1}{C}\dfrac{u_1}{2nfL_{\text{r}}}(k_{\text{p}}-2d_{\varphi}k_{\text{p}})-\dfrac{P_{\text{CPL}}}{Cu_{\text{dc}}^2}\\ \mu_1+\mu_2>0\end{cases} \tag{5-8}$$

由此可得 DAB 可控的最大功率为

$$P_{\text{CPL\_max}}=\frac{u_1u_{\text{dc}}^2}{2nfL_{\text{r}}}(k_{\text{p}}-2d_{\varphi}k_{\text{p}}) \tag{5-9}$$

（2）系统潮流控制能力。以设备端口控制能力得到的最大功率为边界条件，可以对不同结构的系统级潮流控制能力进行分析，即通过潮流计算分析其对馈线功率的控制能力。不同结构的交直流混联配电网的潮流控制能力存在着差异，星形结构和多端并供结构由于不同直流母线间只需一条线路连接即可组成网络，因此在主从控制下，控制功率站所连线路的功率可以做到完全可控，在功率站所连线路功率得到控制，即线路功率确定的前提下，

电压站所连线路的功率也是确定的；而对于环形结构，不同直流母线间至少需要两条线路才能组成环网，因此在主从控制下，控制功率站所连线路为两条，功率站发出的功率可控，而功率站所连两条线路的功率分别为多少是不可控的，即环网结构对线路功率的控制能力较差，无法精确控制每条线路的功率，相比星形和多端并供结构的潮流控制能力较弱。

以图 5-17 所示三种结构算例为例，对不同结构的交直流混联配电网的潮流控制能力进行对比分析。

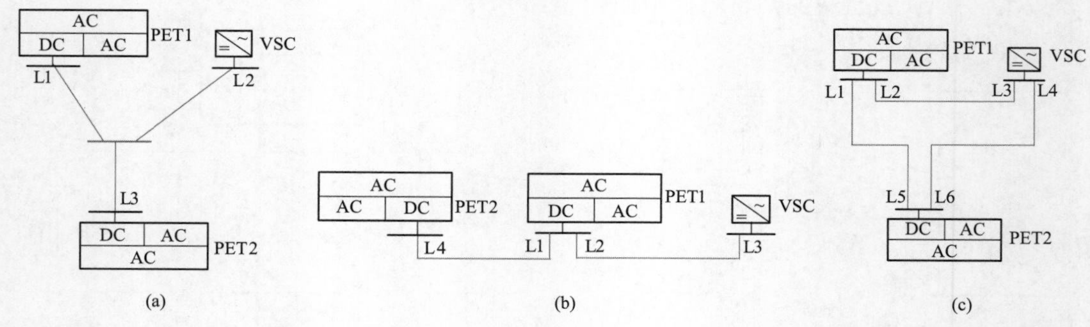

图 5-17　潮流控制能力算例

（a）星形结构；（b）多端并供；（c）环网结构

算例中，PET1 和 PET2 的 DC 端口容量设置为 2.2MW，VSC 的容量设置为 1MW，系统采用主从控制方式，选择容量较大的 PET1 的 DC 端口来控制直流电压，选择 VSC 和 PET2 的 DC 端口来控制功率，设置 VSC 和 PET2 的 DC 端口功率分别为 0.6MW 和 0.5MW，设置系统总负荷为 1.6MW，得到不同结构的交直流混联配电网的各条馈线的出口功率见表 5-1。

表 5-1　　　　**各结构的馈线功率**

馈线	L1	L2	L3	L4	L5	L6
星形	0.6316MW	0.5871MW	0.4896MW			
多端并供	0.5283MW	0.0873MW	0.5871MW	0.4896MW		
环网	0.3522MW	0.2287MW	0.3034MW	0.2837MW	0.3106MW	0.1790MW

从表 5-1 中可以看到，在星形结构中，L2 和 L3 的功率可以做到完全可控，其功率为设定功率站的功率减去功率站的损耗，L1 的功率则为总负荷与 L2 和 L3 功率及网损的差值；多端并供结构中，L3 和 L4 的功率也可以完全可控，L1 和 L2 的功率也可以根据负荷和 L4 和 L3 的功率来确定；而环网结构中，L3 和 L4 的功率和以及 L5 和 L6 的功率和

是可控的，但具体线路的功率是不可控的，因此各条线路的功率都是不可控的，可控性较差。

针对环网的潮流控制能力较差，线路功率不可控的情况，可以通过加入潮流控制器来提高其潮流控制能力。在直流电网潮流控制器接入前，环形电网的潮流在系统潮流约束和线路容量约束下存在一个自然的潮流分布，系统的潮流可行解只有一个点，只能运行在这一种潮流状态下，线路的功率无法控制，而在接入潮流控制器后，系统的潮流可行解由单一的一个点扩展为很多点的集合，即潮流可行空间的范围扩大了，此时，可以通过对潮流控制器参数的调整来实现潮流运行点的优化选择，精确控制各条线路的功率。在设备控制参数确定的情况下，某些极端情况可能会造成系统的运行点在潮流约束和线路容量约束之外，即系统无法在自然情况下正常运行，此时则可加入潮流控制器，通过调整潮流控制器参数使得系统在能够满足约束的条件下安全运行。

（3）可再生能源消纳能力分析。由于可再生分布式电源（distributed generation，DG）的出力具有间歇性和波动性，因此其接入交直流混联配电网会造成系统的电压波动，随着可再生能源渗透率的提高，系统最大电压值会不断上升，严重时会造成电压越上限，从而造成弃风弃光现象，限制了可再生能源的接入。电压上限的限制成为限制交直流配电网对可再生能源消纳能力的主要原因。目前对配电系统可再生能源消纳能力计算的方法一般为重复潮流法，即不断增大可再生能源的渗透率，直至系统电压越限，则得到了系统最大的可再生能源消纳能力。不同结构的交直流混联配电网由于直流侧的连接方式不同，在接入可再生能源后的潮流分布存在差异，因此对可再生能源的消纳能力也不同。

（4）故障运行特性分析。以单个 VSC 换流站为例，分析其故障特性。直流短路故障分为单极接地故障和极间短路故障两种，其中极间短路故障的故障程度较为严重，系统元件选型时多以极间短路故障特性为依据，因此，下面以极间短路故障为例开展研究。直流线路发生极间短路故障后，流经换流站内 IGBT 的电流迅速增加。为保护 IGBT 免于烧毁，故障发生后，IGBT 内部保护装置迅速闭锁其控制信号，使 IGBT 保持关断状态。为了便于分析，假设故障发生瞬间，IGBT 立即闭锁，换流站可等效为由 IGBT 续流二极管构成的三相不控整流桥。此外，三端交直流互联系统线路较短，通常不超过几千米，可以忽略线路分布电容，采用线路 RL 模型进行故障分析。

VSC 发生极间短路故障后的等效电路如图 5-18 所示。其中，U_{sa}、U_{sb}、U_{sc}、L_{sa}、L_{sb}、L_{sc} 为交流侧等效电压、电感，C_d 为 VSC 直流侧电容，R、L 为直流线路等效电阻、电感。设 VSC 在 0.5s 时发生直流短路故障，仿真结果如图 5-19 所示。

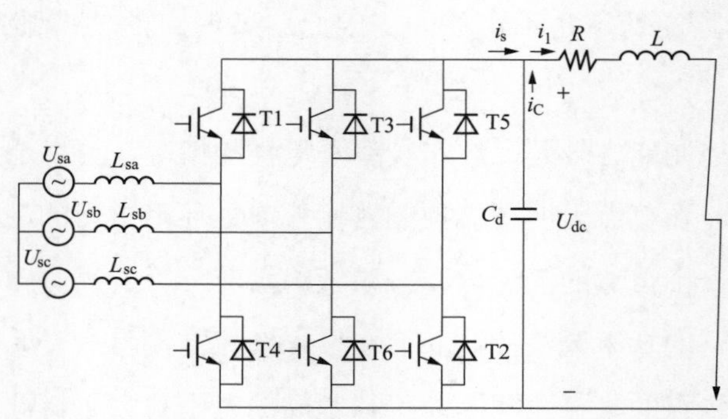

图 5-18　VSC 极间短路故障等效电路图

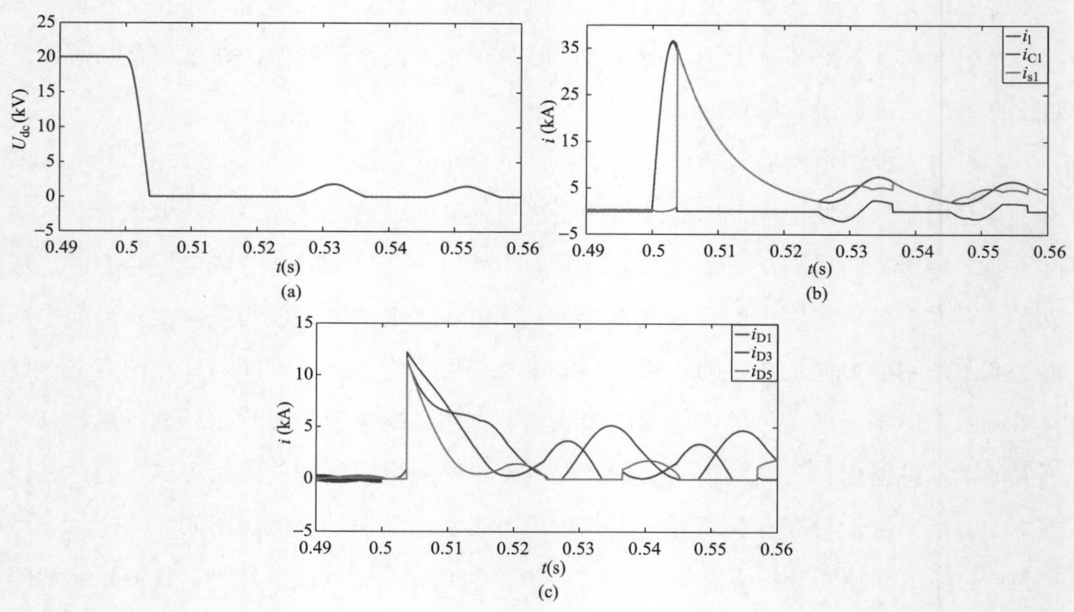

图 5-19　VSC 极间短路故障仿真结果

（a）直流电容电压；（b）直流线路电流；（c）续流二极管电流

直流极间短路故障过程分为直流电容放电、二极管续流和交流电流馈入三个阶段。由图 5-19 可知，极间短路故障发生后，直流侧电容开始放电，电容电压迅速下降，直流线路电流迅速上升。该阶段直流线路电流由两部分组成：一部分来源于交流侧等效电源，另一部分为直流侧电容放电电流，且交流侧馈入电流远小于直流电容放电电流。当直流侧电容电压在故障后 3ms 左右降为 0 时，线路电感开始放电，同时交流侧相当于发生三相短路故障，交流侧电流开始馈入直流线路。此时，直流线路电流主要由交流侧馈入电流决定。迅速增加的三相短路电流会对续流二极管造成巨大的冲击，流经二极管的电流值达到 12kA

左右。因此，通常要求在该阶段到来之前，直流断路器断开故障线路，以免续流二极管过电流损坏。最后，系统进入稳态阶段，直流侧电容周期性充放电，交流侧馈入电流逐渐稳定。

对交直流混联配电网而言，不同电力电子变压器需要相互连接构成直流系统，因此有必要对互联之后系统的故障特性进行分析。任一直流线路故障后，故障阶段可以分为直流电容放电和交流电流馈入两个阶段。由于直流断路器的配置与故障电流峰值和峰值时间密切相关，而峰值和峰值时间主要由电容放电特性来决定。因此，下面主要针对电容放电阶段的故障特性进行研究。在电容放电阶段，电力电子变压器和 DC/DC 变换器可以用电容来代替。据此，可以得到五种拓扑故障后的等效电路，如图 5-20 所示。

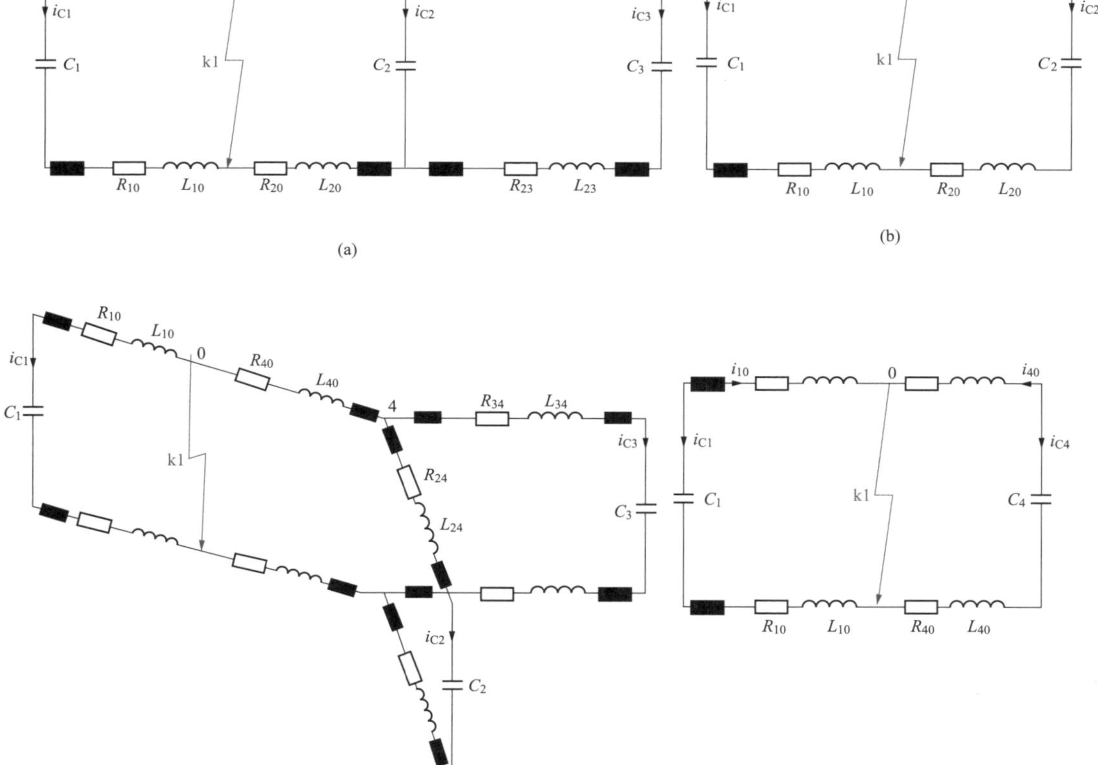

图 5-20　交直流混联配电网故障后等效电路图（一）

（a）同电压等级多端并供；（b）不同电压等级多端并供；（c）辐射形；（d）含 DC hub 辐射形

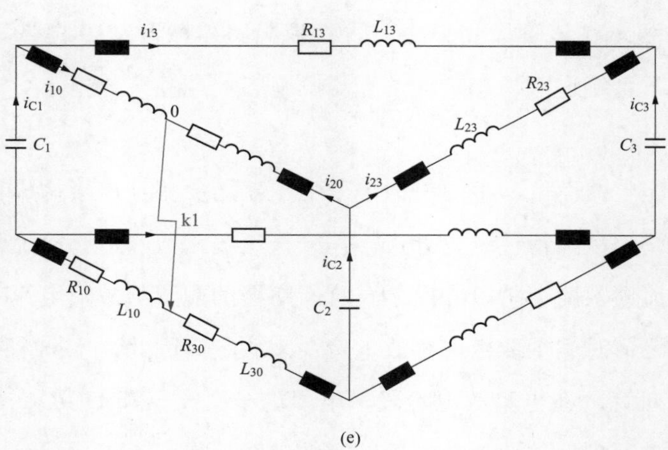

图 5-20　交直流混联配电网故障后等效电路图（二）

（e）环形

图 5-20（a）为同电压等级多端并供型系统发生极间短路故障后的等效电路图，C_1、C_2、C_3 分别为三个电力电子变压器的直流端口等效电容，R_{ij}、L_{ij} 分别为各条直流线路的等效电阻和等效电感。故障 k1 发生后，三个电容先后开始放电，其放电回路的微分方程为

$$\begin{cases} U_{C1} = 2R_{10}i_{10} + 2L_{10}\dfrac{di_{10}}{dt} + R_f(i_{10} + i_{20}) \\ U_{C2} = 2R_{20}i_{20} + 2L_{20}\dfrac{di_{20}}{dt} + R_f(i_{10} + i_{20}) \\ U_{C2} - U_{C3} = 2R_{23}i_{23} + 2L_{23}\dfrac{di_{23}}{dt} \end{cases} \tag{5-10}$$

其中

$$\begin{cases} i_{C1} = -i_{10} \\ i_{C2} = -i_{20} - i_{23} \\ i_{C3} = i_{23} \end{cases} \tag{5-11}$$

由式（5-10）和式（5-11）即可求解得到各条直流线路的故障电流，并据此进行各器件的选型和直流断路器的配置。

图 5-20（b）为不同电压等级的多端并供系统发生极间短路故障后的等效电路图，由于 DC/DC 变换器能够隔离故障，保证非故障系统不受故障系统的影响。因此，发生故障 k1 后，只有故障线路电压和电流发生突变，非故障线路继续正常工作。图中 C_1 为故障线路电力电子变压器的直流端口等效电容，C_2 为 DC/DC 变换器直流端口的等效电容，系统微分方程为

$$\begin{cases} U_{C1} = 2R_{10}i_{10} + 2L_{10}\dfrac{di_{10}}{dt} + R_f(i_{10}+i_{20}) \\ U_{C2} = 2R_{20}i_{20} + 2L_{20}\dfrac{di_{20}}{dt} + R_f(i_{10}+i_{20}) \end{cases} \tag{5-12}$$

其中

$$\begin{cases} i_{C1} = -i_{10} \\ i_{C2} = -i_{20} \end{cases} \tag{5-13}$$

求解式（5-12）、式（5-13）即可得到不同电压等级多端并供系统中，故障线路的电压和电流。

图 5-20（c）为同电压等级辐射形系统故障后的等效电路图，该系统发生故障 k1 后，整个系统都会受到故障影响，C_1、C_2、C_3分别为三个电力电子变压器的直流端口等效电容。系统故障后的微分方程为

$$\begin{cases} U_{C1} = 2R_{10}i_{10} + 2L_{10}\dfrac{di_{10}}{dt} + R_f(i_{10}+i_{40}) \\ U_{C2} = 2R_{24}i_{24} + 2L_{24}\dfrac{di_{24}}{dt} + 2R_{40}i_{40} + 2L_{40}\dfrac{di_{40}}{dt} + R_f(i_{10}+i_{40}) \\ U_{C3} = 2R_{34}i_{34} + 2L_{34}\dfrac{di_{34}}{dt} + 2R_{40}i_{40} + 2L_{40}\dfrac{di_{40}}{dt} + R_f(i_{10}+i_{40}) \end{cases} \tag{5-14}$$

其中

$$\begin{cases} i_{C1} = -i_{10} \\ i_{C2} = -i_{24} \\ i_{C3} = -i_{34} \\ i_{40} = i_{24} + i_{34} \end{cases} \tag{5-15}$$

求解式（5-14）、式（5-15）即可得到同电压等级辐射形系统中，各条直流线路的故障电压和电流。

图 5-20（d）为不同电压等级的辐射形系统等效电路图，由于 DC hub 能够将连接到其直流端口的各个系统相互隔离，因此，发生故障 k1 后，只有与故障线路相连的电力电子变压器受到故障影响，其他非故障线路继续正常工作。图中 C_1 为故障线路电力电子变压器的直流端口等效电容，C_2 为 DC hub 中与故障线路对应的直流端口的等效电容，系统微分方程为

$$\begin{cases} U_{C1} = 2R_{10}i_{10} + 2L_{10}\dfrac{di_{10}}{dt} + R_f(i_{10}+i_{20}) \\ U_{C2} = 2R_{20}i_{20} + 2L_{20}\dfrac{di_{20}}{dt} + R_f(i_{10}+i_{20}) \end{cases} \tag{5-16}$$

其中

$$\begin{cases} i_{C1} = -i_{10} \\ i_{C2} = -i_{20} \end{cases} \tag{5-17}$$

求解式（5-16）、式（5-17）即可得到不同电压等级辐射形系统中故障线路的电压和电流。

图 5-20（e）为环形系统故障后的等效电路图，该系统发生故障 k1 后，整个系统都会受到故障影响，C_1、C_2、C_3 分别为三个电力电子变压器的直流端口等效电容。系统故障后的微分方程为

$$\begin{cases} U_{C1} = 2R_{10}i_{10} + 2L_{10}\dfrac{di_{10}}{dt} + R_f(i_{10} + i_{20}) \\ U_{C2} = 2R_{20}i_{20} + 2L_{20}\dfrac{di_{20}}{dt} + R_f(i_{10} + i_{20}) \\ U_{C1} - U_{C3} = 2R_{13}i_{13} + 2L_{13}\dfrac{di_{13}}{dt} \\ U_{C2} - U_{C3} = 2R_{23}i_{23} + 2L_{23}\dfrac{di_{23}}{dt} \end{cases} \tag{5-18}$$

其中

$$\begin{cases} i_{C1} = -i_{10} - i_{13} \\ i_{C2} = -i_{20} - i_{23} \\ i_{C3} = i_{13} + i_{23} \end{cases} \tag{5-19}$$

求解式（5-18）、式（5-19）即可得到环形系统中各条直流线路的故障电压和电流。

至此，各个拓扑的交直流混联配电网故障电流可得到精确计算，在此基础上，可实现系统直流断路器的配置、器件选型及保护方案的设计等。

对并供形、辐射形及环形结构进行仿真，系统参数见表 5-2，可以得到各结构的故障电流曲线，以多端并供为例，如图 5-21 所示。以电流 i_{20} 为例，由图可知，故障 k1 发生后，换流站 2 的直流侧电容 C_2 迅速开始放电，由于各个换流站之间的线路较短，换流站 3 的直流侧电容 C_3 的放电几乎与 C_2 同时开始。故障后约 2ms，C_2 的放电电流达到峰值，约为 27kA。故障后 3ms，i_{20} 在 C_2 和 C_3 放电电流的共同作

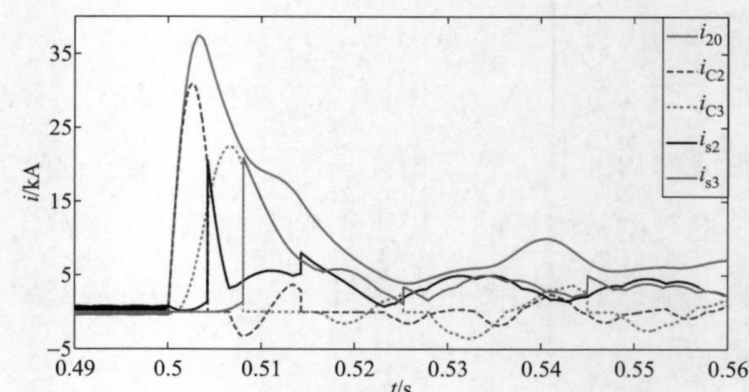

图 5-21　多端并供结构故障电流

用下达到峰值 36kA。故障后 4ms，电容 C_2 放电结束，端电压降为零，换流站 2 交流侧电流 i_{s2} 开始馈入。C_3 两端电压在故障后 8ms 降为零，与此同时换流站 3 交流侧电流 i_{s3} 馈入。30ms 后，系统逐渐达到稳定状态，直流侧电容周期性充放电，换流站 2 以三相不控整流桥的形式运行。i_{20} 的峰值主要由 C_2、C_3 的放电电流决定，到达峰值的时间也与 C_2、C_3 放电特性相关。I_{20} 稳定后的平均值主要由交流侧馈入电流决定。

表 5-2　　仿真模型系统参数

参数	数值	参数	数值
直流电压（kV）	20	线路电阻（Ω/km）	0.121
换流站功率（MW）	5	线路电感（mH/km）	0.97
交流电抗（mH）	8	直流电容（μF）	4800

系统发生直流极间短路故障后，流经各条线路的故障电流峰值和峰值时间，如图 5-22 所示。

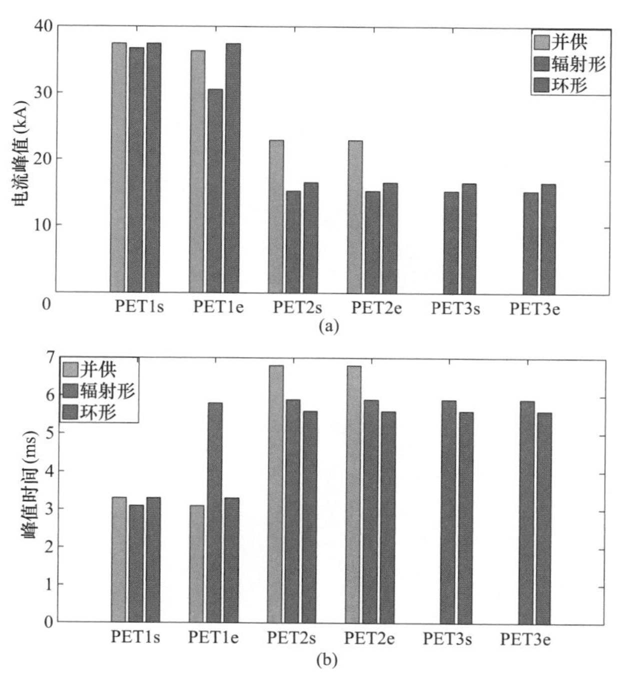

图 5-22　不同拓扑结构各直流线路故障电流峰值及所需时间

（a）电流峰值；（b）峰值时间

其中，PET1s 表示各电力电子变压器线路始端直流断路器，PET2e 表示各电力电子变压器线路末端直流断路器。由图 5-22 可知，对故障线路两端的直流断路器而言，三种拓扑

结构流经故障线路始端断路器的故障电流峰值和到达峰值的时间差别不大，但辐射形拓扑由于流经故障线路末端直流断路器电流对应的电容放电回路阻抗更大，因而具有较小的电流峰值和较长的到达峰值时间。总体来看，辐射形拓扑对直流断路器的开断电流峰值要求最低，辐射形和环形拓扑故障线路两端直流断路器均承受更大的电流。同时，辐射形拓扑故障电流到达峰值所需的时间也最长。

因此，在不采取故障限流或其他保护措施的情况下，辐射形拓扑对直流断路器开断容量和开断时间的要求最低，多端并供拓扑次之，环形拓扑的要求最高。

（5）稳定性能分析。

1）不同网络拓扑下负荷对稳定性的影响。单个恒定功率负荷（constant poner load，CPL）经过线路可以直接接入电源，多个 CPL 则会存在多种形式的接入方式，例如各自均通过对应线路接入电源或者经过同一线路接入电源或者各自线路汇集后再经共同线路接入电源。常见形式如图 5-23 所示。

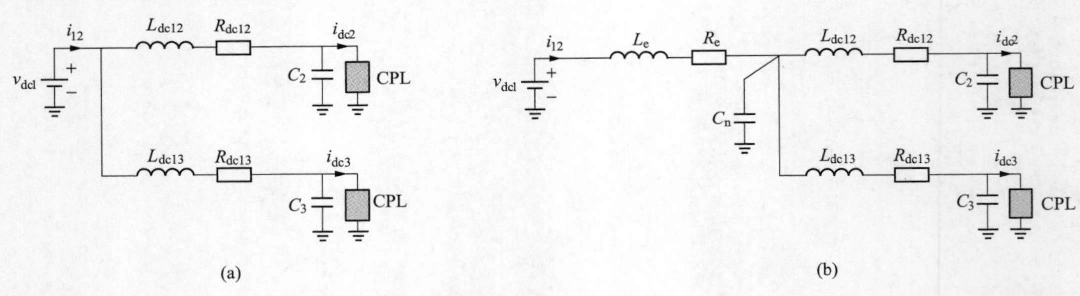

图 5-23　两种网络结构

（a）各自线路汇集后经共同线路接入电源；（b）各自均通过对应线路接入电源

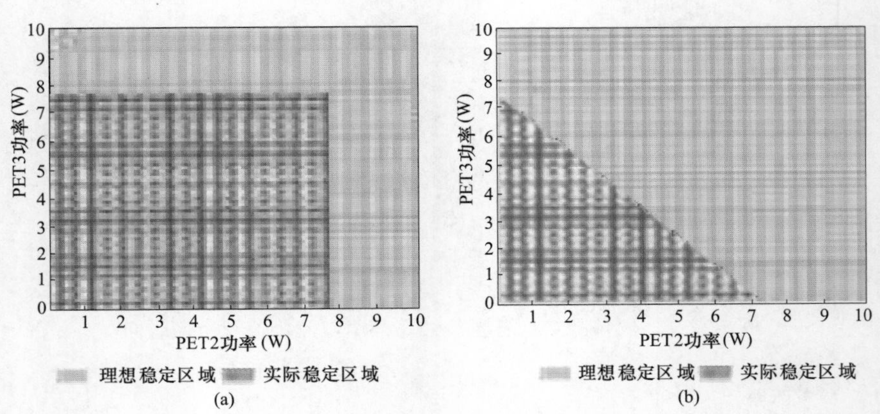

图 5-24　对应的小扰动稳定边界

（a）各自均通过对应线路接入电源后的稳定性；（b）各自线路汇集后经共同线路接入电源后的稳定性

假设三端系统中 PET1 工作在定电压状态，PET2 及 PET3 工作在定功率状态。为研究负荷特性与网络结构间相互关系，可以将 PET1 等效为电压源，而将 PET2 及 PET3 等效为 CPL。由图 5-24（a）可知，当 CPL 经过线路直接接在电源时，各线路不存在耦合，系统小扰动稳定域相当于各条线路小扰动稳定域的交集。当经过一条统一线路接入电源时，L_e、R_e 为两个负载子系统提供了耦合渠道，在一定的 L_e、R_e 取值下，上述耦合会削弱系统稳定性。

2）不同网络拓扑下电源对稳定性的影响。下垂控制模式下，直流网络分别为星形和三角形结构的稳定性对比。网络结构图分别如图 5-25 所示。

注：图 5-25（b）相当于图 5-25（a）的三端交直流混联电网采用主从模式，且定电压换流站侧电容取值较大时的情形。

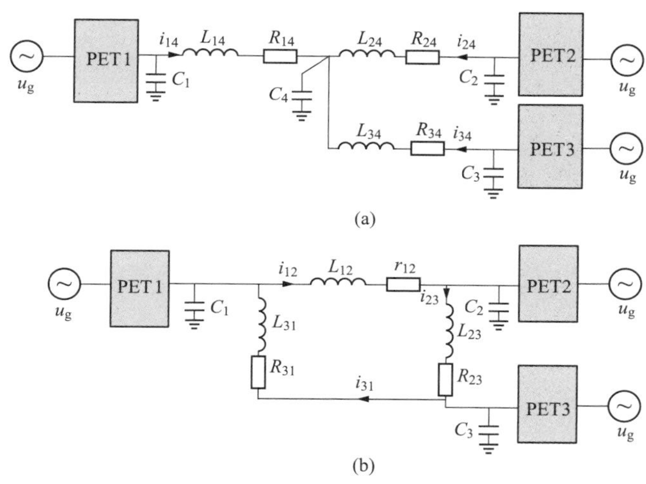

图 5-25　三端交直流混联配电网

（a）Y 型号三端交直流混联配电网；（b）△型号三端交直流混联配电网

设 PET 采用 U_{dc}-P_s 型下垂，即从交流 PCC 端口采集功率作为下垂调节量，则 PET 的状态方程可改写为

$$\frac{\mathrm{d}\boldsymbol{\Delta x}}{\mathrm{d}t}=A_{\mathrm{PET}}\boldsymbol{\Delta x}+B_{\mathrm{PET}}\boldsymbol{\Delta x} \tag{5-20}$$

其中

$$\boldsymbol{x}=\begin{bmatrix}x_1 & x_2 & i_{sd} & u_{dc}\end{bmatrix}^{\mathrm{T}} \quad x_2\text{为下垂滤波器状态}$$

$$u=\begin{bmatrix}i_{14} & i_{24} & i_{34} & u_{c4}\end{bmatrix}^{\mathrm{T}}$$

设 PET1 和 PET2 采用下垂控制为定功率控制的 PET3 供电，当网络为星形连接时，网

络状态方程为

$$\frac{\mathrm{d}}{\mathrm{d}t}\begin{bmatrix}\Delta i_{14}\\ \Delta i_{24}\\ \Delta i_{34}\\ \Delta u_{c4}\end{bmatrix}=\begin{bmatrix}\frac{-R_{14}}{L_{14}} & & & \frac{1}{L_{14}}\\ & \frac{-R_{24}}{L_{24}} & & \frac{1}{L_{24}}\\ & & \frac{-R_{34}}{L_{34}} & \frac{1}{L_{34}}\\ \frac{1}{C_4} & \frac{1}{C_4} & \frac{1}{C_4} & \end{bmatrix}_A\begin{bmatrix}\Delta i_{14}\\ \Delta i_{24}\\ \Delta i_{34}\\ \Delta u_{c4}\end{bmatrix}+\begin{bmatrix}\frac{1}{L_{14}} & & \\ & \frac{1}{L_{24}} & \\ & & \frac{1}{L_{34}}\\ & & \end{bmatrix}_B\begin{bmatrix}u_{\mathrm{dc1}}\\ u_{\mathrm{dc2}}\\ u_{\mathrm{dc3}}\end{bmatrix} \tag{5-21}$$

为方便记录，令

$$\begin{cases}B_{\mathrm{net}}=\begin{bmatrix}B_1 & B_2 & B_3\end{bmatrix}\\ A_{14}=\begin{bmatrix}B_{\mathrm{PET1}} & O_{4*3}\end{bmatrix}\\ A_{24}=\begin{bmatrix}O_{4*1} & B_{\mathrm{PET2}} & O_{4*2}\end{bmatrix}\\ A_{34}=\begin{bmatrix}0 & 0 & \frac{-1}{C_3} & 0\end{bmatrix}\\ A_{41}=\begin{bmatrix}O_{4*3} & B_1\end{bmatrix}\\ A_{42}=\begin{bmatrix}O_{4*3} & B_2\end{bmatrix}\\ A_{43}=\begin{bmatrix}B_3\end{bmatrix}\end{cases} \tag{5-22}$$

则系统状态矩阵为

$$\begin{bmatrix}A_{\mathrm{PET1}} & & & A_{14}\\ & A_{\mathrm{PET2}} & & A_{24}\\ & & A_{\mathrm{load}} & A_{34}\\ A_{41} & A_{42} & A_{43} & A_{\mathrm{net}}\end{bmatrix} \tag{5-23}$$

当采用三角形接线时：

网络状态方程为

$$\frac{\mathrm{d}}{\mathrm{d}t}\begin{bmatrix}i_{12}\\ i_{23}\\ i_{31}\end{bmatrix}=\begin{bmatrix}\frac{-R_{12}}{L_{12}} & & \\ & \frac{-R_{23}}{L_{23}} & \\ & & \frac{-R_{31}}{L_{31}}\end{bmatrix}_{A_{\mathrm{net}}}\begin{bmatrix}i_{12}\\ i_{23}\\ i_{31}\end{bmatrix}+\begin{bmatrix}\frac{1}{L_{12}} & \frac{-1}{L_{12}} & \\ & \frac{1}{L_{23}} & \frac{-1}{L_{23}}\\ \frac{-1}{L_{31}} & & \frac{1}{L_{31}}\end{bmatrix}_{B_{\mathrm{net}}}\begin{bmatrix}u_{\mathrm{c1}}\\ u_{\mathrm{c2}}\\ u_{\mathrm{c3}}\end{bmatrix} \tag{5-24}$$

令：

$$\begin{cases} A_{\text{net}} = [A_1 \quad A_2 \quad A_3]^{\text{T}} \\ B_{\text{net}} = [B_1 \quad B_2 \quad B_3] \\ A_{14} = [O_{3*3} \quad A_1]^{\text{T}} \\ A_{24} = [O_{3*3} \quad A_2]^{\text{T}} \\ A_{34} = [O_{3*3} \quad A_2]^{\text{T}} \\ A_{41} = [O_{3*3} \quad B_1] \\ A_{42} = [O_{3*3} \quad B_2] \\ A_{43} = [B_3] \end{cases} \tag{5-25}$$

则三角形网络的状态方程可以表示为

$$\begin{bmatrix} A_{\text{PET1}} & & & A_{14} \\ & A_{\text{PET2}} & & A_{24} \\ & & A_{\text{load}} & A_{34} \\ A_{41} & A_{42} & A_{43} & A_{\text{net}} \end{bmatrix} \tag{5-26}$$

现设定两个 PET 的下垂系数均为 0.0002，滤波器转折频率取 3140rad/s。即两个下垂 PET 均分传输功率；

两个模型中其余参数均相等，直流网络参数在 Y-△变换下等价。根据 Y-△变换理论，上述参数取值下星形直流网络的阻抗同三角形直流网络的阻抗对外等效。图 5-26 给出了两种网络拓扑结构下系统特征值随着下垂 PET 整流功率变化的轨迹。图 5-26（a）为星形交直流混联系统特征值轨迹图，图中一对虚部为 3×10^4rad/s 的高频振荡模态为 C_4 所引入，由于其振荡频率过高，因此不与 PET 发生交互影响，故而其对传输功率呈现低敏感性，稳定性分析时可忽略。由图 5-26（a）可知，当 PET 整流功率为 142kW 时系统失稳。图 5-26（b）则给出了三角形交直流混联系统特征值轨迹图，当 PET 整流功率为 141kW 时系统失稳，与星形交直流混联系统稳定边界基本相当。当直流网络阻抗在 Y-△变换相等价时，交直流混联系统的特征值结构也等价。因此可以认为相同传输功率上限情形下，三角形交直流混联系统保持小扰动稳定的供电范围比星形交直流混联系统保持小扰动稳定的供电范围大，配电线路可以更长。亦或者：配电线路长度相等时，三角形交直流混联系统可以传输更多的功率。

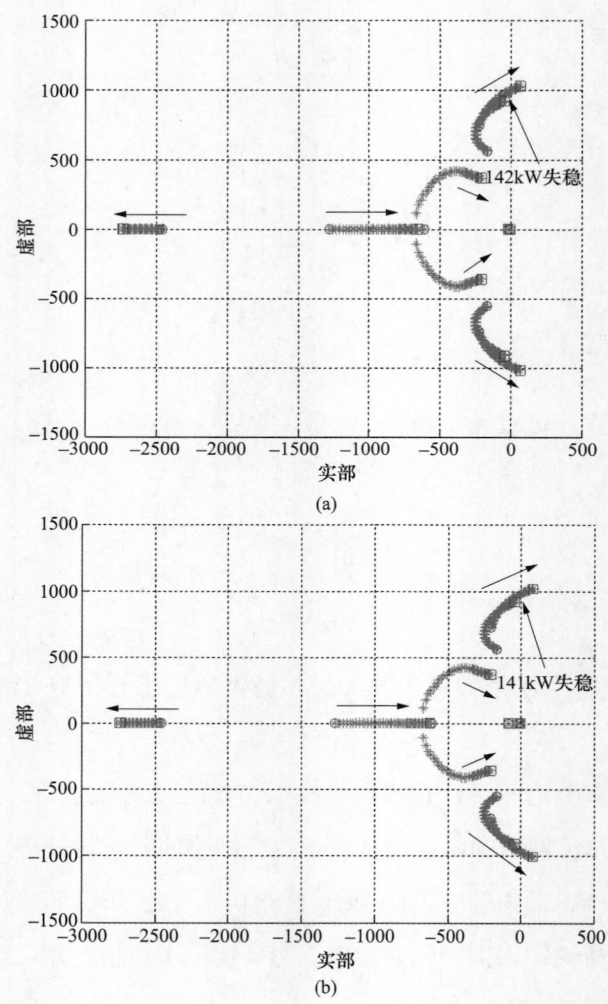

图 5-26　PET1、PET2 整流功率从 100 kW 变至 150 kW，交直流系统特征值运动轨迹

（a）星形直流网络低频主导特征值轨迹；（b）三角形直流网络低频主导特征值轨迹

此外，图 5-27 给出了两种直流网络下电磁暂态仿真结果。由结果可知，两种直流网络拓扑结构下，下垂 PET 的功率传输上限相同，均为 148kW，验证了理论的正确性。电磁仿真结果基本与特征值分析结果相同。功率传输上限略高是因为电磁模型中的杂散参数如 IGBT 寄生电阻为系统提供了额外的阻尼。

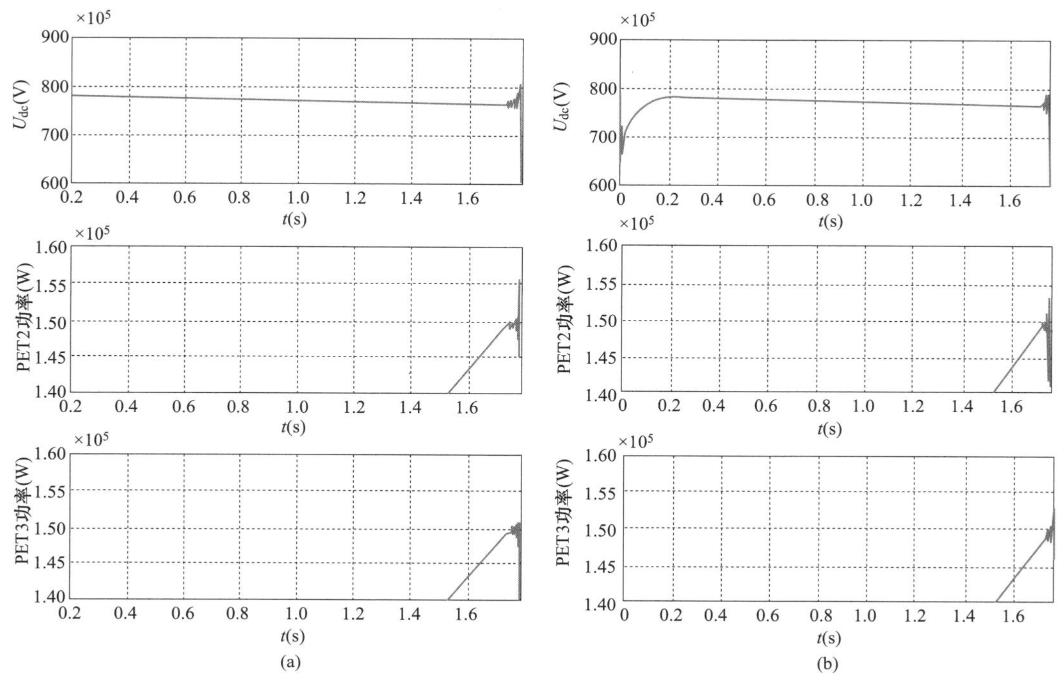

图 5-27 电磁暂态仿真结果

（a）星形网络；（b）三角形网络

5.3 电力电子变压器运行策略与组合方式

交直流混联可再生能源系统是由电力电子变压器、分布式电源、负荷、监控和保护装置等汇集组成的小型发/配/用电系统，是可以实现自我控制与管理的自治系统。按照是否与大电网相连，可分为联网型和独立型。联网型的交直流混联可再生能源系统存在并网与孤岛两种运行方式，通过网内储能系统的充放电控制和分布式电源出力的协调控制，可发挥其对电网的移峰填谷作用，并减少分布式可再生电源功率波动对电网的影响；独立型的交直流混联可再生能源系统则不与电网相连，利用自身的分布式电源来保证本地负荷的长期供电。

联网型的交直流混联可再生能源系统主要存在两种较为常见的控制策略，即下垂控制和主从控制。对于工程应用，一般选择目前发展较为成熟的主从控制。图 5-28 所示为含电力电子变压器的交直流混联可再生能源系统。

如图 5-28 所示，该系统核心设备为电力电子变压器（PET），其输入为 10kV 母线，输出为恒定直流电压，再经过 DC-DC 或 DC-AC 换流器得到三个输出端口，其母线电压分别为直流 750V、直流 375V 和交流 380V。此外，还有变流器、光伏、风电等可再生能源、储能单元及负荷等。当电力电子变压器正常工作时，系统运行在并网状态；当电力电子变压器端口故障时，系统运行状态会发生改变。在不同的运行状态下，各设备的控制策略也会发生相应的改变。本章将针对此系统开展研究。

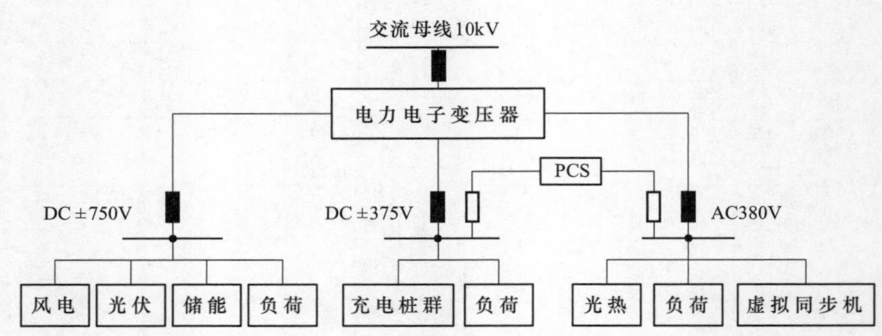

图 5-28　交直流混联可再生能源系统

5.3.1　含电力电子变压器的系统运行模式

针对电力电子变压器的三个输出端口发生 $N-1$ 故障的情况，要实现交直流混联微电网运行模式的平滑切换，系统运行控制策略如下：

（1）AC 380V Ⅱ母线的运行模式切换。正常并网运行时，交流 380V Ⅱ母线为部分交流负载供电。当其入口侧发生故障时，交流 380V Ⅱ母线与交流 380V Ⅲ母线之间的断路器闭合，为负载提供功率支持，稳定交流 380V Ⅱ母线电压和频率。

（2）DC±375V 母线的运行模式切换。DC±375V 侧，给负载满功率运行设定一个额定功率值，不同工况下，分别由 PCS（储能变流器）、储能及 PET 端口提供。

工况一：当 PET 端口正常连接时，负载所消耗的功率全部由 PET 端口提供，PET 端口变换器工作于恒压模式，此时储能变换器处于停机状态或恒流充电状态，且保证蓄电池的 SOC（荷电状态）不超过 0.9，而 PCS 变换器此时工作于下垂控制模式一，即当直流母线电压稳定在±375V 附近时，PCS 变换器的输出功率设定为 0，当直流母线电压超过 PCS 设定不工作范围后，PCS 开始帮助 PET 端口恢复直流母线电压。

工况二：当 PET 端口发生故障断开后，负载所需功率由 PCS 提供。当 PCS 变换器检测到 PET 端口故障后，立马切换到下垂控制工作模式二，即传统的下垂控制，但是在 PCS 的输出功率由 0 变换到负载额定功率时，直流母线电压会发生骤降。所以考虑采用储能装

置在 PET 端口故障时，短时间工作在恒压模式下，帮助减少直流母线电压冲击，当检测到 PCS 输出功率达到负载额定功率后，转化为停机状态，尽可能减少储能长时间放电。

（3）DC 750V 母线的运行模式切换。基于直流母线电压的分段协调控制策略，常并网运行或者并网转孤岛。

当直流母线电压处于 $0.97U_{dc}<U_{dc}<1.03U_{dc}$ 时，意味着 PET 端口正常连接且工作于恒压状态或 PET 端口断开但子网功率刚好平衡，此时风电光伏变换器工作在 MPPT 模式，实现新能源资源的最大化利用；当直流母线电压满足 $0.98U_{dc}<U_{dc}<1.02U_{dc}$ 时，表示系统内功率平衡状态最佳，为了尽可能减少储能装置的使用次数，此时储能变换器工作在下垂控制的待机状态；当 $1.02U_{dc}<U_{dc}<1.03U_{dc}$ 时，表示功率有剩余，此时储能变换器工作在下垂充电状态；而当 $0.97U_{dc}<U_{dc}<0.98U_{dc}$ 时，表示功率不足，此时储能变换器工作在下垂放电状态。

当直流母线电压在 $0.95U_{dc}<U_{dc}<0.97U_{dc}$ 或 $1.03U_{dc}<U_{dc}<1.05U_{dc}$ 范围内时，表示 PET 端口的恒压控制对系统失去作用，同样意味着 PET 端口断开，此时储能变换器工作在恒压状态，稳定直流母线电压。当 $0.95U_{dc}<U_{dc}<0.97U_{dc}$ 时，恒压设置为 $0.96U_{dc}$；当 $1.03U_{dc}<U_{dc}<1.05U_{dc}$ 时，恒压设置为 $1.04U_{dc}$。

当直流母线电压在 $0.93U_{dc}<U_{dc}<0.95U_{dc}$ 或 $1.05U_{dc}<U_{dc}<1.07U_{dc}$ 范围内时，表示 PET 端口和储能变换器全部对系统失去作用，此时风电光伏变换器工作在恒压状态，稳定直流母线电压。当 $0.93U_{dc}<U_{dc}<0.95U_{dc}$ 时，表示功率不足，此时需要切掉可切断负荷，且恒压设置为 $0.94U_{dc}$；当 $1.05U_{dc}<U_{dc}<1.07U_{dc}$ 时，表示功率过剩，需对新能源限电，恒压设置为 $1.06U_{dc}$。

而当孤岛转并网时，由于微电网运行时，由并网状态转为孤岛状态可能是由于计划性孤岛和非计划性孤岛，存在不确定性，因此设计了上述分段协调控制策略，除直流母线电压外，无须检测其他物理量，并且不需要通信装置，实现了分布式电源的即插即用。此处先假定微电网由孤岛转并网是计划性的，孤岛转并网控制策略如下：并网信号发出后 10s 内，PET 端口变换器工作于恒压状态，电压设置为 U_{dc}，风电光伏变换器工作于 MPPT（最大功率点跟踪）模式，储能停机；10s 之后，系统恢复正常，控制策略切换为分段协调控制。其优点是只需检测直流母线电压；储能变换器在大功率充放电之前有下垂充放电，保证储能变换器的电流缓慢上升，避免储能装置电流急剧上升。

综上，PET 输出、储能单元、分布式发电设备需分别具备功率控制模式和下垂控制模式，根据电压信息进行运行模式间的切换，控制示意图见图 5-29。

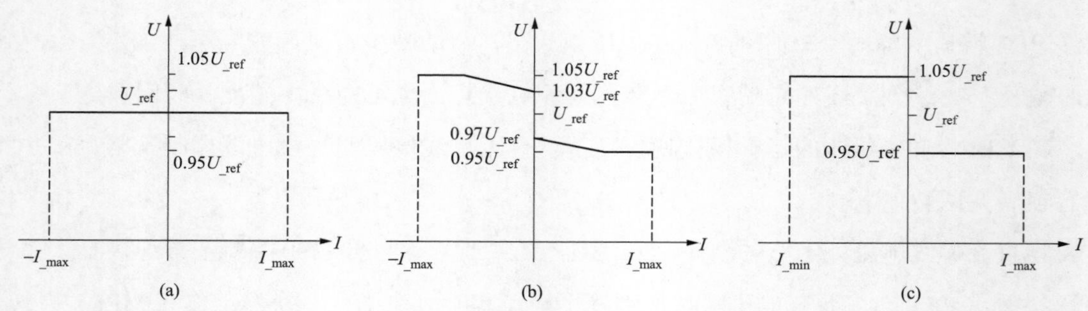

图 5-29 PET 端口和储能及风光变换器的控制示意图

（a）PET 端口控制；（b）储能变换器控制；（c）风光变换器控制

5.3.2 含电力电子变压器的有功控制模式

正常运行工况下，交直流混联可再生能源系统的运行模式可分为自供电运行模式、弃限最小运行模式和经济运行模式。自供电运行模式是指与主网所交换的功率最小；弃限最小运行模式是指减少弃风弃光，实现可再生能源最大化消纳；经济运行模式是指在考虑综合运行成本的情况下，使得整个系统的经济效益最佳。

电力电子变压器（PET）具有变压、隔离和能量传输功能，可以在微电网中充当能量路由器的作用。当交流微电网中发电有盈余，而此时直流微电网中发电不足以满足负荷的需求时，电能便通过 PET 从交流微电网输送至直流微电网，一方面这使得交直流微电网各自实现了供需平衡，不需要从主网输送电能来进行调节，增强了电网的稳定性；另一方面，使得微电网中新能源出力得以充分消纳，防止了弃风弃光现象的发生。同理，当直流微电网中发电有盈余，交流微电网电量不足时，PET 可以将能量从直流侧输送到交流侧；当直流微电网和交流微电网同时有盈余时，可以通过 PET 将交直流混联微电网中的盈余电能输送至主网；当交直流微电网负荷过大，发电量不能满足自给自足时，为实现供需平衡，维护系统的稳定，通过 PET 将从主网所购得的电能注入交直流微电网中。

下面基于实际示范工程搭建含电力电子变压器的交直流混联微电网，提出自供电运行模式下与主网交换功率最小和并网运行模式下新能源消纳最大两个优化目标，考虑系统功率平衡、电力电子变压器运行特性、各电源出力界限、储能运行状态等约束条件开展算例计算。

6 苏州同里电力电子变压器工程示范应用

6.1 工程概述

为验证各章节的研究成果，实现关键装备电力电子变压器和故障电流控制器的落地应用，建设了苏州同里交直流混联的分布式可再生能源系统示范工程。该工程位于苏州吴江同里湖畔，示范区囊括了风电、光伏、光热等可再生能源，拥有锂电-超级电容混合储能系统、高温相变储热系统，示范区还包括直流充电桩、直流机房、直流家庭房、直流办公房，形成了以项目研发的电力电子变压器为核心的交直流混联可再生能源示范区，实现了交直流配电网的互通互联。

通过实时收集各连接微电网电能信息数据，统筹分析、综合决策，有效分配各网络间的能量流动，最大程度地吸收和消纳可再生能源，彻底解决分布式能源灵活接入、高效利用、就地平衡的难题，打造能源供给、消费新模式；实现多个微电网互联和协调调控，形成一个信息和能量高度开放共享、互联互通和自由交换的分布式能源交直流互联系统，对国内外交直流混联分布式能源的发展发挥了重要的示范和引领作用，同时也验证了项目研发的关键装置在工程应用中的有效性。

6.2 交直流混联分布式可再生能源系统

6.2.1 系统接入及接线方案设计

结合苏州同里可再生能源接入、直流负荷供应和周边居民的用电需求，在同里综合能源服务中心建设电力电子变压器中心站，建设±375V 直流、±750V 直流、380V 交流和 10kV 交流配电装置，与电力电子变压器共同构建分布式能源源网荷交直流混联系统，实现交直流分布式可再生能源、电动汽车、储能、交直流用电负荷等元素的灵活接入，打造以电力电子变压器为核心的交直流混联配电网示范区。

此外，还开展了交直流混联系统规划技术研究，开发了交直流混联系统优化规划方法，开发了优化配置子模块；在对同里示范区内负荷、电源进行优化分区和对换流器、PET接入方式进行优化的基础上，将优化后的源、荷容量和接入位置及源、荷历史数据作为输入数据，将源、荷分区聚类中心和换流器端口及电力电子变压器端口均进行等效，得到了网架结构的优化，完成了苏州同里示范系统网架结构的优化。

1. 建设范围及选址

苏州同里是国家能源局批复的新能源小镇，也是国家电网公司和江苏省政府重点打造的新能源示范基地，苏州市政府正在积极打造能源发展的“绿色同里”样板。国家重点研发计划项目“基于电力电子变压器的交直流混联可再生能源技术研究”旨在开展多类型交直流可再生能源的消纳，通过多功能电力电子变压器的应用，构建灵活开放的交直流混联网络拓扑，实现交直流电源和负载的灵活接入，构建“直流电源-直流负载”“交流电源-交流负载”的交直流供电系统，减少能源变换环节，提升能源利用效率。同里的发展现状和未来定位对电力电子变压器的应用有急迫的需求，国家重点项目示范选择同里，是科研成果和工程需求的有机结合，实现了双赢。

本工程建设一座电力电子变压器中心站，站址如图6-1所示位置，建筑轴线占地1740m^2，为一栋两层钢结构建筑物。建设AC 10kV开关柜17面，2500kVA AC 10kV/0.4kV干式变压器2台，AC 380V/DC±375V双向变流器1台，DC±750V开关柜13面，包含1面快速开关出线柜，DC±375V开关柜5面，AC 380V开关柜17面，配套建设照明、防雷、接地、二次设备及通信设备。

根据同里周边110kV及35kV变电站情况，示范区分别从九里变电站及屯浦变电站各接一回10kV线路。中心站10kV采用单母线分段接线形式，进线分别引自九里变电站146苏同线、明志科技光伏及屯浦变电站122旺塔线，建设馈线间隔供交直流配电房、主楼、同里湖佳苑等电源及负荷接入。接入系统方案示意图如图6-2所示。

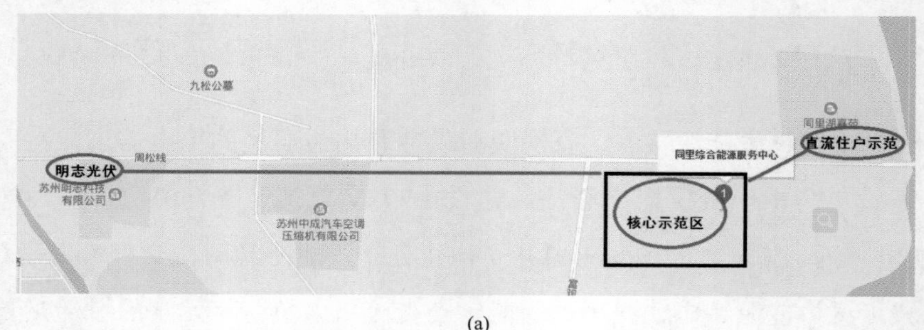

(a)

图6-1 示范工程位置及布局图（一）

（a）示范工程总体位置示意图

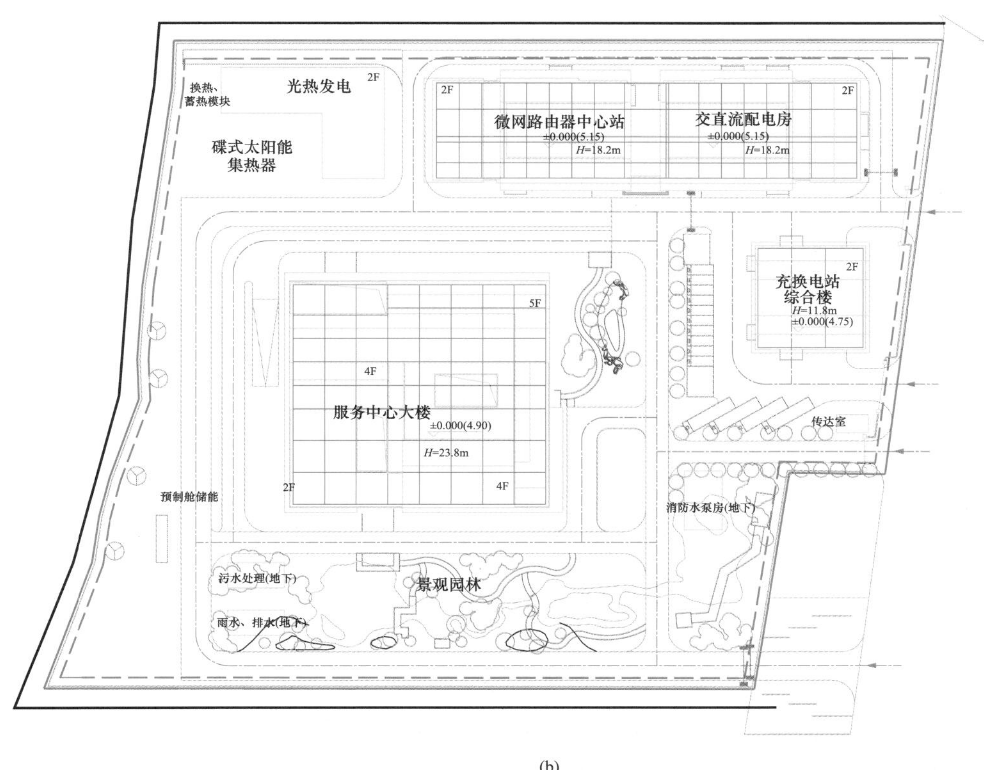

(b)

图 6-1　示范工程位置及布局图（二）

（b）核心区内部布局图

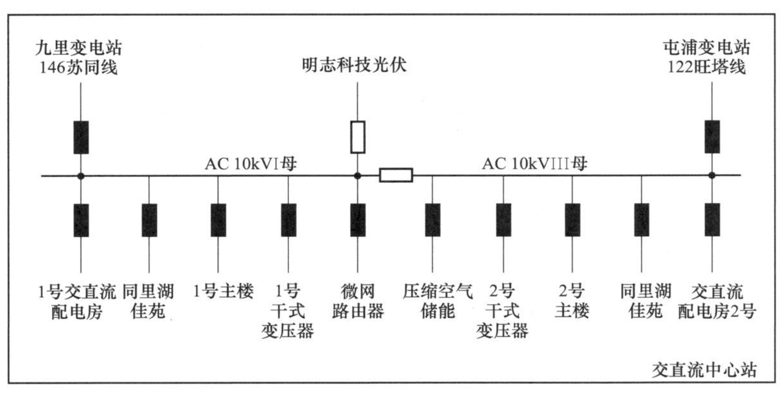

图 6-2　接入系统方案示意图

2．主接线方案

充分考虑示范区供电需求，采用多路并供的系统结构。系统接线示意图如图 6-3 所示，通过多电力电子装置之间的过程层协调控制系统，计划支持非计划性电压模式和功率模式在线切换。正常情况下，1 号 PET 工作在电压模式，2 号 PET 工作在功率模式，当 1 号 PET 自身遇到故障切除时，2 号 PET 可以在线切换到电压模式，实现整体的安全运行。

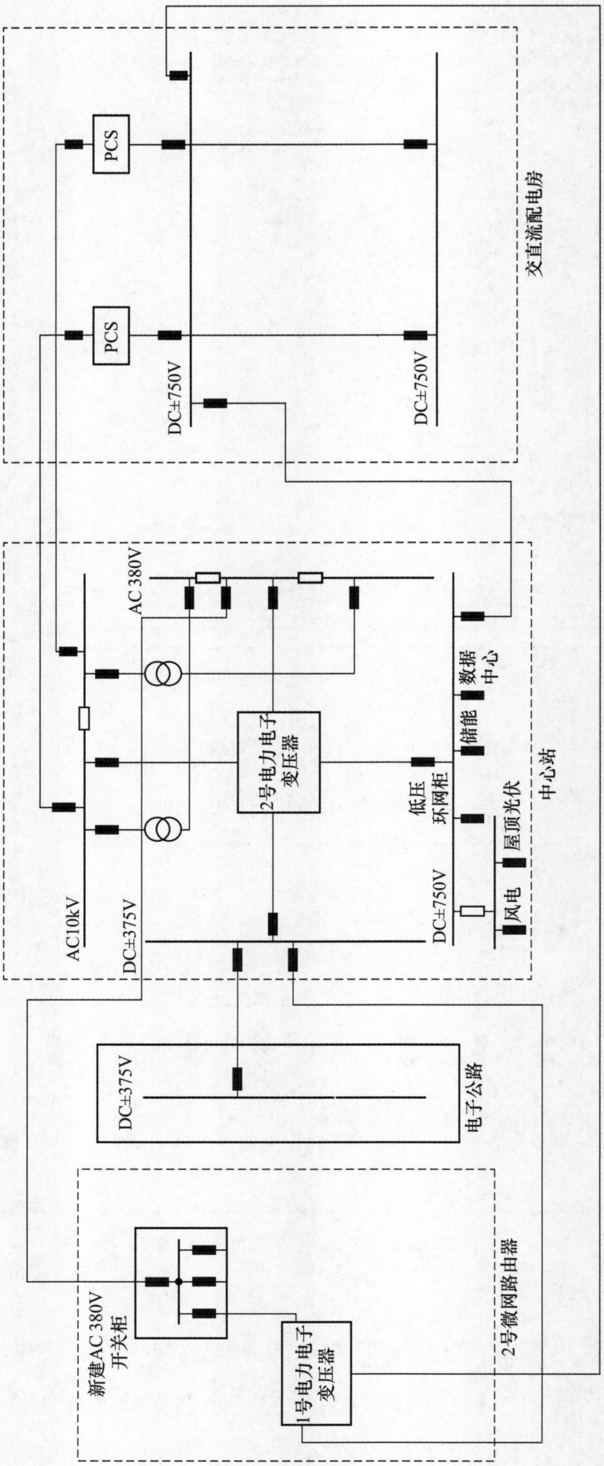

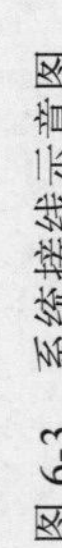

图 6-3　系统接线示意图

DC±750V 侧采用单母线接线形式，进线引自电力电子变压器 DC±750V 侧；1 回出线间隔接入 FCL 1 台，FCL 下设一段 DC±750V 小母线，接入风电、屋顶光伏等，预留远景光伏接入间隔，设置 1 回快速开关出线，供 1 回低压环网接入。同时，±750V 还接入了低压环网柜、储能、数据中心等。

DC±375V 侧采用单母线接线形式，两回进线分别引自电力电子变压器及 380V/±375V 双向变流器 DC±375V 侧，实现电子公路、储能等接入。

AC 380V 侧采用单母线三分段接线形式，Ⅰ母进线引自 1 号干式变压器，Ⅱ母进线引自电力电子变压器 AC 380V 侧，Ⅲ母进线引自 2 号干式变压器；同时满足光热发电、屋顶光伏、站用电接入。

6.2.2 设备选型

1. 电力电子变压器

同里电力电子变压器阀塔的核心电路为双有源桥（DAB）变换电路，而适用于 DAB 的软开关技术主要有移相型、谐振型两种。相比而言，移相型技术开断损耗较高，但通态损耗低；谐振型技术开断损耗低，但通态损耗高。目前应用成熟的碳化硅器件与硅型 IGBT 对比可以发现，碳化硅器件开断损耗远小于硅型 IGBT，但通态损耗大于硅型 IGBT。结合上述两个特点，下面选择了两条技术路线，并各研制了一套电力电子变压器装备：

1）技术路线 1（1 号电力电子变压器）。采用硅型器件和谐振型软开关技术，利用硅型器件通态损耗低的优势，通过深挖软开关技术来降低 PET 整体损耗。

谐振型软开关技术理论上可实现全部器件的软开关技术，即零电流开断（ZCS）或零电压开断（ZVS）；但实际工程中，半导体器件在零电流/零电压关断后，半导体器件内仍存在部分流动的载流子，因此在关断后，流动载流子能量消耗后仍产生一定的开断损耗。如何处理软开关技术下流动载流子的能量优化成为该项目效能优化的关键点。该项目采取了两种技术方案：一是优化开关死区时间；二是调控励磁电流。基于上述两种技术方案的优化结合，研发出了先进的软开关技术，逼近了硅型器件的效能极限。

考虑目前碳化硅型器件工业应用尚不成熟，市场上比较成熟的即为 1200V 的开关管；该型器件应用于 10kV 系统中，造成 PET 模块数过多，PET 的体积较大，控制复杂度也较高。未来 5～10 年，市场上较为成熟的仍为硅型器件。此处设计的硅基 PET，即第一代电力电子变压器，其技术方案在短期内具有一定的代表性。

2）技术路线2（2号电力电子变压器）。采用碳化硅型器件和移相型软开关技术，通过提出新型的分体式结构，实现了全功率范围内的高效运行。

目前，硅型器件的性能已逐渐趋近其理论极限；从技术路线1的研究成果可以看出，基于硅型器件的电力电子变压器难以在体积、效率等性能上超越传统工频变压器。而新型碳化硅型器件突破了硅型器件的技术壁垒，具有耐高压、耐高温、高频、高效、高功率密度的特性。未来，随着碳化硅封装技术的成熟，6.5kV或10kV及以上的碳化硅型MOSFET器件将广泛应用于市场中；随着技术的进一步完善，将出现20kV及以上的碳化硅型IGBT器件。碳化硅型电力电子变压器的体积将大幅锐减，效率也将持续优化；碳化硅型电力电子变压器具有广泛的应用前景，具备从示范到应用推广的巨大潜力。

2．故障电流控制器

直流750V故障电流控制器具备电压调节和故障电流控制的功能，主要技术参数见表6-1。

表6-1　　故障电流控制器技术参数

编号	技术指标	参数参数
1	额定电压	DC±750V
2	额定功率	1.2MW
3	通态损耗	＜0.5%
4	故障限流响应时间	＜1ms
5	故障电流限制率	⩾50%
6	分断时间	＜1ms
7	线路电压调节能力	±15%

（1）故障电流控制器接线方案。故障电流控制器接线方案有两种：

1）方案一：双极串联接线方案，如图6-4所示。将故障电流控制器串联侧部分接入到直流线路的正极或负极之间，并联侧从正负极之间取能，进行双极之间的电压调节、限流和阻断。

2）方案二：极间独立串联接线方案，如图6-5所示。将故障电流控制器串联侧部分分别独立接入直流线路的正极和负极之间，并联侧分别从正极和负极之间取能，正负极之间独立控制，进行正负极独立电压调节、限流和阻断。

对两种接线方案进行比较，见表6-2。

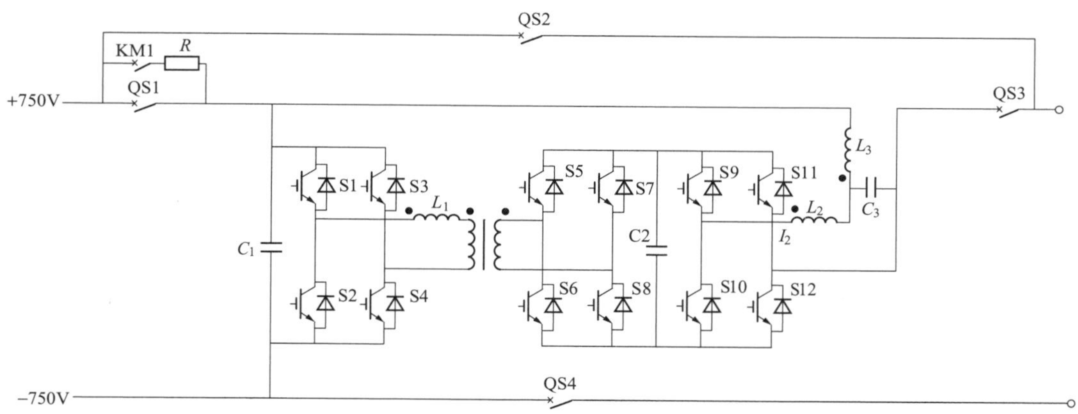

图 6-4 双极串联接线方案

表 6-2 故障电流控制器接线方案比较

方案	方案一（双极串联）	方案二（极间独立串联）
开关器件应力	开关器件承受正负极电压	开关器件承受单极电压
故障类型处理	双极故障限流阻断	单极、双极故障限流阻断
占地与成本	占地较小、工程成本较高	占地较大，器件耐压降低，成本减少

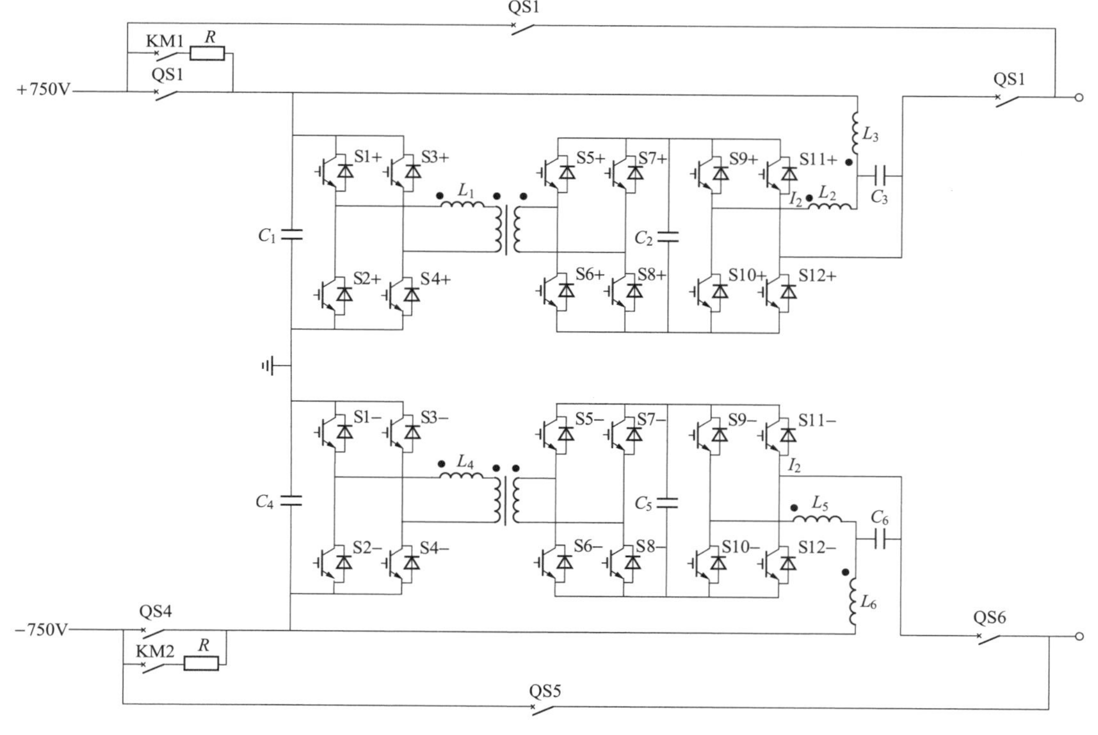

图 6-5 极间独立串联接线方案

通过上述比较可知，采用极间独立串联接线方案，尽管所需开关器件和变压器数量多，但其可以实现单极对地和极间故障限流和阻断，同时由于开关器件和变压器的电压应力降低，成本反而减少。所以综合考虑，故障电流控制器采用极间独立串联接线方案。

（2）安装位置的优化。直流配电网的一个关键问题是如何处理短路故障电流，当发生短路故障时，直流电容直接放电，短路电流快速上升，过快的上升率会带来热量集中、电弧火花、电磁应力等问题，甚至损坏配电设备。为了保障直流电网运行的稳定性和安全性，需要采取措施限制直流系统故障时的电流上升率，并具备电流阻断功能，将负荷和源之间完全切断，保证故障下负荷和电源之间的电气隔离。

不同于交流电网的情况，直流配电网中各节点之间没有相位差，系统潮流的分布只取决于各节点的电压差。由于线路阻抗的存在会导致长线路情况下线路两端的电压差较大、受负荷波动影响明显，从而导致直流配电网中潮流分布不均匀和电压随负荷脉动等情况。在负荷较轻、馈线载流量没有得到充分利用时，线路节点电压处于较高水平；当负荷较重、馈线载流量充分利用时，过电流造成线路电压明显低于额定值；对于由分布式电源、负荷构成的直流配电网络，线路阻抗的差异会导致分配不均匀，从而影响线路电缆的载流量不一致和节点电源的功率不对称。因此直流配电网负荷末端需要具备电压补偿的能力。

故障电流控制器本身具备限流、阻断和电压补偿功能于一体，因此在考虑安装位置时需要结合不同控制目标综合考虑。长距离配电线路中，源荷之间线路杂散系数较大，容易引起末端电压的暂升和暂降，因此在稳定负荷电压情况下考虑将故障电流控制器配置在电网末端。但是考虑限流和阻断功能时，若将故障电流控制器配置末端，在源和故障电流控制器之间的长距离线缆出现故障时，故障电流控制器无法起到限流阻断的功能，因此当以限流和阻断为主要控制目标时，将故障电流控制器配置在源的端口位置，保证长距离线路故障的限流阻断功能。

3．直流配电装置

（1）直流断路器。目前较为成熟的直流开关柜主要用于轨道交通，额定电压多为1500V，额定电流高达几千安培，且往往不具备电动操作，不适用于本工程。本工程所需直流开关柜需在现有交直流设备基础上进行研究改造，经广泛调研，本工程拟采用抽屉式配电单元，抽屉内集成直流断路器、高精度直流传感器、智能测量与控制保护等。

（2）双向换流器（VSC）。双向换流器包括控制启动柜和功率柜，主接线如图6-6所示。主要设备参数见表6-3。

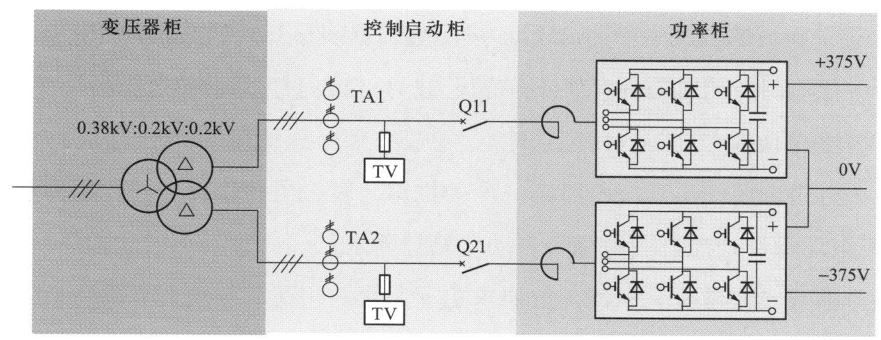

图 6-6　VSC 主接线示意图

表 6-3　主要设备参数

序号	设备名称	主要参数	数量	单设备尺寸（mm×mm×mm）
1	变压器	0.38kV/0.2kV/0.2kV，0.3MVA	1	1000×1000×1000
2	控制启动柜	含启动电阻和控制机箱	1	800×800×2200
3	功率柜	含滤波电抗器	1	1200×800×2200

该设备采用模块化结构设计、先进可靠的控制保护技术、完备的后台监控和故障录波系统。基于南瑞继保自主研发的 UAPC 2.0 平台，能够同时支持直流控制保护系统、数字化变电站、电力电子和工业控制等应用，支持可视化编程，采用模块化、分层分布、开放式结构，运行可靠。采用分层、分布式的保护技术：

1）微秒级驱动保护：IGBT 短路和驱动电源故障保护。

2）百微秒级 SMC 保护：每个功率模块均配置就地控制保护板卡（SMC），配置模组过电流和直流过电压保护。

3）毫秒级 PCP 保护：上层控制主机 PCP 配置交流电网欠电压和过电压保护、直流电网欠电压和过电压保护、功率模块过电流保护、功率模块过热保护、内部断路器故障保护、散热风机故障保护等。

4）防误操作联锁、联跳保护：设备一次带电不能打开柜门，强制打开柜门，设备自动跳闸。

配置 15 寸触摸屏和工控机，实现参数设置、运行状态监视、故障判断及处理等。每次故障均会触发录波，录波可永久保存，方便故障分析。系统管理及监控，记录能量曲线。支持 103/61850 等各类标准通信协议。

4．交流配电装置选型

（1）10kV 开关柜。

1）10kV 设备短路电流水平为 25kA，选用金属铠装移开式开关柜，额定电流为 1250A。

2）开关柜柜门关闭时防护等级不应低于 IP41，柜门打开时防护等级不应低于 IP2X。

3）开关柜应具备“五防”闭锁功能。

4）开关柜内选用优质真空断路器，操动机构一般采用动作性能稳定的弹簧储能机构，具备手动和电动操作功能，满足综合自动化接口要求。

5）柜体都应安装带电显示器，按要求配置二次核相孔。

（2）干式变压器。

1）变压器应选用高效节能环保型（低损耗、低噪声）产品，额定变比采用 10（10.5）kV±5（2×2.5）%/0.4kV，接线组别宜采用 Dyn11。

2）变压器应具备抗突发短路能力，能够通过突发短路试验。

（3）380V 开关柜。

1）380V 开关柜选用抽屉式低压成套柜。

2）低压进线和联络开关应选用框架断路器，宜选用瞬时脱扣、短延时脱扣、长延时脱扣三段保护，采用分励脱扣器。出线开关选用框架断路器或塑壳断路器。

3）低压配电进线总柜（箱）应配置 T1 级电涌保护器，宜配置 RS485 通信接口。

4）无功补偿电容器柜应采用自动补偿方式。

5）配电室内电容器组的容量为变压器容量的 10%～30%。

6）无功补偿电容器按三相、单相混合补偿配置。

7）低压电力电容器采用自愈式干式电容器，要求免维护、无污染、环保。

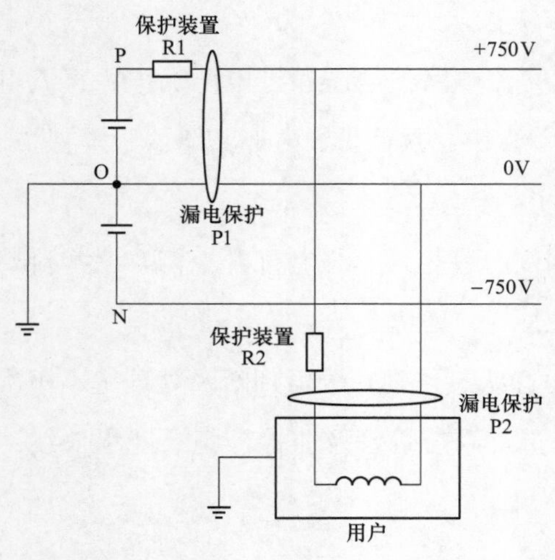

图 6-7　中性点直接接地系统正常运行情况

6.2.3　接地方式

对于直流配电网系统的中性点接地方式，尚未有可参考的国家与行业规范与标准，各地按照一次设备商所提供的设备确定接地的方案，目前有两种接地方案可供选择。

1．中性点直接接地

当直流系统采用中性点直接接地系统，正常运行时中性线电压为 0V，正极对地电压为 750V，负极对地电压为−750V，如图 6-7 所示。

当正极发生单极对地故障后，各级电压和设

备外壳电压分布如图 6-8 所示。

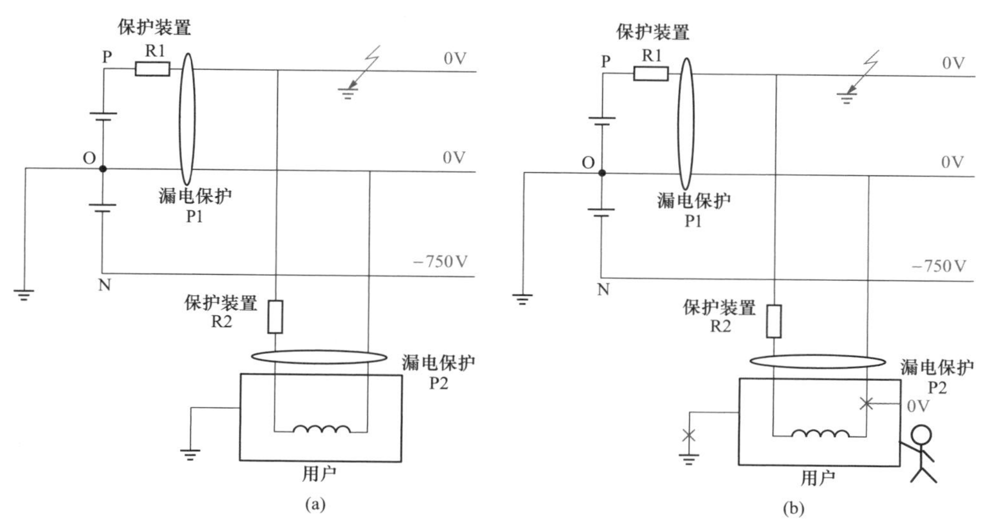

图 6-8 中性点直接接地系统单极对地故障情况

（a）单极对地故障电压分布图；（b）单极对地故障设备外壳电压

由图 6-8 可知，当发生单极对地故障后，故障电流较大，保护装置 R1 和 R2 感受到过电流后会立即动作。且中性线电压被钳制在 0V，设备外壳电位保持零电位。

优点：在电器发生碰壳事故时，外壳的对地电压低，因而人身触电危害小；由于单相接地时接地电流较大，可使保护装置与剩余电流动作保护器可靠动作，及时切除故障。

缺点：故障发生后，保护会立即动作，系统可靠性低。

2．中性点经电阻接地

对于低压直流配电系统，由于电压等级较低，中性线经 50Ω 电阻接地时，发生单极对地故障后，故障电流最大为 15A，保护不会动作。对低压直流配电系统而言，中性线经 50Ω 电阻接地与中性线经 100kΩ 电阻接地均为高阻接地系统。

以正极发生接地故障为例，对于中性线经电阻接地系统，当发生单极对地故障后，中性线电压会漂升到−750V，如图 6-9（a）所示。当发生用户设备接地外壳不可靠接地时，设备外壳对地电位将漂升至−750V。此时若有人触碰到设备外壳，会发生触电事故，漏电保护动作，如图 6-9（b）所示。

优点：当发生单极对地故障后，故障电流小，保护不会动作，供电可靠性高。

缺点：发生单极对地故障后，保护无法检测到故障，故障检测困难；当电器发生碰壳事故时，设备外壳的对地电压高，因而人身触电危害大。

直流配电系统经电阻接地虽可以实现故障后系统短时的正常运行，但是单点故障后，故障电流与正常负荷电流相差无几，保护装置难以区辨故障，减小了保护的灵敏性；中性点电压则由于中性点接地电阻大大抬升，低压直流系统直接面向用户，从电气安全的角度，需要考虑触电问题，而低压系统接地方式选择的原则是人身安全>设备安全>可靠性>经济性。综合上述分析，苏州同里低压直流配电系统采用中性点直接接地的运行方式。

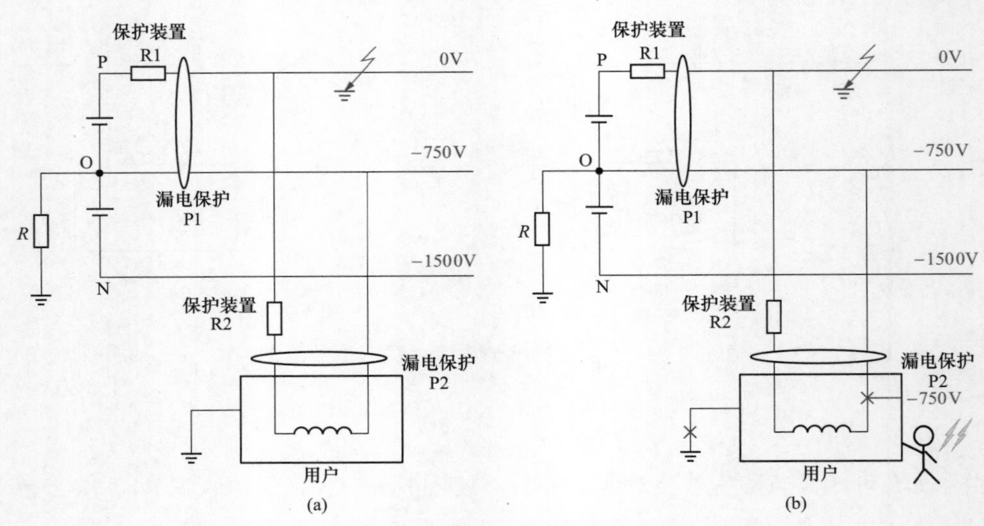

图 6-9　中性点经电阻接地系统单极对地故障电压分布

（a）单极对地故障电压分布图；（b）单极对地故障设备外壳电压

6.2.4　保护方案

本站为多电压等级混联的交直流混联配电网。当交直流配电系统所连接的交流配电网或者直流配电网发生故障时，交直流系统的各设备可能承受过电压、过电流、过热等不正常应力，如果没有及时有效的保护，还有可能造成设备的损坏。交直流配电系统包括交流系统、直流系统和电力电子装置。对于交流系统的保护，参考现有分布式电源接入的交流系统保护配置方案。对于直流系统的保护，由于直流系统阻抗小，故障后故障电流上升速度快、幅值大，且电力电子装置在感受到故障后，会在极短的时间内闭锁，无故障电流输出，给直流系统的故障定位与保护控制带来了新的挑战，因此需要通过合理的保护控制策略完成故障的隔离与非故障区段的供电恢复。

中心站保护与测控配置的基本原则如下：

1）本方案设计采用测保一体化装置，同时具备测控与保护功能；

2）所有保护均采用快速算法，保障故障判断的快速性；

3）所有保护均由主保护和后备保护构成，且主后备保护装置一体化；

4）当交流线路或交流母线发生故障时，各保护之间均应保证逻辑及时间配合，动作时间应小于电力电子变压器电力电子模块阀闭锁时间；

5）当直流线路或母线发生故障时，保护装置主要用于完成故障研判，实现故障的定位与隔离。

中心站保护与测控配置包括：

1）10kV 交流线路配置过电流保护；

2）10kV 母线配置母差保护；

3）交流 380V 线路配置过电流保护；

4）DC±750V 侧母线与线路配置基于暂态量的低压直流集中式保护、过电流保护等；

5）DC±375V 侧母线与线路配置基于暂态量的低压直流集中式保护、过电流保护等；

6）母联开关配置快速切换装置；

7）DC±750V 环网配置基于暂态量的低压直流集中式保护、过电流保护等；

8）新能源发电单元保护由新能源智能管控终端配合发电单元本体保护完成，一般配置如下：①储能系统保护配置过电流保护、欠电压保护、过电压保护及防孤岛保护等。②光伏发电系统保护配置过电流保护、欠电压保护、过电压保护及防孤岛保护等，在直流侧的汇流箱和配电柜配置过电流保护。

现阶段对于直流配电网的保护措施和设备选择为：

1）对于直流配电网的保护：直流配电网的保护建议配置集中式光纤差动保护，为了保证非金属接地故障的保护灵敏度，引入电压信号作为辅助判据。

2）对于直流电网开关配置情况：在同里示范工程选择安装几台混合式断路器进行应用测试，其他采用机械式开关。

6.3 交直流混联配电网运行控制系统

基于四端口电力电子变压器部署适用于交直流混联配电网运行控制系统，支持多端口下不同响应时间的冗余控制，支持各端口的运行模式切换，通过分层控制，考虑不同的运行目标，能够实现各端口下的分散自制及各端口间的最优潮流控制，以及故障后的快速供电恢复。

运行控制系统整体框架结构如图 6-10 所示。

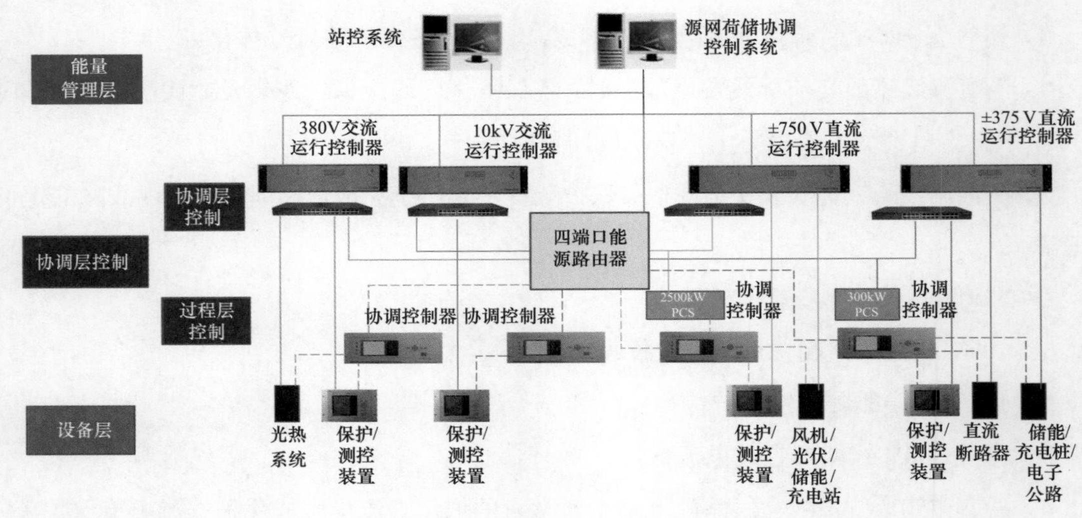

图 6-10 运行控制系统整体框架结构

交直流混联配电网运行控制系统根据功能可分为能量管理系统和协调控制系统。其中能量管理系统用于实现综合监视、实时监控、短期调度、协调控制、分析评估、运行模拟功能，对整个交直流混联可再生能源系统的运行情况进行监测，具有预测可再生能源出力、优化各电源发电、管理可控负荷、优化运行等功能，实现系统的优化调度。协调控制系统负责对区域内四端口电力电子变压器、分布式电源、储能、PCS 以及各电压等级的联络开关、各分支和联络线的开关进行协调管控，主要功能包括：各端口常规运行控制、端口间运行协调控制、联络线功率控制，端口并离网切换、分布式发电单元协调控制、运行方式切换、负荷转供、故障自愈等功能以及协调控制电力电子变压器各个端口运行方式与输出功率，实现分布式电源及直流负荷的灵活接入，减少停电区域及停电时间，全面提高该区域的稳定性。

6.3.1 能量管理系统

为实现苏州同里交直流混联系统的安全运行，开发了交直流混联的分布式可再生能源互补优化运行控制系统，实现了苏州同里示范区源网荷系统的协调运行。能量管理系统的功能有两方面：一方面，进行基础数据采集并对数据进行统计和分析，将数据信息及分析结果进行展示并传送给监控屏，以指导调度运行管理人员工作；另一方面，优化确定分布式电源、储能装置、PET 的控制模式及有功控制指令，并将指令下发给电力电子变压器、分布式可再生能源、储能等设备，协调控制各设备安全运行。

（1）控制对象。能量管理系统的下一级为协调控制系统，能量管理系统能够根据系统

不同的运行模式给协调控制系统发送调度指令指导其对各设备进行协调控制。另外，能量管理系统也可对可再生能源电站下发并网点的控制目标值。

（2）控制目标。以 SCADA（数据采集与监视控制）监测功能使用户从全局上了解整个交直流混联可再生能源系统的运行情况，具有预测可再生能源出力、优化各电源发电、管理可控负荷、维持系统稳定等功能。根据实际需求，能量管理系统可使交直流混联再生能源系统运行在不同模式下，如自供电模式、弃限最小运行模式、经济运行模式等。

（3）通信方式。Modbus 是一个真正用于工业现场的总线协议，采用 ModBus 网络这个工业通信系统，各 PC 可以和中心主机交换信息而不影响各 PC 执行本身的控制任务。而通过 Modbus 协议可使控制器相互之间、控制器经由网络（例如以太网）和其他设备之间进行通信。基于此，不同厂商生产的控制设备可以连成工业网络，便于进行集中监控。

电力电子变压器等关键设备与分布式可再生能源、储能、负荷等信息通过国际电工委员会电力系统控制及其通信技术委员会制定的标准 104 协议传输到南瑞平台中，并解析存入南瑞数据库，南瑞数据库提供相关表结构和访问方式，交直流混联的分布式可再生能源系统各模块所需数据通过相应的方式从南瑞数据库中获取。D5000 平台提供相关表结构和访问方式，交直流混联的分布式可再生能源系统各模块所需数据通过相应的方式从 D5000 实时库中获取。

另外，能量管理系统与可再生能源电站的自动发电控制（AGC）系统和自动电压控制（AVC）系统的通信采用以太网通信方式。新能源电站 AGC 系统和 AVC 系统的主要功能是接收能量管理下发的电站并网点控制目标值，根据电站并网点处的控制目标计算出电站逆变器总有功、无功出力目标值，为每台逆变器分配应发的有功、无功功率，并协调控制电站中不同类型逆变器的有功、无功出力。

（4）响应时间。能量管理系统以秒为单位从 D5000 平台中实时提取数据。

1）实时性方面，命令传送时间（从按执行键到输出）：≤1s。

2）画面整幅调用响应时间：

a）实时画面：≤2s；

b）其他画面：≤3s。

3）画面实时数据刷新周期：≤3s。

（5）与其他的交互关系。能量管理系统作为本地配电网的运行支撑，与其他的交互关系分为两方面：一方面，是将本地运行数据上传给电力调度系统，并接受上一级调度所下发的调度指令，向上一级电网送电或从上一级购电；另一方面，在能量管理系统所处配电网中，

根据实际发电量与负荷用电量，能量管理系统对系统的运行进行优化，向协调控制系统及可再生能源电站发送调度指令，使含电力电子变压器的整个系统能够安全稳定地运行。

6.3.2　协调控制系统

根据协调控制系统的运行方式及功能需求分为运行控制功能和过程层协调控制功能。其中运行控制功能配置三层系统架构，分别为协控主站层、站控层运行控制、可控电源/负荷设备层和过程层，如图 6-11 所示。每个层级面向不同的对象，下级受上级控制。

（1）协控主站层。面向电力调度，主要是向区域配电网范围内 4 个交直流运行控制层系统下达调度计划控制目标、完成交易安全校核执行及对微电网控制单元上传的有功、无功可调裕度和有功响应速度进行决策管理。

（2）站控层运行控制。负责交直流微电网内部的源-网-荷-储之间的协调控制（功率调节、切负荷、负荷转移、建立孤岛或关闭任何单元、黑启动等），参与上级调度控制指令执行（包括调度控制目标执行、直流主电源切换）等。

（3）可控电源/负荷设备层。面向各个可调节设备厂商和可调节负荷，一方面，采集风电、光伏、光热、储能、充电桩、用户负荷等设备实时运行状态上传协调控制系统；另一方面，根据协调控制系统给出的执行指令对设备进行控制，并能支撑紧急情况下的设备孤岛运行。

（4）过程层。基于 IEC 61850 的 GOOSE 机制组成 A、B 双网，协调控制电力电子变压器、PCS、测控和保护装置等，实现装置间开关位置、故障信息、运行状态、运行方式、控制命令的快速交换，从而实现对直流微电网的运行控制、故障定位隔离和自愈的控制。过程层协调控制系统的架构图如图 6-11 所示。

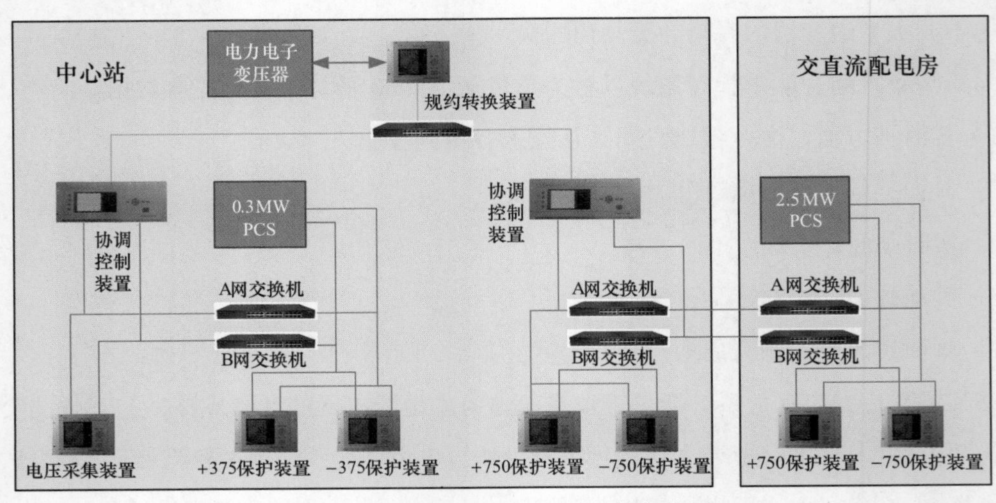

图 6-11　过程层协调控制系统的架构图

1．四端口关键设备接口需求

交流保护应能将进线开关、各电源联络开关的位置信号通过 GOOSE 组播给协调控制系统；电力电子变压器 10kV 端口工作电压恢复后，电力电子变压器直流±750V 端口、直流±375V 端口不应自动进入电压源工作模式；电力电子变压器各端口可接受外部快速控制命令，实现封锁输出、解除封锁输出、功率源工作模式、电压源工作模式控制功能；电力电子变压器各端口应能将封锁输出状态、解除封锁输出状态、功率源工作模式状态、电压源工作模式状态等通过快速通信机制转送给其他协调控制系统。

（1）电力电子变压器。提供快速通信接口，支持与外部稳定控制装置进行过程层组网，进行开关量、控制命令的交互，并可接收外部的命令执行相应的控制，如上送各端口的工作模式、封锁输出状态，可接受外部控制封锁脉冲、解除封锁输出，并可实现电压源、功率源之间的切换。

（2）VSC。提供快速通信接口，支持与外部稳定控制装置进行过程层组网，进行开关量、GOOSE 模拟量、控制命令的交互，并可接收外部的命令执行相应的控制，如上送运行状态、工作模式、封锁输出等状态，可接受外部控制封锁脉冲输出、解除封锁输出、工作模式切换控制等。

（3）测控与保护装置。提供快速通信接口，支持与外部稳定控制装置进行过程层组网，进行开关量、控制命令的交互，并可接收外部的命令执行相应的控制，如上送故障信息、故障方向等状态，可接受外部的 GOOSE 联切跳闸控制。

（4）交流保护。提供快速通信接口，支持与外部稳定控制装置进行过程层组网，进行开关量、控制命令的交互，并可接收外部的命令执行相应的控制，如上送故障信息、开关位置等状态，可接受外部的 GOOSE 联切跳闸控制，交流保护应能将进线开关、各电源联络开关的位置信号通过 GOOSE 组播给协调控制系统。

2．过程层控制关键技术及应用

（1）基于 GOOSE 网络交互快速故障处理技术。

直流配电网基于 IEC 61850 的 GOOSE 机制进行通信建模，形成电力电子变压器（PET）、换流器（PCS）、DC/DC 模块、直流联络线保护、直流分支线保护、储能系统、V2G 系统、过程层通信设备的通信组网。通过 GOOSE 组网，稳定协调控制装置可接受保护装置发送的保护启动与方向信号、换流器的封锁脉冲输出信号、开关跳闸等。当稳定协调控制装置根据系统架构配置故障区域，接收到保护装置发送的正、反方向启动信号时，对其进行故障定位，并发送 GOOSE 跳闸命令隔离开故障区域；在判断故障区域各边界开关都跳开后，发送命令控制换流阀或 PCS，合上热备用的直流电压源，切换到电压源工作模式，恢复直流配电网非故障区的运行。

通过电力电子变压器（PET）、换流器（PCS）、DC/DC 模块、直流联络线保护、直流分支线保护、储能系统、V2G 系统、过程层通信设备的通信组网，实现智能设备之间运行状态、工作模式、封脉冲、解脉冲、开关位置、故障信息、控制命令的快速交换，从而实现对直流配电网的故障定位隔离和自愈的控制。

（2）合解环操作控制。

1）合环转解环控制：站控层运行控制器先根据负荷、发电单元负载控制电源出力至平衡；调节完成后向稳定协调控制装置发解环命令；稳定协调控制装置收到解环命令后，采取先分开关后转模式控制，控制开关分闸，同时控制从电源运行方式切换为电压源模式。

2）解环转合环控制：站控层运行控制器向稳定协调控制装置发合环命令；稳定协调控制装置收到并网合环命令后，采取先转模式后合开关控制，控制从电源运行方式切换为功率源模式，转换后的功率源的输出功率采用转换前的记忆功率。

（3）联络线功率控制。站控层运行控制器接收到主站的联络线功率控制策略后，通过对区域内发电单元、储能单元、可控负载进行功率调节，控制联络线关口功率按照当前策略运行，主要的控制策略包括定功率控制、限功率控制、自平衡控制等。

（4）运行边界动态控制。在当前运行方式下采集各点的运行功率，并计算出各联络开关到换流阀、PCS 之间的功率缺额。

每天记录 24 点，记录并存储各联络开关最近几日最大的功率缺额。

根据换流阀、PCS 的稳定裕度找到满足其离网运行的最大边界，作为故障后转为离网运行的边界点。

（5）运行方式自动识别。系统设备层内智能装置根据网架结构设置相邻设备及上下游关系，每个传输信号的属性可配置传输方向和传输通道号，信号的传输可从下游向上游或上游向下游传递。

对于多电源系统，可传输的信号包括当前连接的主电源、当前连接的柔性直流装置或 PCS 的运行模式、运行状态等。

（6）精细化时序控制。与柔直装置、交直流保护装置、断路器精细化时序配合，完成故障定位与隔离、故障恢复全过程精细化管控，缩短停电时间。

1）交流侧：发生故障后，在柔直装置低电压穿越时间内断开柔直装置与配电网线路的连接，并控制柔直装置转为离网运行方式的控制策略。系统恢复正常供电后，对柔直装置的同期调节控制技术，在导前时间合并网开关，并同时控制柔直装置切换到并网模式。交流侧故障图如图 6-12 所示。

分支线上故障：R3 装置采用分布式 FA 策略进行快速故障定位和隔离。

联络线上故障：系统动作时序如图 6-13 所示。

2）直流侧：发生故障后，在柔直装置闭锁前进行故障定位，在进行功率调节后，控制其他备用电源投入。系统恢复正常供电后，进行功率调节后，对柔直装置进行解脉冲操作。

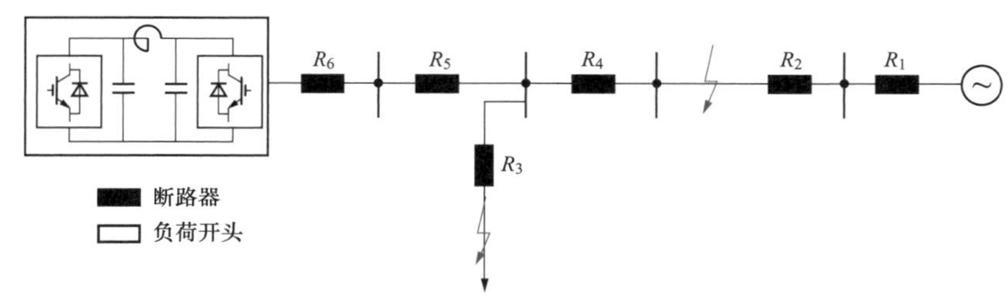

图 6-12　交流侧故障图

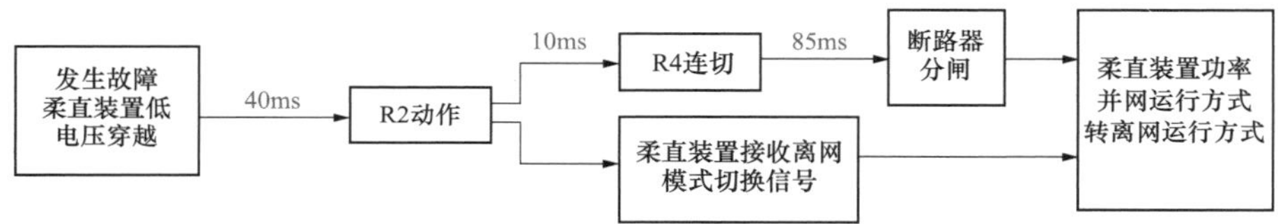

图 6-13　交流侧联络线上故障系统时序动作图

分支线直流侧故障如图 6-14 所示。

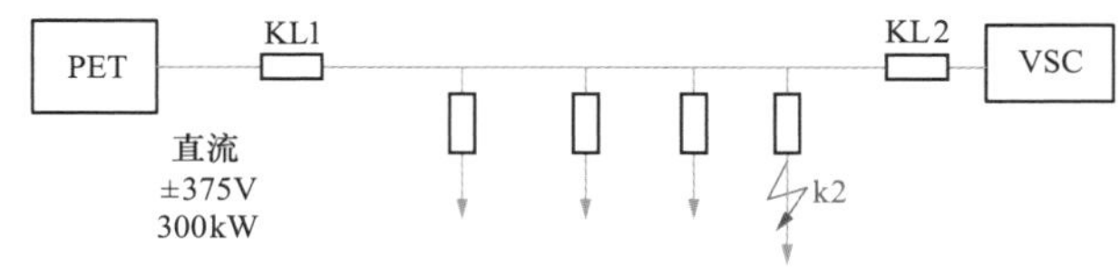

图 6-14　分支线直流侧 k2 故障图

分支线上故障：k2 处分支保护装置采用分布式 FA 策略进行快速故障定位和隔离，并通过 KL2、PCS 进行控制，实现转供。

联络线上故障：系统动作时序如图 6-15 所示。联络线直流侧 k1 故障如图 6-16 所示。

3．系统运行方式

（1）正常运行方式。以四端口电力电子变压器为中心，主要电源点为其 10kV、±375V、380V 和±750V 四个端口，系统示意图如图 6-17 所示。

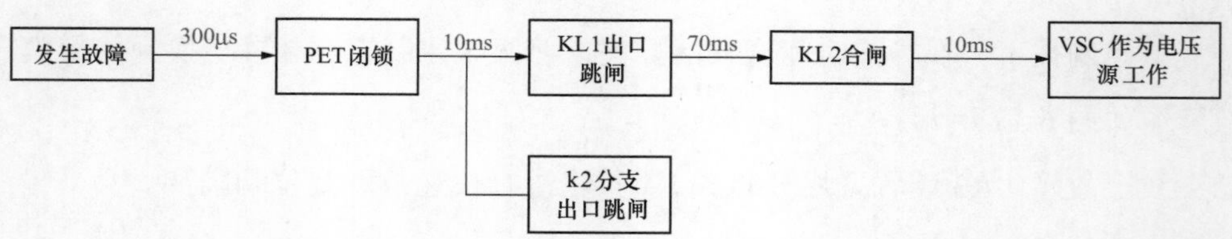

图 6-15　直流侧联络线上故障系统时序动作图

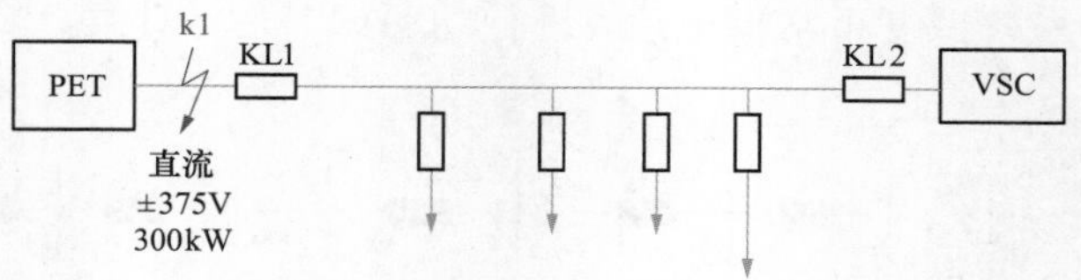

图 6-16　联络线直流侧 k1 故障图

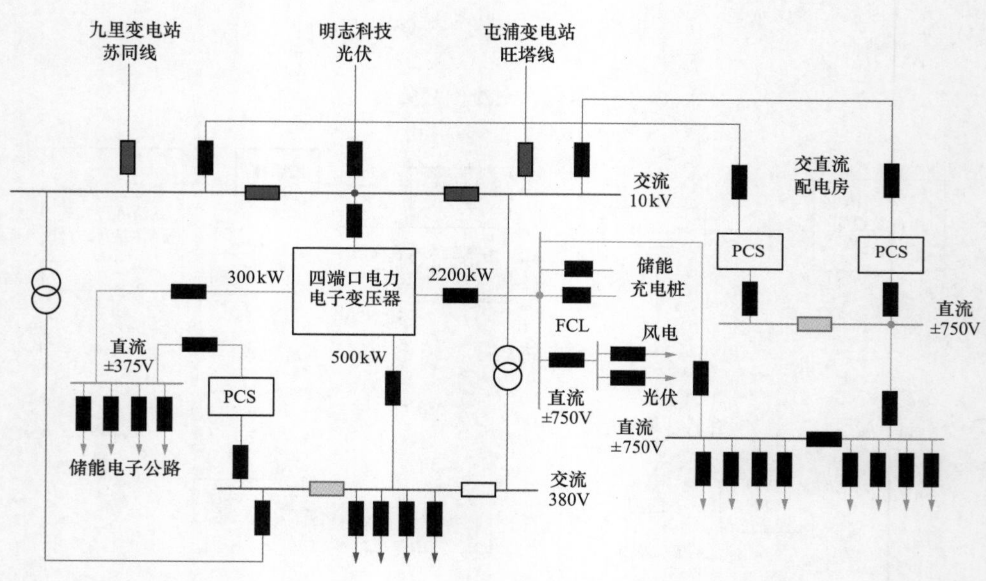

图 6-17　四端口电力电子变压器系统结构图

中心站 10kV 母线采用单母线分段运行方式，进线 1 电源为九里变电站苏同线，进线 2 为屯浦变电站旺塔线，Ⅰ段母线上馈出线分别接至四端口电力电子变压器、明智科技光伏、1 号 10kV/0.38kV 变压器、1 号 PCS，Ⅱ段母线上馈出线分别接至 2 号 10kV/0.38kV 变压器、2 号 PCS，10kV Ⅰ、Ⅱ段母线正常情况下开环运行，互为备用，电力电子变压器 10kV 端口工作于功率源工作模式，端口额定功率为 3MW。

中心站直流±375V 为单母线结构，由 2 路供电电源，1 路为电力电子变压器直流±375V 端口，1 路为 0.3MW 的 PCS，中心站直流±375V 正常情况下电力电子变压器直流±375V

端口为主供电源，工作于电压源工作模式，0.3MW 的 PCS 与电力电子变压器直流±375V 端口进行电气互联，作为热备用工作于功率源工作模式。电力电子变压器直流±375V 端口、PCS 为真双极拓扑结构，直流±375V 各联络开关配置正极、负极开关，正极和负极电源可独立分别运行。

中心站 380V 母线采用单母线双分段结构，正常情况下，2 个分段开关断开，Ⅰ段母线由 1 号 10kV/0.38kV 变压器供电，并通过 1 台 0.3MW 的 PCS 向直流±375V 供电，Ⅱ段母线由电力电子变压器 380V 端口供电，Ⅲ段母线由 2 号 10kV/0.38kV 变压器供电，Ⅰ、Ⅱ段母线互为备用，Ⅱ、Ⅲ段母线互为备用，电力电子变压器 380V 端口工作于电压/频率工作模式，端口额定功率为 0.5MW。

直流±750V 微电网包括中心站、交直流配电房、绿色充电站等直流±750V 电网，中心站直流±750V 母线采用单母线分段结构，分段开关处并联限流器（FCL），中心站母线与电力电子变压器直流±750V 相连，并通过 1 条联络线与绿色充电站直流±750V Ⅰ母相连，绿色充电站±750V 母线采用单母线分段结构，Ⅱ母与交直流配电房直流±750V Ⅱ母相连，交直流配电房直流±750V 母线采用单母线分段结构，每段母线各与 1 台 PCS 连接。正常情况下电力电子变压器直流±750V 端口工作于电压源工作模式，2.5MW 的 PCS 与电力电子变压器直流±750V 端口通过电气互联，作为热备用工作于功率源工作模式。电力电子变压器直流±750V 端口、PCS 为真双极拓扑结构，直流±750V 各联络开关配置正极、负极开关，正极和负极电源可独立分别运行。

（2）运行方式的切换与控制。

1）通过时序控制电力电子变压器直流±375V 端口封锁输出、PCS 系统由功率源工作模式转为电压源工作模式，实现直流±375V 主备电源的切换控制；通过时序控制电力电子变压器直流±375V 端口解除封锁输出、PCS 系统由电压源工作模式转为功率源工作模式，实现直流±375V 主备电源的恢复。

2）通过时序控制电力电子变压器直流±750V 端口封锁输出、PCS 系统由功率源工作模式转为电压源工作模式，实现直流±750V 主备电源的切换控制；通过时序控制电力电子变压器直流±750V 端口解除封锁输出、PCS 系统由电压源工作模式转为功率源工作模式，实现直流±750V 主备电源的恢复。

3）通过时序控制直流±750V 上电源联络开关由合到分、PCS 系统由功率源工作模式转为电压源工作模式，实现电力电子变压器、PCS 系统各带部分负荷开环运行；通过时序控制直流±750V 上电源联络开关由分到合、PCS 系统由电压源工作模式转为功率源工作模式，实现电力电子变压器、PCS系统合环运行。

4）通过时序控制电力电子变压器交流 380V 端口封锁输出及分段开关合闸，实现交流Ⅱ母负荷由Ⅰ、Ⅲ母转供；通过时序控制电力电子变压器交流 380V 端口解除封锁输出及分段开关分闸，将由Ⅰ、Ⅲ母供电的Ⅱ母负荷恢复为电力电子变压器交流380V端口。

5）交流10kV运行方式操作闭锁与控制，即交流380V、直流±750V、直流±375V端口负荷完成转供后，才能接受上级指令实现交流10kV运行方式切换的控制，否则对10kV的运行方式操作进行闭锁。

参 考 文 献

[1] Pinto R T，Bauer P，Rodrigues S F, etal．A novel distributed direct-voltage control strategy for grid integration of offshore wind energy systems through MTDC network [J]. IEEE Trans on Industrial Electronics，2013, 60 (6): 2029-2441.

[2] Zhao T. Design and Control of a Cascaded H-Bridge Converter based Solid State Transformer (SST) [M]. North Carolina State: North Carolina State Vniversity, 2010.

[3] 刘瑜超，武健，刘怀远，等．基于自适应下垂调节的 VSC-MTDC 功率协调控制［J］．中国电机工程学报，2016，36（1）：40-48．